TWELVE ESSAYS ON WINNICOTT
Theoretical Devolopments and Clinical Innovations

论温尼科特12篇
——理论发展和临床革新

[英] 阿迈勒·特雷彻·卡贝什　主编
（Amal Treacher Kabesh）

胡君滔　王　凝　杨诗露　译
王　倩　刘梦林　审校

中国轻工业出版社

图书在版编目（CIP）数据

论温尼科特12篇：理论发展和临床革新／（英）阿迈勒·特雷彻·卡贝什（Amal Treacher Kabesh）主编；胡君滔，王凝，杨诗露译. —北京：中国轻工业出版社，2023.5

ISBN 978-7-5184-4160-0

Ⅰ.①论… Ⅱ.①阿… ②胡… ③王… ④杨… Ⅲ.①唐纳德·温尼科特（Donald. W. Winnicott 1896-1971）－精神分析－思想评论－文集 Ⅳ.①B84-065

中国版本图书馆CIP数据核字（2022）第191370号

版权声明

TWELVE ESSAYS ON WINNICOTT: THEORETICAL DEVELOPMENTS AND CLINICAL INNOVATIONS by AMAL TREACHER KABESH
Copyright © 2019 BY THE WINNICOTT TRUST
This edition arranged with THE MARSH AGENCY LTD
through BIG APPLE AGENCY, LABUAN, MALAYSIA.
Simplified Chinese edition copyright © 2023 by China Light Industry Press Ltd. / Beijing Multi-Million New Era Culture and Media Complany, Ltd.
All rights reserved.

总 策 划：石 铁
策划编辑：戴 婕　　责任编辑：戴 婕　　文字编辑：罗运轴　　美术编辑：侯采薇
责任终审：张乃柬　　责任校对：刘志颖　　责任监印：吴维斌

出版发行：中国轻工业出版社（北京东长安街6号，邮编：100740）

印　　刷：三河市鑫金马印装有限公司

经　　销：各地新华书店

版　　次：2023年5月第1版第1次印刷

开　　本：710×1000　1/16　印张：21.5

字　　数：220千字

书　　号：ISBN 978-7-5184-4160-0　定价：108.00元

读者热线：010-65181109，65262933

发行电话：010-85119832　传真：010-85113293

网　　址：http://www.chlip.com.cn　http://www.wqedu.com

电子信箱：1012305542@qq.com

如发现图书残缺请拨打读者热线联系调换

220218Y2X101ZYW

温尼科特的理论，比克莱茵的乐观、明快，比比昂的温暖、通俗。他是精神分析的诗人，也是诗人中的思想者。

读温尼科特，假自体会像寒冰一样在太阳下融化，真自体悄然显露。

此佛家所谓明心见性也。

——曾奇峰

近年来在国内掀起了温尼科特热，这和新一代父母成长有关：他们成长于父母繁忙的年代，改革开放40年也是很多人背井离乡、抛妻弃子、努力挣钱、改变命运的40年，缺少父母成长环境的新一代需要自己不重蹈覆辙，使自己变得像真正的父母一样来面对自己的孩子，也试图通过养育自己的孩子来疗愈缺少爱的自己。温尼科特当时在英国的流行也是出于类似的情景，即二战后成长的新一代也是缺少关爱的一代。温尼科特平实的语言和对母婴关系的强调点燃了人们内心中寻找彼此的那团火：孩子需要父母，父母也需要孩子。这也是我们面临的现状——究竟怎么做，才能使父母和孩子各安其位？本书的出版，补充了很多之前温尼科特作品中的材料，在精神分析被很多人诟病的今天，正如温尼科特所说，"好吧，你们把潜意识意识化了"。

推广温尼科特的一些重要观点，无疑对育儿、亲子和家庭和谐有着正性的推动，也能对有创伤的家庭提供一种疗愈的指导。

——施琪嘉

《温尼科特传》让我们了解温尼科特其人，"温尼科特心理治疗经典译丛"等书籍让我们了解他的思想。而今，《论温尼科特12篇》的出版，让我们有机会从精神分析专业人员的角度，按照时间顺序概览温尼科特整个职业生涯在理论与临床方面的实践和探索，来深入理解温尼科特是怎样发展出深刻影响世界的深邃思想，以及这些思想在动荡巨变的时代进程中是如何演化的。这本书视野开阔，涵义深远，对从业者有极大的启迪和引领意义。

——刘　丹

毫无疑问，温尼科特是对中国社会产生巨大影响的精神分析学者之一。

甚至，如果单说育儿学方面的影响，这个"之一"都可以去掉了。

温尼科特创造了很多广为人知的概念和说法，而且哪怕是普通人也不难理解。不过温尼科特总给人印象——他并未致力于创造一个理论体系，也因此他的书籍和文章传播得有些松散随意。

因此，《论温尼科特12篇》能在中国出版，这实在是一大幸事，让我们可以完整而系统地了解温尼科特的思想。

——武志红

温尼科特在临床工作中对婴儿早期的心理发展进行了精细的观察，逐渐形成了自己具有影响力的概念，如抱持性环境、过渡性客体等，他的工作对客体关系理论有着重大的影响。抱持和分离都是母亲的重要任务，母亲要帮助孩子启动分离的过程，而不是在心理上联系过于紧密。他的观点不仅对做母亲，而且对做心理师都很重要。学习温尼科特的理论，做足够好的自己、足够好的心理师。

——杨凤池

对于学习精神分析理论及实践的人来说，温尼科特的名字可能并不陌生，他的"抱持性环境""过渡性客体""足够好的妈妈"等术语丰富了精神分析的宝藏，使人耳目一新。由于探究的层面不同，许多精神分析的理论较难读懂，但温尼科特的论著似有所不同，更有些民众的视角、温情的味道。本书用12篇章解读了《唐纳德·伍兹·温尼科特全集》的12卷论著，对于研究、理解和运用温尼科特留下的宝贵遗产不失为一把钥匙。让我们拿起这把钥匙走进温尼科特。

——洪　炜

推荐序

唐纳德·温尼科特（Donald Winnicott）思想是一个独具特色的谜题，拙朴而深邃。温尼科特在不同时期的生活轨迹和思想演化，在《唐纳德·伍兹·温尼科特全集》*（*The Collected Works of D. W. Winnicott*）中汇集，也在《论温尼科特 12 篇——临床发展和理论革新》**（*Twelve Essays on Winnicott: Theoretical Developments and Clinical Innovations*）中透射而出。《论温尼科特 12 篇》文章中的 11 篇选自《全集》中的前 11 卷的分卷编辑撰写的卷首介绍性文章，另加一篇由《全集》的两位总编辑合作撰写的《全集》概述，12 篇章首尾相顾，浑然一体，独立学派立场贯穿始终，其中有对温尼科特产生重要影响的事件和经历的介绍，如与克莱尔·布里顿（Clare Britton）的婚姻、"大论战"；也有对温尼科特理论核心议题的评述，如母婴关系、情绪发展、心身关系、创造性、生命活力等。

唐纳德·温尼科特诗意的语言，无不彰显其活跃的思想、流动的意涵，阅读温尼科特，有如旧雨重逢，愉悦酣畅。这种感觉在《论温尼科特 12 篇》中体现得淋漓尽致，如在"慢读温尼科特"这一篇中，作者建议用一种稚拙的方式接触温尼科特作品，"抛开之前对温尼科特的理解再来阅读温尼科特"，读者在句段中稍许停留，重新辨识时隐时现的思想活力。

温尼科特对于生命活力和创造性的探索贯穿了他的一生，在《论温

---

* 本文及后续章节均简称《全集》。——审校者注

** 本文及后续章节均简称《论温尼科特 12 篇》。——审校者注

推荐序

尼科特 12 篇》中，在"从儿科到精神分析"这一篇中提到，温尼科特自陈接受分析 5 年的主要成就是"逐渐将婴儿视为一个人"，令人欣喜而又动容；在"转向不同的客体、另外的空间以及全新的整合"这一篇中，作者引用温尼科特的建议，"分析师必须把自己的一部分提供给患者"，分析师需要同时在自己及患者的感受中探寻真实的联结；在最后一篇"温尼科特与生命为首"中，作者描绘温尼科特将视角从婴幼儿延伸到了人类本性，将活力视为生命本身的重要部分。

由此笔者不由想起《全集》的主编之一莱斯利·考德威尔（Lesley Caldwell），一位在世界、在中国传播温尼科特思想的顶尖学者，她致力于探寻温尼科特思想在文化传播中的适应性，鼓励各国学者"借鉴欧洲先行者的历史，同时发展出自己独特的重心和优先议题"。2016 年开始，她在北京温尼科特全集庆典上开启"环境及其与内部现实的关系：西方观点"讲座，与中方著名学者倚歌相和，之后她在中国开展了多场公开讲座，以及历时 8 年的内部理论临床研讨会。2019 年在第一届欧洲精神分析联盟基本精神分析概念研讨项目中，她携手瑞士的顶尖分析师迪特尔·布尔津（Dieter Büergin），主讲"涂鸦、艺术与创作过程"，呈现给听众一段共同涂鸦（作画）的旅程，令人叹为观止，那是一次跨文化互观的冒险之旅，将所有人重新"抛入"心灵原初经验之中，同享迷失在阡陌纵横的心灵之间，携手寻路，在实践中探微。

笔者与莱斯利共同经历 7 年在国内开展的独立学派理论临床教学研讨，深感与温尼科特作品交流，国内同道需要将历史语境和当代语境结合，躬行亲灸。温尼科特所言并非绝对真理或令牌工具，他毕生不懈尝试的心灵之间接触、沟通、理解的实践过程，才是将人与人之间的联结注入生命的活力本源。

王倩
2022 年 12 月

译者序

能有机会翻译本书，源于中国心理卫生协会国合基地与"万千心理"的邀请，我有了一种成为巴别塔上搬运工的荣幸——这个巴别塔是联通言语与非言语、意识与潜意识、内部与外部、中方与西方、读者和精神分析世界的一座塔。

我们也可以说，精神分析工作的本质之一就是一种翻译工作，我们把来访者内心深处的动机、情感、愿望翻译给他听，也即所谓的言语化和意识化。这也是唐纳德·温尼科特最关注的母性抱持的功能之一：如何在内心中为婴儿阐述、加工婴儿的体验，这是温尼科特最后10年的工作重点。这也是温尼科特想要做的——"重新审视和重新塑造弗洛伊德关于本能的假设，摸索出更符合我们日益增长的，尤其是关于早期发展阶段的知识"。

由我和另外两位译者王凝、杨诗露共同翻译的这本《论温尼科特12篇》，可以说它是《全集》的一个总的介绍，英文版《全集》共有12卷，可见温尼科特真的是一位笔耕不辍的高产作家。他不光能写，还很会讲，他到处演讲、做广播节目，可以说是英国当年的"网红"，《全集》里收录了他的论文、文章、信件、演讲稿，等等。我想，温尼科特要是生活在我们这个互联网时代，他可能也会成为一个"头部网红"。他真是我最羡慕的人，对工作永远充满热情与创造力！

因为《全集》有12卷，每一卷都由一位或几位温尼科特学者撰

译者序

写了前言,而这些前言本身又写得非常精彩,好到可以单独成书的程度——本书正是汇集了这些精彩的前言。《全集》是按温尼科特的写作时间顺序排列的,所以这些文章按顺序非常细致而生动地描述了温尼科特的整个职业生涯,让我们可以纵览温尼科特在理论和临床方面的探索、变化与大胆革新。

《全集》的总编辑莱斯利·考德威尔,恰好是我的个体督导。虽然在她退休后,临床和督导工作停止了,但她依然活跃在温尼科特理论思想的整理与传播的工作之中。我也非常荣幸,除了在临床工作上获得了一些莱斯利的传承,没想到在书籍这一块也可以小小地传承督导的工作。偶尔有翻译上的问题,还可以发邮件和莱斯利探讨,虽然这大概打破了她平静的退休生活。

我和另外两位译者经常一起辨析一些术语的译法,比如最简单的,温尼科特一直致力于 baby and child care 的事业,但这个"care"本身就很难翻译,它可以是照顾、照料、护理、关心、关爱、关怀、保育……为了得到精准的译法,我们查阅了很多资料,包括中文词典和英文词典。在英文词典中,care 的英文原词有很多意思,包括治疗、护理、保护,等等。我们又查了中文词典,才得以区分"照料"和"照顾"的区别,"照料"更多是物质层面的,"照顾"是身体和心理双重的。但如果把 care 翻译成"照顾",却又缺失了护理、保护、治疗的那层意思,所以最后我们折中选用了"照护"这个词,想要去兼顾照顾和护理、保护的意思。但是"照护"并不是一个中文日常会使用的词。精神分析文献的翻译,好像总是很难在准确传达语义和兼顾中文的顺畅表达中找到恰到好处的平衡。

虽然字斟句酌的翻译工作并不轻松,但我觉得,这些语言的辨析是很有意思的,会让人体会到背后的文化差异。英文更偏向于点对点的精确描述,中文则相对趋向于模糊,就像照料和照顾,大家在日常语境之下往往不会去细究这种差别。在这样一个文化差异的背景下,我们要去翻译更难的精神分析理论,难度有多大可想而知,尤其温尼科特是一个喜欢用既有术语来表达自己的理解的人,他很尊重前辈,但比如他对于"投射"或者"全能感"等概念的理解,和其他分析学家又很不同,尊重中又透露着反叛精神。

在充满着急剧变化、危机与挑战的当代世界,温尼科特的理论对我们理解当代的很多现象非常有帮助。比如,他的真-假自体理论,非常适合用于理解现在比较热门的一个概念"空心病"——智力上很有天赋的人存在智力活动和心身存在之间的解离。这些人将假自体装在心中,和身体几乎没有联系,没有达到温尼科特的健康标志——"安住在躯体内的心灵"。也许他们在学业、工作上成就斐然,或是专业人士,但却感到不真实,他们隐藏的不真实感可能会导致自我毁灭,这通常会让他们周围的人感到震惊。而真自体的健康发展是由于令人满足的环境供给,早期的抱持、母性的对婴儿需求的满足,以及"足够好的母亲"一词所暗示的可以接受范围内的母性失败。在我国现在开放"三胎"政策实行的大环境下,更突出了温尼科特的理论是多么重要,他那本《妈妈的心灵课》,新手妈妈们值得人手一本。在温尼科特思想和实践的帮助下,我们或许可以渐渐不仅拥有孩子的数量,质量也逐步提高,养育出更多拥有真自体和创造性的人,就像温尼科特本人那样。

这本书不仅详细地呈现了温尼科特的理论和临床工作的变迁,从某种角度来说也是温尼科特的个人传记,还有一些章节末尾附上的温尼科特珍贵的历史照片,这些都让温尼科特本人的形象更加鲜活。比如他跟艺术家合作雕刻的弗洛伊德塑像,照片里的他还努力模仿着弗洛伊德的表情,可以想见他对弗洛伊德的感情以及他的孩子气,作为读者,就更鲜活地理解了他为什么能做儿童精神分析。我比较八卦,或者说,我个人更喜欢了解更多精神分析学家本人的经历和性格,以及这些是如何影响他的理论和临床工作的——如果使用学术化的语言描述,有一个专有名词"治疗叙事研究"很合适,是指研究分析家本人的经历人格特质和

译者序

他的理论创造的关系。我自己是一个需要有感受才更能理解文字的人，所以我也希望我们翻译的这本书尽量可以做到通俗易懂，也许一些精神分析的初学者不靠丰富的经验知识也可以去读懂它。

最后，还要感谢中国轻工业出版社与"万千心理"、中国心理卫生协会、国合基地，能够给我们提供这样的环境，从事这样的工作；感谢王凝、杨诗露两位合作译者，王凝翻译了本书的作者介绍、第1篇、第3—4篇，杨诗露翻译了致谢及第9—12篇，而我则翻译了前言、第2篇、第5—8篇；感谢莱斯利在我的执业生涯和翻译工作中的重要帮助。希望有了本书之后，温尼科特的《全集》有朝一日也可以全套译成中文出版。

胡君滔

2022 年 10 月 15 日

中文版前言

莱斯利·考德威尔

《论温尼科特12篇》由阿迈勒·特雷彻·卡贝什（Amal Treacher Kabesh）主编，其中有11篇文章是汇编了唐纳德·温尼科特已出版和之前未出版的文章的《唐纳德·伍兹·温尼科特全集》（于2016年出版）的11卷前言，另一篇是由海伦·泰勒·罗宾逊（Helen Taylor Robinson）和我合作撰写的《全集》概述，共12篇。

《全集》的汇编任务艰巨却具有重要意义，它的成功离不开众多同僚的支持与帮助。我要特别感谢本书的主编阿迈勒·特雷彻·卡贝什博士。她于一年前突然辞世，她处世的智慧、敬业的精神和干练的风格令我们永远怀念。

海伦·泰勒·罗宾逊和我担任《全集》项目负责人之职，是接替意外辞世的美国历史学家和分析师伊丽莎白·扬–布吕尔（Elisabeth Young-Bruehl）的工作。温尼科特信托基金会（Winnicott Trust）在《国际精神分析杂志》（International Journal of Psychoanalysis，简称IJP）进行宣传招募后，于2011年任命伊丽莎白为《全集》总编辑。在此之前，全集项目的开展情况非常曲折。它的发展得益于克里斯托弗·博拉斯（Christopher Bollas），以及随后简·艾布拉姆（Jan Abram）的坚持，他们一直强调汇编《全集》具有重要意义。

然而，在我2002年加入温尼科特信托基金会时，受托人还对如此庞大的项目的可行性持怀疑态度，这种情况持续多年。后来，我们意识到重点在于让基金会认识到《全集》的专业地位。于是，我们要求提交详细的提案，由同行评议的读者小组做评估报告，供分析师和学者们持续讨论与评估，如此，信托基金会才迈出了决定性的一步，任命伊丽莎白为总编辑。伊丽莎白不仅拥有必备的资格、掌握各项技能，而且精力充沛，对汇编项目的工作充满热情。虽然她参与汇编项目的时间极其短暂，但她受命后快速着手项目，并制定了全面的计划大纲。在她离世后，信托基金会决定聘请海伦和我来推进这项工作。我们发现，我们的工作要基于他人设计好的框架，同时意识到项目有着历时漫长且困难重重的历史。不仅如此，由于我们同意在伊丽莎白原定的截止日期前完成工作，于2014年7月初交付手稿，于两年后的2016年底由纽约牛津大学出版社出版；因此，我们的种种学术设想还受制于有限的时间和金钱，我们自己也压力倍增。

了解到英国学者阿迈勒·特雷彻·卡贝什对温尼科特的浓厚兴趣，海伦和我聘请她为负责人，并聘请伊丽莎白在多伦多的助手克莱·皮尔恩（Clay Pearn）继续担任我们的技术助理。此外，我们邀请了伦敦的罗伯特·埃兹（Robert Adès）跟进伦敦档案馆的必要工作，他随后成为我们出色的助理编辑。为了按照时间顺序介绍每一卷的内容，我们邀请了十多位著名的温尼科特学者分析师分别撰写独立的论文。这些介绍性论文的英文原文于2019年经由阿迈勒编辑出版，现在也迎来了它的中文版。经同行评审后，这11篇报告由阿迈勒、海伦和我协调，在必要之处进行后续的修改。这些详尽的学术活动是《全集》得以问世的基础。我们尊重每一位作者的学术自由，鼓励他们选择任何方式来完成撰写工作，这本内容丰富的《论温尼科特12篇》正是大家共同智慧与努力的结晶。

因为担任《全集》的总编辑和单卷编辑之职，我有幸能够按时间顺序仔细品读温尼科特的作品，思考他的重要观点，以及思考后来的分析家们如何扩展和发展他的想法。作为总编辑，海伦和我按时间顺序梳理

中文版前言

莱斯利·考德威尔

《论温尼科特12篇》由阿迈勒·特雷彻·卡贝什（Amal Treacher Kabesh）主编，其中有11篇文章是汇编了唐纳德·温尼科特已出版和之前未出版的文章的《唐纳德·伍兹·温尼科特全集》（于2016年出版）的11卷前言，另一篇是由海伦·泰勒·罗宾逊（Helen Taylor Robinson）和我合作撰写的《全集》概述，共12篇。

《全集》的汇编任务艰巨却具有重要意义，它的成功离不开众多同僚的支持与帮助。我要特别感谢本书的主编阿迈勒·特雷彻·卡贝什博士。她于一年前突然辞世，她处世的智慧、敬业的精神和干练的风格令我们永远怀念。

海伦·泰勒·罗宾逊和我担任《全集》项目负责人之职，是接替意外辞世的美国历史学家和分析师伊丽莎白·扬-布吕尔（Elisabeth Young-Bruehl）的工作。温尼科特信托基金会（Winnicott Trust）在《国际精神分析杂志》（International Journal of Psychoanalysis，简称IJP）进行宣传招募后，于2011年任命伊丽莎白为《全集》总编辑。在此之前，全集项目的开展情况非常曲折。它的发展得益于克里斯托弗·博拉斯（Christopher Bollas），以及随后简·艾布拉姆（Jan Abram）的坚持，他们一直强调汇编《全集》具有重要意义。

然而，在我2002年加入温尼科特信托基金会时，受托人还对如此庞大的项目的可行性持怀疑态度，这种情况持续多年。后来，我们意识到重点在于让基金会认识到《全集》的专业地位。于是，我们要求提交详细的提案，由同行评议的读者小组做评估报告，供分析师和学者们持续讨论与评估，如此，信托基金会才迈出了决定性的一步，任命伊丽莎白为总编辑。伊丽莎白不仅拥有必备的资格、掌握各项技能，而且精力充沛，对汇编项目的工作充满热情。虽然她参与汇编项目的时间极其短暂，但她受命后快速着手项目，并制定了全面的计划大纲。在她离世后，信托基金会决定聘请海伦和我来推进这项工作。我们发现，我们的工作要基于他人设计好的框架，同时意识到项目有着历时漫长且困难重重的历史。不仅如此，由于我们同意在伊丽莎白原定的截止日期前完成工作，于2014年7月初交付手稿，于两年后的2016年底由纽约牛津大学出版社出版；因此，我们的种种学术设想还受制于有限的时间和金钱，我们自己也压力倍增。

了解到英国学者阿迈勒·特雷彻·卡贝什对温尼科特的浓厚兴趣，海伦和我聘请她为负责人，并聘请伊丽莎白在多伦多的助手克莱·皮尔恩（Clay Pearn）继续担任我们的技术助理。此外，我们邀请了伦敦的罗伯特·埃兹（Robert Adès）跟进伦敦档案馆的必要工作，他随后成为我们出色的助理编辑。为了按照时间顺序介绍每一卷的内容，我们邀请了十多位著名的温尼科特学者分析师分别撰写独立的论文。这些介绍性论文的英文原文于2019年经由阿迈勒编辑出版，现在也迎来了它的中文版。经同行评审后，这11篇报告由阿迈勒、海伦和我协调，在必要之处进行后续的修改。这些详尽的学术活动是《全集》得以问世的基础。我们尊重每一位作者的学术自由，鼓励他们选择任何方式来完成撰写工作，这本内容丰富的《论温尼科特12篇》正是大家共同智慧与努力的结晶。

因为担任《全集》的总编辑和单卷编辑之职，我有幸能够按时间顺序仔细品读温尼科特的作品，思考他的重要观点，以及思考后来的分析家们如何扩展和发展他的想法。作为总编辑，海伦和我按时间顺序梳理了大量的新材料以及温尼科特为人所熟知的内容，重新构建和定位我们所熟悉的温尼科特——从而有效地为读者呈现一个新的温尼科特，供大家以一个新的视角来重新理解这样一位已经众所周知的理论家。这本《论温尼科特12篇》中汇编的各卷学者撰写的前言既包含读者熟悉的视角，也包含新视角；结合来看，这些恰恰体现出温尼科特遗产的丰富性，也帮助我们思考如何利用温尼科特的思想推进当代精神分析发展。我希望本书能为中国读者和从业者提供一些他们还不那么熟悉的温尼科特的相关材料，并引导他们思考最近的相关临床、理论和人类问题。

温尼科特反复地提出过这样一个问题：在许多情况下，当我们无法进行分析时，如何开展精神分析的工作？在当今世界，这个问题显得更加紧迫。我希望这本书可以通过温尼科特的方法，为当地从事成人和儿童心理健康服务的机构提供应对机会，因为书里有很多内容与当代相关。

牛津大学出版社网站上免费提供由罗伯特·埃兹编辑的第12卷的在线阅读，是对本卷的补充。此外，它还包含参考书目、授课详情、附加注释、温尼科特在英国广播公司的广播录音，以及20世纪60年代的两次讲座。网站还收集了100多份未发表的作品。遗憾的是，由于我们没有权限或编辑时间紧迫，我们无法将它们一一收入在原始版《全集》中。

此前言和本书旨在纪念阿迈勒·特雷彻·卡贝什，感谢她多年来对《全集》做出的宝贵贡献。

前　言

阿迈勒·特雷彻·卡贝什

本书中汇集的文章最初是作为《唐纳德·伍兹·温尼科特全集》（2016年由牛津大学出版社出版，包括印刷版及网络版）的11卷前言而出版的。克莱尔·温尼科特（Clare Winnicott）的初心是把温尼科特的作品（出版物、录音、信件）收集在一起，合成一个作品集。总编辑莱斯利·考德威尔和海伦·泰勒·罗宾逊在温尼科特信托基金会的赞助下实现了这一宏大愿望。

然后，他们决定将这些介绍性的文章集结为册，因为它们提供了温尼科特全部作品的纹理地图，并阐明了其理论发展和临床实践脉络。这些文章代表着温尼科特流派的主要学术成就；它们由国际著名的温尼科特学者撰写，对温尼科特关于人类和精神分析实践的理念进行了深入的梳理和讨论。每一篇文章涵盖着温尼科特生活的不同时期，每篇文章开篇都有注明日期。

本书中发表的文章与原本的介绍文章非常接近，但有一点除外，即原文中重复的传记细节被删除了，或者被移到考德威尔和泰勒·罗宾逊的文章（本书第1篇）中，这篇就是专门的传记。如有意见分歧，就保留原来的传记叙述。《全集》的参考资料都包含在这个版本当中。

《全集》共12卷，包括以前出版的作品和以前未出版的文本。每卷都是按交付日期、写作或首次出版的时间顺序排列的。其中也囊括了温尼科特的各种草稿，也包括想法的发展和相互影响。这些草稿为温尼科特发展、完善和反思他的想法和临床实践的意愿提供了很好的例证。因此，《全集》是按时间顺序排列的；已知的成文日期或初次演讲的日期优先于首次出版的日期。罗伯特·埃兹解释顺序如下：编年史参考书目，遵循美国心理学会（American Psychological Association）的风格，完全按首次出版的年份排序。因此，作品在编年史书目中的位置并不总是与该作品在《全集》中的位置相对应。如有不同，成文日期——也就是《全集》中出版物的位置——在标题后面的方括号中给出。不确定的或估计的日期，如推测有据则用"c"表示——否则就标记为"未标记日期"[n.d.]。任何关于作品创作和出版历史的进一步信息，以及其他相关信息，都可以在它的批注中找到。《全集》第 12 卷的介绍是由罗伯特·埃兹撰写的，文中提供了一个《全集》的地图，它没有被收录在本书中。大家可以在网上检索到。

《全集》由莱斯利·考德威尔和海伦·泰勒·罗宾逊撰写的"唐纳德·W. 温尼科特的深远影响：《全集》概述（The Enduring Significance of Donald W. Winnicott：A General Introduction to the Collected Works）"开篇，内容丰富而详尽，从多个方面探讨了温尼科特对其理论和临床立场的渐进阐述。两位在文中呈现了温尼科特是在怎样的知识和制度背景下发展为一个重要且影响深远的分析家，并阐明了一些关键的概念——如创造性、错觉的必要性、过渡性客体和过渡性现象、幻想和心-身，以及陈述了温尼科特主要致力于探究如何发展出一个健康的自体，使之能够以真实的、有活力的方式融入世界。这篇文章对温尼科特的"临床指导"进行了后续的讨论。

肯·罗宾逊（Ken Robinson）在第 2 篇"从儿科到精神分析（From Pediatrics to Psychoanalysis）"一文中，详细而清晰地描述了温尼科特作为一名医生所受的教育，以及他对心理问题日益浓厚的兴趣。罗宾逊对温尼科特的早期工作（1911—1938）进行了详细描述，追溯了各方面因素（个人的、观念的、临床实践的）对温尼科特所受教育的影响。（罗宾逊指出，温尼科特更喜欢"教育"这个词，而不是"培训"。）重要的是，罗宾逊强调了温尼科特作为一名儿科医生和精神分析师的贡献。

克里斯托弗·里夫斯（Christopher Reeves）在第3篇中讨论了温尼科特在1939—1945年期间的理论发展，标题为"由二合一，而一生二：早期情绪发展（'Two makes one, then one makes Two'：Early Emotional Development）"（本章献给克里斯托弗·里夫斯，不幸的是，他在这本书出版前就去世了）。他提醒读者当时的背景——第二次世界大战、英国精神分析学会（British Psychoanalytical Society，简称BPAS）的冲突（通常被称为"论战"），以及温尼科特和梅兰妮·克莱因的理论主张差异越来越大，这些都影响了温尼科特的理论视角的发展。温尼科特将婴儿和母亲概念化为一个单位，这就是所谓的"由二合一，而一生二"——母亲和婴儿被视为一个心理单位，然后分离，但仍然是联合的。

在这一时期，温尼科特越来越重视"恨"这种强大的情感，它是所有人都能感受到和体验到的。文森佐·博纳米尼奥（Vincenzo Bonaminio）和保罗·法博兹（Paolo Fabozzi）在第4篇"转向不同的客体、另外的空间以及全新的整合（Towards Different Objects, Other Spaces, New Integrations）"一文中，详细讨论了"恨"。博纳米尼奥和法博兹这样开始他们的文章："恨。这是第一次，一种感受闯入了精神分析语境，对元心理学领域产生了颠覆性的影响。"因此，他们同样把情感力量带到了台前，同时探索了温尼科特是如何颠覆精神分析话语的，因为他主张情感的持久强度。变化是本章的主题，博纳米尼奥和法博兹追溯了温尼科特在1946—1951年间的各种（理论和临床）概念的转变。

在第5篇中，多米尼克·斯卡尔弗内（Dominique Scarfone）提倡"慢读温尼科特（Reading Winnicott Slowly）"，以充分理解温尼科特思想的复杂性和变化。斯卡尔弗内指出，对于温尼科特来说，不加妥协地说出自己真实的想法是很重要的；斯卡尔弗内认为，在坚持这一理想上，温尼科特与弗洛伊德的精神非常接近，因为他不屈从或不黏附于精神分析圈内的流行规范。斯卡尔弗内写道，在这段时期（1952—1955），温尼科特"表现得极其活跃，动作不断——治疗病人、写文章、讨论别人的文章、给医学杂志和报纸写信……所有这一切都带着一种深刻的奉献精神，致力于通过全面的精神分析实践和严谨的思考，发现真理"。

在第6篇"抵达他的巅峰（Reaching His Peak）"中，詹妮弗·约翰斯（Jennifer Johns）和马库斯·约翰斯（Marcus Johns）把重点放在温尼科特在理论和临床方面的影响上。他们认为，作为理论家和临床工作者的温尼科特，和他本人在生活中是表里如一的。温尼科特找到了自己的语言，这导致他和梅兰妮·克莱因之间的意见分歧越来越大。虽然温尼科特同意"成人和儿童分析中嫉羡的普遍性和重要性"，但他的观点是，自我整合处于发展的过程之中。詹妮弗·约翰斯和马库斯·约翰斯澄清了温尼科特的理解，即在成人和儿童中发现的嫉羡是自我整合、个体化和成熟过程中的结果。由于母亲的反应、识别和适应能力，孩子的反应会有一定程度的嫉羡。关键是，在温尼科特框架下的嫉羡被理解为对环境的一种反应，本质不是天生的。从20世纪50年代早期开始，温尼科特开始关注儿童以各种方式发现现实、探索自我和他人（我和非我）之间复杂的相互关系，并开始揭示幻想和现实，以及发展中的婴儿对客体的使用。简而言之，识别（recognition）作为一种能力和一种始终处于进行中的过程，成为温尼科特理解人类的核心。

安吉拉·乔伊斯（Angela Joyce）在第7篇"健康：从依赖到独立（Health: Dependence Towards Independence）"中，探讨了温尼科特在1960—1963年期间的理论发展。她写道，温尼科特是一个健康的理论家，因为他关注于诚实阐述生活的可能性。众所周知，温尼科特细致区分了真（真实）自体和假（顺从）自体之间的差异。当面对太多的入侵和要求，必须去适应环境，当一个足够好的环境中出现太多的失败时，婴儿会退回到无助和绝望中，导致顺从和假自体。在温尼科特发展真/

假自体的观点的同时，他也在进行婴儿发展必要过程的概念化——从绝对依赖到相对依赖，然后最终走向独立。温尼科特不认为人可以完全独立——但我们可以趋向于独立。

温尼科特不愿不加思考地吸收和重复那些被普遍接受的精神分析理论准则，正如安娜·费鲁塔（Anna Ferruta）在第8篇"心理发展中的客体在场与缺席（Object Presence and Absence in Psychic Development）"中所阐述的那样。费鲁塔阐述了温尼科特在1964—1966年期间的思想发展，探讨了他的作品特色——不同寻常的主题范围，将思想"勇敢地扩展"至心智的原始领域。此文所介绍的《全集》第7卷囊括了一系列文章，这些文章集结了他所关注的主题，并深化了我们对人类的理解，包括：整合、心智情绪状态的流动、自我的整合、对于边缘和精神病性患者的治疗。温尼科特确信，尽管婴儿依赖主要照顾者，但整合是立即开始的。整合的失败或失整合，引起了温尼科特的深切关注，他以敏感和同情的态度思考了这些心智状态的因果关系。整合和个性的表达是贯穿他所有作品的主题。温尼科特坚持认为，临床工作者的任务是为病人所用。临床工作者在那里迎接移情，说出未表达的情感和幻想——简而言之，就是为病人服务。正如费鲁塔所指出的，《全集》第7卷中所包含的材料说明了"温尼科特希望保持他独立的思考方式，同时努力避免显得偏狭或遗世独立"。

在1967年和1968年，温尼科特巩固了他的思考——包括技术、分析师的任务、非言语交流和母婴之间可能的体验的相互关系、凝视的作用以及母亲适应婴儿需求的能力等。对于温尼科特来说，我们可以从母亲和婴儿身上了解到很多关于精神病患者的需求。可靠性的重要性是温尼科特一直强调的一个主题，他强调当可靠性崩溃时，婴儿一定会感到无法思考的焦虑。他认为湮灭感是一种灾难性的体验，是极度焦虑和基本匮乏的结果。温尼科特坚持认为，分析师的任务是关注病人的原始发展需求。他对于"体验的中间领域"的思考——内部和外部之间的流动性——引导了他对游戏、创造性、文化本身的思考。对温尼科特来说，精神分析本身是一种特殊的游戏形式。安·霍恩（Ann Horne）在第9篇"婴儿与母亲、病人与分析师之间的交流：巩固的岁月（Communication Between Infant and Mother, Patient and Analyst: The Years of Consolidation）"中，对温尼科特在这两年中巩固和强化的成果进行了有益的概述。霍恩总结的主题如下：婴儿如何产生分离的自我和关于他人的意识；感知现实，以及将客体感知为客观真实的一部分；犯罪行为是希望的表达；可靠的环境；以及游戏和文化。

阿恩·耶姆斯泰特（Arne Jemstedt）在第10篇"存在、创造性和潜在空间（Being, Creativity, and Potential Space）"一文中阐述了一些温尼科特的重要观点：创造性和创造过程、存在、错觉和过渡性现象。耶姆斯泰特提醒我们注意温尼科特的重要论文"沟通与不沟通引发的对特定对立面的研究（Communicating and Not Communicating Leading to a Study of Certain Opposites）"（发表在第6:4:8卷）。在这篇文章中，温尼科特认为，每个人的核心都是一种无声的交流，一个神圣的领域，它是健康的一种表现，也是活着的重要表现。这是一个温尼科特式的悖论——这个沉默的核心本身不能（事实上是不应该）沟通，沟通才会发生。在温尼科特对人和人的生命的理解中，充满了悖论，我们在努力沟通的同时，又让自己的核心保持沉默和隐藏；婴儿既创造客体，又寻找客体；我们生活在错觉之中，同时也栖居于与其他人类的关联中。婴儿选择并用过渡性客体来填充中间区域，重要的是，过渡性客体的使用标志着婴儿开始拥有象征能力。耶姆斯泰特写道：温尼科特把错觉、创造能力和对客体的发现作为生存的基本要素和创造性生活的必要元素。

马尔科·阿尔梅利尼（Marco Armellini，第11篇）和史蒂文·格罗尔克（Steven Groarke，第12篇）的文章阐述了温尼科特生前最后的作品——《游戏与现实》（Playing and Reality）、《儿童精神病学中的治疗性咨询》（Therapeutic Consultations in Child Psychiatry）、《小猪猪的故事》（The Piggle）。这些书温尼科特生前已经写好，是在他1971年去世后出版的。另外，温尼科特不断修改他关于"个体人类情感发展"的著作，但直到克里斯托弗·博拉斯、玛德琳·戴维斯（Madeleine Davis）和雷·谢博德（Ray Shepherd）编辑后，这本书才得以完成，并于1988年出版，名为《人类本性》（Human Nature）。在"期望与给予：温尼科特《治疗性咨询》中沟通的挑战（Expectation and Offer: The Challenge of Communication in Winnicott's Therapeutic Consultations）"一文中，阿尔梅利尼探讨了温尼科特在《治疗性咨询》和《小猪猪的故事》中所表达的复杂思想。阿尔梅利尼写道：这些课题代表了"发展和成熟的复杂模式"，重要的是，这些著作不是"将理论应用于不同设置的指导，也不是理论概念的临床有效性的证明"。为了"保存生命的丰富复杂性"，温尼科特能够容忍治疗间隙和不确定性。譬如，虽然想要保持开放性和不确定性，温尼科特也能够建议一个家庭需要度假，而不是分析性的治疗。通常，温尼科特认为病人需要的是联系和沟通，而不是诠释，也不是分析师的全知全能。最重要的是温尼科特的严格观点，他认为症状往往不是疾病的征兆，而是病人的发展史和痛苦的表达。事实上，正如阿尔梅利尼所写，我们（即临床工作者）"被含蓄地要求不要去诠释"；此外，温尼科特的案例研究还说明了"智力可以是何等残暴，而心智又是如何成为迫害对象的"。

史蒂文·格罗尔克的文章"温尼科特与生命为首（Winnicott and the Primacy of Life）"，探讨了生命的活力、沟通和意义的创造。第11卷讲述了温尼科特如何治疗一个年幼的学步儿——加布里埃尔（"小猪猪"）——她饱受令人不安的幻想之苦。温尼科特描述了他对加布里埃尔的治疗，并使读者能够自己想象和思考这种治疗（独自思考也是斯卡尔弗内的"慢读温尼科特"中提到的一个主题）。格罗尔克仔细研读了温尼科特的《人类本性》。正如格罗尔克所写，生活对温尼科特来说至关重要，他认为生活赋予生命以意义。格罗尔克将这些问题总结如下：

前言

对温尼科特来说，与生活和睦相处意味着什么？他认为一个健康的人能过什么样的生活？我们如何才能活得更充实，更有意义？简而言之，就是追求、奋斗，也就是"过一种真实的生活"。然而，这并不是为了避免痛苦；的确，对温尼科特来说，痛苦是一种持续存在的方式，个人越健康，承受痛苦的能力就越大。我们如何创造生活与我们如何创造我们居住的世界是密不可分的，而温尼科特的观点是，在世界变得适宜居住和可思考之前，必须先被创造和感知。至关重要的是我们如何利用我们所拥有的。

这 12 篇文章探讨了温尼科特的思想、临床创新和意图，以及他对人之为人的概念化理解。这些文章的作者对他的沟通能力、作为一个参与和关注的旁观者的能力、重新思考精神分析实践和理论教条的能力，以及，也许最重要的是，参与生活的能力，提供了丰富的说明。最后，以一句温尼科特的话作结，他断言，尽管作为一个人有痛苦挣扎，有难以言喻的困难，我们却总是"在仓促的生活中活出生命"。

致　谢

　　这些文章是《唐纳德·伍兹·温尼科特全集》11卷中每一卷中的前言部分，它们最初随着《全集》一同出版。莱斯利·考德威尔和海伦·泰勒·罗宾逊是《全集》的总编辑，感谢他们多年来对《全集》的精心编辑和持续的组织管理工作。很多临床工作者和学者最初对这些前言进行了评论，他们的反馈意见很宝贵。同样要感谢罗伯特·埃兹、艾玛·莱特利（Emma Letley）、莎拉·内特尔顿（Sarah Nettleton）和克莱·皮尔恩为《全集》前言所做的工作，他们提供了我们亟需的专业意见。

　　感谢安·霍恩和安吉拉·乔伊斯在我编辑这些文章时给予我的帮助和支持。我也很感谢温尼科特信托基金会（过去和现在）的成员对温尼科特作品出版的极大热情：芭比·安东尼斯（Barbie Antonis）、莱斯利·考德威尔、史蒂文·格罗尔克、安·霍恩、詹妮弗·约翰斯、安吉拉·乔伊斯、鲁思·麦考尔（Ruth McCall）、玛丽安·帕森斯（Marianne Parsons）、海伦·泰勒·罗宾逊、朱迪思·特劳尔（Judith Trowell）和伊丽莎白·沃尔夫（Elizabeth Wolf）。非常感谢卡米拉·费瑞厄（Camilla Ferrier）、莎拉·哈林顿（Sarah Harrington）和海莉·辛格（Hayley Singer）耐心而高效地回答我的问题。尽管大部分的工作都是在暑假期间进行，作者们都欣然而幽默地回答了我的任何疑问。重要的是，感谢本书的各位作者为温尼科特学术研究做出的宝贵贡献。

作者介绍

马尔科·阿尔梅利尼（Marco Armellini）

马尔科·阿尔梅利尼自1985年起任执业儿童精神病学家。他在20世纪90年代期间，师从安德烈亚斯·詹纳库拉斯（Andreas Giannakoulas）和文森佐·博纳米尼奥（Vincenzo Bonaminio），在其指导下完成了儿童及青少年精神分析心理治疗的培训。他在意大利公共卫生领域内进一步增进和发展了自身的临床经验，并专长于婴儿心理健康和自闭性发展障碍相关的领域。他已经发表了若干篇有关精神分析领域中的英国独立学派传统的文章。

文森佐·博纳米尼奥（Vincenzo Bonaminio）

文森佐·博纳米尼奥博士是意大利精神分析学会（Italian Psychoanalytic Society，简称SPI）的培训分析师和督导分析师，并在罗马私人执业，为成人、青少年和儿童提供服务。他是罗马第一大学（La Sapienza，University of Rome）儿童精神病学系的兼职教授，在系里教授儿童心理治疗的课程，开展针对潜伏期儿童的临床工作，并协调了一个致力于研究潜伏期儿童短程精神分析治疗的研究小组。他曾在超过25年的时间里任附属于罗马一大的温尼科特学院（Istituto Winnicott）的主任，这是一项为儿童、青少年和父母的精神分析心理治疗提供培训的项目。他是位于罗马的意大利温尼科特中心（Winnicott Centre

作者介绍

Italia）的主任、伦敦大学学院（University College London）的名誉访问教授、《理查德与小猪猪——意大利儿童青少年精神分析研究杂志》（*Richard e Piggle, the Italian Journal for the Psychoanalytic Study of the Child and the Adolescent*）的联合编辑以及"当代精神分析（Psicoanalisi Contemporanea）"系列丛书的联合编辑。

莱斯利·考德威尔（Lesley Caldwell）

莱斯利·考德威尔是这套《全集》的总编辑。她是英国精神分析协会（British Psychoanalytic Association）的会员并在伦敦私人执业。她是英国精神分析学会的客座会员，以及洛杉矶精神分析研究机构与学会（Los Angeles Institute and Society for Psychoanalytic Studies，简称LAISPS）的通讯会员。她是伦敦大学学院精神分析分部的名誉教授和意大利语系的名誉高级研究员。在任职涂鸦基金会（Squiggle Foundation）主席（2000—2003）和"温尼科特研究专题（Winnicott Studies monograph series）"系列丛书编辑期间，她出版了4本唐纳德·W. 温尼科特的编辑作品集。她在2002—2016年期间担任了温尼科特信托基金会的编辑，并于2008—2012年期间任信托基金董事会主席。2011年，她与安吉拉·乔伊斯共同出版了《阅读温尼科特》（*Reading Winnicott*）一书。她对精神分析和艺术抱有持久的兴趣，并写过和电影以及罗马城有关的文章。

保罗·法博兹（Paolo Fabozzi）

保罗·法博兹博士是意大利精神分析学会的培训分析师和督导分析师，并在罗马私人执业，为成人、青少年和儿童提供服务。他是罗马第一大学动力与临床心理学系的兼职教授。他曾在国际性的评论杂志中发表过文章，并编辑了《超越元心理学》（*Al di là della metapsicologia*，1996）、《临床与理论中的自我》（*Il sé tra clinica e teoria*，2000）和《诠释的形式》(*Forme dell'interpretare*，2003)。

安娜·费鲁塔 (Anna Ferruta)

安娜·费鲁塔是一名心理学家、意大利精神分析学会和国际精神分析协会 (International Psychoanalytical Association，简称 IPA) 的正式会员与受训分析师。她是《国际精神分析杂志》监管和顾问委员会成员，并曾任意大利精神分析学会的培训主任。她在意大利米兰开展精神分析性工作，专长于对重性精神疾病的治疗和对机构内工作团体之心理动力的探究。她是"神话与现实：团体治疗协会 (Mito & Realtà: Association for Therapeutic Communities)"的创始会员。此外，她还是《心理》(*Psiche*) 的副主任、帕维亚大学 (University of Pavia) 的精神病学讲师，以及位于米兰的卡罗尔·贝斯塔神经研究所 (Neurological Institute C. Besta) 的顾问。她曾在意大利本国和国际上发表过多篇文章与著作，包括《意象思考》(*Pensare per Immagini*，Borla 出版社，2005)、《社区心理治疗》(*Le Comunità Terapeutiche*，Cortina 出版社，2012)、《当代精神分析治疗——临床实践的扩展》(*La cura psicoanalitica contemporanea. Estensioni della pratica clinica*，Fioriti 出版社，2018) 等书。此外，她还在《意大利精神分析年鉴》(*Italian Psychoanalytic Annual*) 上发表了"健康自恋与病理性自恋的连续性或不连续性 (Continuity or discontinuity between healthy and pathological narcissism, 2012)"一文，在《精神分析杂志》(*Rivista di Psicoanalisi*) 上发表了"分析性设置的空间及其他 (Setting analitico e spazio per l'altro, 2013)"一文，在由 F. Borgogno、A. Luchetti 和 L. Marino Coe 等人编辑、伦敦/纽约的 Routledge 出版社出版的《阅读意大利精神分析》(*Reading Italian psychoanalysis*，2016) 一书中撰写了"意大利精神分析思想的主题和发展 (Themes and developments of psychoanalytic thought in Italy)"这一章节。

作者介绍

史蒂文·格罗尔克（Steven Groarke）

史蒂文·格罗尔克是罗汉普顿大学（Roehampton University）社会思想系教授、英国精神分析学会的分析师，以及国际精神分析协会的会员。他在伦敦精神分析研究所（Institute of Psychoanalysis in London）任教。他还是伦敦大学学院的名誉高级研究员，以及儿童心理治疗师协会（Association of Child Psychotherapists）的培训分析师。他是《国际精神分析杂志》编委会成员，以及《英国心理治疗杂志》（*British Journal of Psychotherapy*）的评审小组的成员。他目前是一名在伦敦私人执业的精神分析师。

安·霍恩（Ann Horne）

安·霍恩是英国心理治疗基金会（British Psychotherapy Foundation）的资深会员，以及捷克精神分析性心理治疗学会（Czech Society for Psychoanalytic Psychotherapy）的名誉会员。她曾任英国心理治疗师协会（British Association of Psychotherapists）下设的儿童和青少年心理治疗培训（现为英国心理治疗基金会下设的独立学派取向精神分析性儿童与青少年心理治疗协会）的负责人。她是《儿童心理治疗杂志》（*Journal of Child Psychotherapy*）、《儿童和青少年心理治疗手册》（*The Handbook of Child and Adolescent Psychotherapy*，1999年初版，2009年再版），以及Routledge出版社策划的"独立学派儿童与青少年精神分析取向（Independent Psychoanalytic Approaches with Children and Adolescents）"系列丛书中的4本书的联合编辑。Routledge出版社将于2018年9月出版其论文选集《论重视身体的儿童：一名独立学派心理治疗师的反思》（*On Children Who Privilege the Body: Reflections of an Independent Psychotherapist*）。她在结束了于伦敦波特曼诊所（Portman Clinic）的工作后，便退出了一线临床工作，并开始在英国境内外从事教学与授课。

阿恩·耶姆斯泰特（Arne Jemstedt）

医学博士阿恩·耶姆斯泰特是斯德哥尔摩一家私人诊所的精神分析师。他是瑞典精神分析协会的会员和培训分析师。他于1997—2003年间担任前瑞典精神分析协会（Swedish Psychanalytical Association）主席，并于2010—2012年间担任了新瑞典精神分析协会［由瑞典精神分析学会（the Swedish Society）和瑞典精神分析协会（the Swedish Association）合并而成］的首任主席。他是几本温尼科特著作的瑞典文译本的编辑，并在瑞典和国际精神分析期刊和书籍上发表了有关温尼科特的工作的文章和章节。他是国际精神分析协会百科词典（IPA Encyclopaedic Dictionary）项目的欧洲区联合主席。

詹妮弗·约翰斯（Jennifer Johns）

詹妮弗·约翰斯是伦敦精神分析研究所的资深会员。在接触精神分析之前，她从事的是全科医疗实践。在受训期间，她曾接受过唐纳德·温尼科特的督导。她曾在伦敦大学学院医院（University College Hospital in London）和西米德塞克斯医院（West Middlesex Hospital）的心理治疗部工作。她对心身疾病很感兴趣。多年以来，她一直都是温尼科特信托基金的会员并长期担任编辑一职。她还在1997—2008年期间担任了该信托基金的主席，并大范围地教授和普及了温尼科特所做的工作。

马库斯·约翰斯（Marcus Johns）

马库斯·约翰斯是伦敦精神分析研究所的资深会员。他在查令十字医院（Charing Cross Hospital）学医，并在莫兹利医院（Maudsley Hospital）学习了精神病学。他在塔维斯托克诊所（Tavistock Clinic）接受了儿童和家庭精神病学的相关培训。他曾在任塔维斯托克诊所下设的儿童指导培训中心的异常儿童门诊部的主管顾问期间，出任了该中心的

作者介绍

主任一职。在此期间,他接受了精神分析的培训,并成为伦敦精神分析诊所(London Clinic of Psychoanalysis)的代理主任。他曾是《英国精神分析学会公报》(Bulletin of the British Psychoanalytical Society)的编辑,以及国际初期孤独症网络(International Pre-Autistic Network,简称IPAN)董事会的前任主席。

安吉拉·乔伊斯(Angela Joyce)

安吉拉·乔伊斯是英国精神分析学会的一名培训分析师和督导分析师。她在伦敦的安娜·弗洛伊德中心(Anna Freud Centre)受训成为儿童精神分析师。多年来,她一直是该中心开设的、具有先驱性的家长-儿童项目的一员,并共同参与领导了中心儿童心理治疗的复兴。她在伦敦私人执业,并是伦敦大学学院的名誉高级讲师。她是涂鸦基金会董事以及温尼科特信托基金主席。她撰写过有关早期发展和父母-婴儿心理治疗的文章和书籍。她与莱斯利·考德威尔于2011年共同编辑并出版了新精神分析教学馆藏书系中的《阅读温尼科特》一书。她还在2017年编辑了由Karnac出版社出版的《唐纳德·温尼科特与当下的历史》(Donald Winnicott and the History of the Present)一书。

阿迈勒·特雷彻·卡贝什(Amal Treacher Kabesh)

阿迈勒·特雷彻·卡贝什是《全集》的执行编辑。长期以来,她一直致力于通过精神分析和文化相关理论的结合来理解身份认同(特别是性别认同和种族认同),并在这些方面发表了大量文章。她是诺丁汉大学社会学和社会政策学院的副教授。她最近出版的两本书是《后殖民时代的男子气概:情感、历史和伦理》(Postcolonial Masculinities: Emotions, Histories, and Ethics,Ashgate出版社,2013)和《埃及革命:冲突、重复和认同》(Egyptian Revolutions: Conflict, Repetition and Identification,Rowman and Littlefield出版社,2017)。

克里斯托弗·里夫斯（Christopher Reeves）

克里斯托弗·里夫斯（1939—2012），在伦敦的塔维斯托克诊所受训并成为一名儿童心理治疗师。他和温尼科特曾有过私交——在温尼科特生命的最后两年，他曾参加过在温尼科特家中举办的研讨会。他曾在英国和美国发表过关于温尼科特著作中的理论和临床面向的论文。他编辑了文集《打破界限：当代有关反社会倾向的反思》（*Broken Bounds: Contemporary Reflections on the Anti-Social Tendency*，2012），并任 Judith Issroff 撰写的《唐纳德·温尼科特和约翰·鲍尔比：个人反思与专业反思》（*Donald Winnicott and John Bowlby: Personal and Professional Reflections*）一书的特约编辑。以上两本图书均由 Karnac 出版社出版。他还在 2008—2011 年期间任涂鸦基金会主任。

肯·罗宾逊（Ken Robinson）

肯·罗宾逊是泰恩河畔纽卡斯尔市的一名私人职业的精神分析师。他是英国精神分析学会的成员，并曾任该学会的名誉档案管理员。他在英格兰北部和苏格兰担任儿童与青少年以及成人心理治疗的培训分析师，并在英国和欧洲开展了讲座、教学与督导等活动。在受训成为心理治疗师和精神分析师之前，他曾在大学教授英国文学和思想史的课程。他一直对精神分析与艺术和人文学科的重叠抱有浓厚的兴趣。最近，他的文章"日常生活中的创造力（或创造性地生活在世界上）[Creativity in Everyday Life (or Living in the World Creatively)]"被收录在了由 Angela Joyce 编辑的《唐纳德·温尼科特与当下的历史》一书中（Karnac 出版社，2017）。他对治疗行为的本质和精神分析的历史很感兴趣。他在目前即将完成的书作中探讨了在弗洛伊德、费伦齐、巴林特和温尼科特的理论和实践中所根植的基本临床概念在当今咨询中的使用。

作者介绍

多米尼克·斯卡尔弗内（Dominique Scarfone）

多米尼克·斯卡尔弗内，医学博士，曾是蒙特利尔大学（Université de Montréal）心理学系的全职教授，现为该系名誉教授。他还是蒙特利尔精神分析研究所（Institut psychanalytique de Montréal）[加拿大精神分析研究所（Canadian Psychoanalytic Institute）法语分部]的培训分析师与督导分析师。他曾任《国际精神分析杂志》副主编，并出版过《尚·拉普朗虚》(*Jean Laplanche*, 1997, 已被翻译成希伯来语、意大利语和英语)、《忘记弗洛伊德？精神分析回忆录》(*Oublier Freud? Mémoire pour la psychanalyse*, 1999)、《心灵脉动》(*Les Pulsions*, 2004, 已被翻译成西班牙语和葡萄牙语)、《无名街道里的邻居》(*Quartiers aux rues sans nom*, 2012) 和《尚未过去的过去：真实的无意识》(*The Unpast: The Actual Unconscious*, 2015) 5 本著作。他是几本书的章节作者，并曾在国际期刊上发表了大量文章。他定期受邀在多个国家主持研讨会和参与会议，并撰写了 2014 年于蒙特利尔举办的法语分析师国际大会上讨论的两篇关键论文中的一篇。他是 2019 年于伦敦举行的国际精神分析协会大会的主要发言人之一。

海伦·泰勒·罗宾逊（Helen Taylor Robinson）

海伦·泰勒·罗宾逊是该《全集》的总编辑。她是位于伦敦的英国精神分析学会下设的精神分析研究所的资深会员。退休前，她一直都在从事成人和儿童的临床精神分析工作。她担任温尼科特信托基金会的编辑和董事达 17 年之久，并与詹妮弗·约翰斯和雷·谢博德合编了《思考儿童》(*Thinking About Children*) 一书。她特别关注精神分析与艺术、文学和电影的关系。她是伦敦大学学院精神分析分部的名誉高级讲师。她在精神分析领域出版过书籍、撰写过杂志文章，并曾为欧洲精神分析与电影节做出过贡献。

目　录

第1篇 唐纳德·W.温尼科特的深远影响：
《唐纳德·伍兹·温尼科特全集》概述 …………………… 001
莱斯利·考德威尔　　海伦·泰勒·罗宾逊

第2篇 从儿科到精神分析，1911—1938 …………………… 041
肯·罗宾逊

第3篇 "由二合一，而一生二"：
早期情绪发展，1939—1945 …………………… 069
克里斯托弗·里夫斯

第4篇 转向不同的客体、另外的空间以及全新的整合，
1946—1951 …………………… 097
文森佐·博纳米尼奥　　保罗·法博兹

第5篇 慢读温尼科特，1952—1955 …………………… 123
多米尼克·斯卡尔弗内

目 录

第 6 篇 抵达他的巅峰，1955—1959 ································ 143
詹妮弗·约翰斯　　马库斯·约翰斯

第 7 篇 健康：
从依赖到独立，1960—1963 ································ 159
安吉拉·乔伊斯

第 8 篇 心理发展中的客体在场与缺席，1964—1966 ················ 189
安娜·费鲁塔

第 9 篇 婴儿与母亲、病人与分析师之间的交流：
巩固的岁月，1967—1968 ································ 211
安·霍恩

第 10 篇 存在、创造性和潜在空间，1969—1971 ···················· 239
阿恩·耶姆斯泰特

第 11 篇 期望与给予：
温尼科特《治疗性咨询》中沟通的挑战 ···················· 261
马尔科·阿尔梅利尼

第 12 篇 温尼科特与生命为首 ····································· 287
史蒂文·格罗尔克

莱斯利·考德威尔
海伦·泰勒·罗宾逊

第1篇

唐纳德·W.温尼科特的深远影响

《唐纳德·伍兹·温尼科特全集》概述

LESLEY CALDWELL
HELEN TAYLOR ROBINSON

唐纳德·伍兹·温尼科特是精神分析领域的一位重要人物。他的书籍已被翻译成多国语言，他的精神分析著作在网络上被访问得最为频繁，同时他的革新思想对精神分析师培训影响深远，也受到国内外研讨会的持续关注。在安德烈·格林（André Green）看来，温尼科特不仅仅是继弗洛伊德之后最为重要的精神分析思想家，他还致力于构建一种更易于被普罗大众使用的以精神分析为核心的方法。温尼科特试图将精神分析带入公共体制与文化生活，在这一点上，他的用心程度以及所取得的成功都是前无古人，目前也后无来者。他在迥异的环境中都表现出了开放性与沟通的能力，而这种开放与沟通经拓展后成为与不同人讨论的意愿——讨论的对象涵盖了有着不同取向和方法的同行、来自相关领域的专业人士以及普罗大众。温尼科特能够富有成效地传达高度专业化的思想，他会使用技术性的语言并借助悖论和隐喻来达成这一目的。他对于理解成长中个体的内在现实与外在现实的相互作用抱有兴趣，这一兴趣持续终生，并变得愈加复杂。

温尼科特、梅兰妮·克莱因（Melanie Klein）与安娜·弗洛伊德（Anna Freud），是继弗洛伊德（Freud）、桑多尔·费伦齐（Sandor Ferenczi）以及卡尔·亚伯拉罕（Karl Abraham）之后，第二代精神分析师中的重要人物。他的著作、教学和广播使精神分析成为一门具有持久重要性且充满活力的学科，推动了精神分析的进一步发展。他在儿科以及儿童精神病学、教育、儿童健康和发展等方面所做工作的影响持续至今，并在最近被使用到了人文和社会科学领域的相关学科中。

生平简介

温尼科特（1896—1971）[1]出生于在英格兰德文郡富裕的商人之家，和两个他深爱的姐姐以及住在附近的表亲们一起长大。在那里，他受到了很好的照顾和多少带有宗教色彩的养育。他的父亲曾两次出任普利茅斯市长，并因其对当地政治的贡献而被封为爵士。不过，温尼科特早年的生活环境似乎主要是由他的母亲、两个姐姐、表亲们以及家仆们构成的。他在13岁的时候被送到了位于剑桥的莱斯（Leys）学校就读，随后他又以接受医学培训为目的进入剑桥大学学习生物学。在青少年阶段，和学术工作相比，温尼科特在运动、歌唱和演奏方面的表现似乎是同等出色的。他阅读了达尔文的著作，并对其成果感到钦佩。在此期间，他还表现出了对生活在剑桥当地社区中的不幸者的关切与忧虑。在第一次世界大战期间，他曾在一艘海军驱逐舰上短期担任过志愿医疗官一职。这一经历使得他在很年轻的时候就面对了死亡与丧失。

1917年秋，当温尼科特在伦敦巴茨医院（Bart's Hospital）的医学培训开始之时，他为自己的梦境所扰，并在此时接触到了弗洛伊德，令他感到如获至宝。1923年，温尼科特找到了詹姆斯·斯特雷奇（James Strachey），并开始为自己"抑制（的内容）"接受分析（他后来开玩笑说，个头矮也是促使自己接受分析的原因）。在1920年获得医师资格后，他先后在几家儿童专科医院任内科住院医师。随后，温尼科特在1923年被任命到贝斯纳尔格林（Bethnal Green）的女王儿童医院（Queen's Hospital），以及帕丁顿格林儿童医院（Paddington Green Children's Hospital）就职。他在哈雷街附近开设了一家私人儿科诊所，并在27岁时与爱丽丝·泰勒（Alice Taylor）成婚。

---

[1] 更多有关温尼科特生平的内容，请参见 Adam Phillips（1988）、Brett Kahr（1996）、Robert Rodman（2003）以及 Jennifer Johns（2006）。

004

温尼科特于1934年获得了分析师的资质。在1961年退休之前，他一直保留了公共卫生领域内的医疗相关职位，但他特别致力于关注自身工作中出现的那些与心理学相关的领域，特别是与母亲和儿童有关的方面。他于1935年完成了儿童精神分析的受训，并于1936年开始了第二段分析之旅。这一次，他的分析师是琼·里维埃（Joan Riviere）。温尼科特在为儿童和成人提供高频精神分析的同时，也提供相对短程的心理治疗干预。他在1939年开始撰写以人母为听众的广播节目。

在认可所学知识价值的同时，温尼科特开始与自己在精神分析领域内的一些良师益友分道扬镳。这种分歧是以他在日常临床工作中的观察为基础的。他开始确信，正是婴儿在实质上对母性/家庭环境的依赖，使得母亲与孩子自出生开始的互动对心理发展至关重要。尽管他也强调由幻想构成的内在世界，但他开始越发关注什么才是真实的婴儿在发展健康自体的过程中所需要的。在他看来，健康的自体是获得富有创造力的生活的基础。

在英国精神分析学会的论战期间（参见本章后续内容），以及在一种把安娜·弗洛伊德的发展模型和克莱因的内在世界无意识的幻想结构模型两极化的氛围之下，温尼科特仍能保持自己惯常的坚定立场。

在他父亲于1948年去世（他母亲已于1925年去世）后，他与爱丽丝离婚并与克莱尔·布里顿成婚，后者成为他个人世界的焦点，以及他余生在专业领域的合作者。他曾在"牛津郡疏散计划"中与才华横溢的、时任精神科社会工作者（后来也成为精神分析师）的克莱尔共事。这一合作为他们对战后政府的儿童服务计划的贡献奠定了基础。温尼科特在1948年经历了第一次心脏病发作，并于1971年因心脏病过世。

温尼科特是国际精神分析协会于1953年设立的雅克·拉康（Jacques Lacan）调查委员会的主席。他于1956—1959年期间出任英国精神分析学会的主席一职，并于1965—1968年期间再次担任该职位。此外，他还管理着伦敦精神分析诊所的儿童与青少年部，在芬兰精神分析学会（Finnish Psychoanalytic Society）设立的过程中也起到了重要的作用，也曾任英国皇家医学会（Royal Society of Medicine）儿科分会主席（1952）、儿童心理学与精神病学协会主席以及英国心理学会（British Psychological Society）医学分会主席（1948），并于1968年获得了詹姆斯·斯彭斯（James Spence）儿科金奖。

他于1958年出版了第一本文集。作为国际知名的临床工作者，他于1962年和1963年在美国举办的讲座广受好评。但在1968年底访问纽约时，温尼科特出现了不良的健康状况。在他生命的最后两年，温尼科特为书籍的撰写和出版做了准备与规划，并尽可能地进行演讲或举办讲座。他于1971年1月去世。

精神分析写作：唐纳德·伍兹·温尼科特与传统精神分析写作

从精神分析的视角来看，所有意识层面的交流都会被无意识层面的意义歪曲，而精神分析相关的写作本身也受制于此。温尼科特的写作风格在被众多读者批评的同时，也获得了大量读者的喜爱，这让他的著作独树一帜。无论是早期写给姐姐维奥莱特（Violet）的谈及精神分析的信件（CW 1:1:11[*]），还是后来撰写的谈论"无意识"的文章（CW 7:3:29），温尼科特都展现出了高超的对话技巧——不管是用熟悉的还是不太熟悉的方式，他都能带着想法和情感体验去构建对话。

美国分析师托马斯·奥格登（Thomas Ogden，2005，p. 109）将精神分析写作视为一种文学体裁——试图通过利用意识与无意识体验之间的持续对话，来复制出"与分析性体验相似"的文学体裁。分析师通过写作投入了一场创造性的"活动"之中。在这场"活动"里，"正在阅

---

[*] 本书中，涉及对《全集》的交叉引用时，以包含了卷、部分和章节编号的缩写表示，如这里"CW 1:1:11"表示《全集》第1卷的第1部分的第11章。——译者注

读的读者不仅能体会到作者与自己的患者的分析性体验中出现的关键要素，还能感受到'（曾）发生之事所具有的韵律'"（Heaney，1979，p. 173）。对他而言，最好的精神分析写作应该呈现的是无意识进程与意识层面之间的"对话"，以及对分析进程中所发生的点滴的理性感知与通过隐喻、类比、修辞和令人信服的日常语言对分析进程的表征之间的"对话"。奥格登（1992）认为，温尼科特非常擅长的一点在于，告诉他人什么是重要的、它的重要性如何以及它是为何而重要的。

在致姐姐维奥莱特的信（CW 1:1:11）中，温尼科特表现出一种想要"跃入"或是"潜入"自己的主观议题并深入自身潜意识的意愿。他倾向于构建一系列表面上互不相关的领域，并回避了惯有的逻辑思维顺序；他通过基于直觉的、自由联想式的、几乎非意识层面的（思维）跳跃来展现精神分析的核心原则；他还用一种暗合了奥格登提出的不受约束的"对话"的风格将未知的体验与鲜为人知的体验结合到了一起。无论形式如何，也无论受众是谁，温尼科特的多数写作似乎都是在向某人表达，并且回应分析性进程。其中，对于分析性进程的回应是通过在离开或趋向"某事或某物"的同时，允许其含义的流动而实现的。在这种情况下，温尼科特生动且鲜活的写作风格让意识中被省略的部分成为其后期绝大多数作品的主体。依照罗德曼（Rodman）的评论，温尼科特在这封信里罕见地"描述了大量超出书面语言或口头语言领域的现象。（这一状况）一直持续到他掌握了书面和口头的语汇，并找到了可以扩大我们意识的词语为止"（2003，p. 44）。

到了1966年，当温尼科特简短地写下"无意识（The Unconscious）"（CW 7:3:29）一文时，他感到既生气又失望：

> 在我看来，随着对某些精神分析原则的普遍接受（如儿童性欲、本能的重要性、个体发掘自我和感受真实的需求所具有的高于一切的重要性），在最近的一二十年里无意识的概念已经有所式微。

这种感觉就像是说，无意识这回事不再让任何人感到困扰了，因为呢……好吧，我们都知道啊。而这背后的潜台词是，我们对无意识有了意识。

不同于他早年的热忱与激情，温尼科特此时的幻灭是与一种认识相伴而生的——他认识到，无意识在缓解痛苦方面所占据的一席之地，可以很轻易地被对"弗洛伊德那堆东西"的厌烦之情所扼杀。这使得他从早些年那种觉得无意识这件事无须多言便可以不言自明的态度，转入开始为了被曲解的无意识而战的状态。

也许，将温尼科特早期和晚期的文本并置一处，可以帮助我们捕捉贯穿其写作始终的一个方面，而这一点在《全集》依照时间顺序编纂的框架下得到了进一步的凸显。《全集》共 12 卷，内容囊括了已经出版过的文章、全新的文本、精选的书信往来，以及另附的一卷最终材料。每一卷的内容都是以交稿日期、写作日期或首次出版的日期为准，按时间先后排列的。当草稿或修订的版本依次被呈现的时候，这些不同的版本展现了温尼科特思想的发展演进与想法之间的相互影响。而版本的差异，通常与文章受众的不同有关。这种编纂方式提供的编排与理解方式是对多数现已出版的、依照主题结构编排文本的出版物的一种补充。依照时间先后进行排序的方式，也许会给习惯了前几卷的读者带来几分惊喜——实际上《全集》中只有 5 卷是对原有书籍原封不动的再版：其中的 3 卷遵从了温尼科特自己的规划，而另外 2 卷则是未能在他过世前完成，之后才出版的内容。

温尼科特的第一本书《有关儿童疾患的临床笔记》（*Clinical Notes on Disorders of Childhood*，1931）是一本以儿科医生为受众的手册。该书被收录于《全集》的第 1 卷（CW 1:3:1–20）。被收录于《全集》第

4卷（CW 4:4:1）的《抱持与诠释：一则精神分析的片段》*（Holding and Interpretation: Fragment of an Analysis）一书虽已在1955年撰写完成，但直到温尼科特逝世之后才得以出版。被收录于《全集》第10卷（CW 10:1:1–21）的《儿童精神病学中的治疗性咨询》一书精选了10年间与儿童工作的案例、治疗会谈、访谈与咨询，由温尼科特本人汇编、收录，并于1971年出版。《小猪猪的故事：一个小女孩的精神分析治疗过程记录》[The Piggle: An Account of the Psychoanalytic Treatment of a Little Girl, 1977（CW 11:2）]与《人类本性》[1988（CW 11:1）]这两本著作都有着耗时长久的材料撰写期，也都是在温尼科特逝世后才编辑并出版的。尽管多数手稿都是在1964—1966年进行分析工作期间完成的，但《小猪猪的故事》一书是在温尼科特去世后6年才开始着手准备的。《人类本性》一书在前后若干年里是基于两个不同的大纲而撰写的：第一个版本从1954年开始撰写，而第二个版本的撰写是从1967年开始的。最初准备在1988年出版此书。均尚未完成的两个版本的《人类本性》并未遵从《全集》汇编时通用的时间顺序，而是被收录到了一处，共同构成了《全集》的第11卷。

早、中、晚期作品的例子，让我们得以从不同的角度，去看待温尼科特坚持的深入的个人参与——不仅仅是在咨询室内，他还通过各种公众领域和专业领域的干预，来与精神分析所强调的无意识进程保持同调。奥格登在自己著作的前言中曾提到，从一个持续发展的视角来看，写作和改写自己的第一篇文章是一种毕生的尝试。而温尼科特早期与晚期写作在风格和内容上的差异与相似之处，也可以被看成是上述尝试的一种。这不由得让人想起贝克特（Beckett）在《向西去啊》（Worstward Ho, 1983）中提到的一个平行原则："也曾尝试，也曾失败，那又怎

---

* 此为直译书名，中国台湾地区中文繁体版译名为《二度崩溃的男人：一则精神分析的片段》。——译者注

样？！再试一次，再败一次，更好地败。"奥格登本人对于博尔赫斯（Borges）第一本诗集的理解也有着异曲同工的意味——在前者看来诗集是后者为了寻求意义做出的另一种尝试：试探意义、反复失败，但仍未停下求索的脚步。

按时间顺序阅读温尼科特的作品，可以让我们获得新的或是发展中的想法，也可以让我们以能持续促进进一步想法迸发的方式来审视熟悉的主题。温尼科特还提供了一些方法，让我们得以触及那些难以捉摸或是不可理解的事物——一些通常嵌在从无意识涌现出的不适之中的事物。这种复杂性构成了温尼科特本人以及所有从业者在精神分析性相遇中获得的部分认识——在分析性相遇中，舒适也可能引发一种源于现实的不安。

早期作品

《全集》第1卷和第2卷中收录的作品表明，温尼科特在作为医科临床执业者期间，就已经致力于采用一种独特的个人化的方法了，也展现出他个人敏锐的临床洞察力，这种洞察力后续随着精神分析实践与对此的毕生投入而不断加深。在《有关儿童疾患的临床笔记》[1931（CW 1:3：前言）]一书的前言中，温尼科特这样写道："为我日渐增长的为研究情绪因素而享受的能力，而间接地向西格蒙德·弗洛伊德教授致以感谢。"这种能力，以及他后来对环境、心灵的身体基础、游戏、攻击性的兴趣，都在此形成萌芽，并最终促成了温尼科特在"原始情绪发展（Primitive Emotional Development）"（CW 2:7:8）一文中提出的开创性陈述。

不同于先前的儿科医生温尼科特，在成为精神分析师的温尼科特眼中，躯体和心灵是始终存在的两个维度。对于心灵和躯体的关注贯穿了他漫长的职业生涯，从临床和理论的角度支持了上述两个维度的持续存在。在"儿科与精神病学（Paediatrics and Psychiatry）"（CW 3:3:2）一文中，温尼科特坚定地自称，"我是一名转向精神病学的儿科医生，也是一名坚守在儿科领域的精神科医生。"有关情绪情感发展的讨论（认为情感发展"通常是困难的且往往是不完整的"），以及他在日常医疗工作中所沉浸的精神分析性工作方法，使得《有关儿童疾患的临床笔记》成为一本非常有趣的书籍。他提到，"在丘疹性荨麻疹中，（存在一种）贯注了力比多的皮肤表面，而这是一种心智的延伸"["皮肤感觉的动力与丘疹性荨麻疹（Papular Urticaria and the Dynamics of Skin Sensation）"（CW 1:4:3）]；他在《有关儿童疾患的临床笔记》第12章和第13章描述的两个案例中引入了"事后性（afterwardsness）"的概念；同时，他还在第13章中，先见性地提及了他在"反移情中的恨（Hate in the Countertransference）"（CW 3:2:1）一文中呈现的见解。温尼科特认为，儿童在看医生的时候体验到的焦虑，以及儿童应对这种焦虑的方式可以表明儿童情绪健康的状况，在医疗诊断中可以起到辅助作用。他反对起源于美国的还原论者对环境因素的强调，并坚定地认为"紧张的孩子是因为内在因素而紧张的"。他所拥护的是一种精神分析的取向，并通过一种对环境更为全面的描述延续了该取向。

在温尼科特开始接受精神分析师培训的时候，在他获得分析师资质之后的时光里，以及接受梅兰妮·克莱因督导的那几年（1934—1940）里，克莱因对他有着重要的影响。温尼科特第一次引用弗洛伊德著作之外的精神分析文献，就是克莱因的早期作品"象征的形成在自我发展中的重要性（The Importance of Symbol Formation in Development of Ego, 1930）"。此外，在温尼科特1935年提交给英国精神分析学会的入会论文中，贯穿着对克莱因著作的引用［1958（CW 1:4:6）］。

愿意依靠直觉和推测是温尼科特的强项之一，但这种倾向性是建立在他对社会科学实验工作实证基础的扎实学识之上的。"在设定的情境中观察婴儿（The Observation of Infants in a Set Situation）"（CW

2:3:6）一文试图对婴儿心理健康的情感基础进行科学研究，因为我们可以依照情感基础对心理进程进行推测。温尼科特还在这篇文章中提出了婴儿的心理与生理发展之间存在紧密联系的假设。此文的写作利用了温尼科特在帕丁顿格林儿童医院向所有前来就诊的母婴提供常规问询（consultative procedure）时累积的数据。弗洛伊德和费伦齐是温尼科特思想形成过程中的重要前辈。温尼科特的想法和弗洛伊德对自己外孙的观察（1920）有相似之处，尽管他描述的是在正式场合里对更小的婴儿的观察——将压舌板放在桌上靠近婴儿的一侧，并观察婴儿对此的反应。在这个过程中，温尼科特关注的重点在于正常情况，以及在一个刻意放宽的年龄范围内（5—13个月）可能出现哪些偏离正常的情形。

温尼科特在将躯体和情绪发展联系起来的过程中，提出了他对于其中运作着的心理进程的看法。婴儿在游戏中表现出对于内在和外在之别的初步认识的同时，似乎也在享受一个与"完成（completion）"有关的进程（Reeves, 2006）。症状、焦虑、生理进程和无意识状态之间的复杂关系，支持了婴儿对存在一个自身之外的世界有所觉察的观点。在面对压舌板的时候，婴儿既有渴望，也有恐惧。这种怕因对压舌板的欲望而被报复的恐惧是一种对预期的外部情境的恐惧。无论是否真的会在现实中遭遇母亲的反对，恐惧都会从婴儿的内在浮现出来。这种渴望与恐惧的并存引发的心理冲突，可以通过现实中与母亲的（互动）体验得到消解。对于会被反对的预期，也许呼应了克莱因的描述（Likierman, 2001；Reeves，本书第3篇），但即便在温尼科特思想演进的这个阶段，早期的原始超我仍为从一个相当不同的侧重点去看待婴儿幻想这一议题搭建了基础。而这必然会引发如下推论，即在一切发展顺利的情况下，婴儿对于母亲及其内在的假设可能会让婴儿获得一种关切（concern）的能力，进而意识到完整的个体之间的关系的存在。

第／篇

LESLEY CALDWELL
HELEN TAYLOR ROBINSON

论 战

为20世纪40年代的论战（the Controversial Discussions）奠定了基础的那些理论议题，对英国和其他地方的精神分析史产生了持续的影响，但它们在此之前的历史同样是重要的。克莱因早年在欧洲受到的待遇，加上克莱因在其分析师亚伯拉罕去世后在柏林的知识界遭受的孤立，最终促使欧内斯特·琼斯（Ernest Jones）向她发出了前往伦敦的邀请。在伦敦，克莱因于1927年加入了英国精神分析学会，并于1929年成为学会培训委员会的一员。她在英国引发的反响，以及大众对其想法的兴趣是混杂的——既有接纳，也有质疑。在同一时期，维也纳和伦敦之间的分歧日益扩大，而这种分歧涉及对精神分析基本原理的理论所持看法的不同。英国精神分析学会主席欧内斯特·琼斯决定，把弗洛伊德父女二人以及其他的欧洲分析师带到伦敦来。如此一来，琼斯就将这段历史、它对精神分析的未来的影响及其传承带到了伦敦。弗洛伊德的遗产以及精神分析理论的基本原则，在后来成为论战的10次科学会议的基础。

一边是弗洛伊德家族的历史、安娜·弗洛伊德和父亲之间的种种、弗洛伊德本人的健康以及他最终的死亡，而所有这一切都无法脱离纳粹主义及其迫害这一历史背景。另一边是克莱因与女儿困难的私人关系与职业关系，而这一状况的糟糕程度在克莱因之子于1934年去世之后进一步加剧。两边都将己方痛苦的家庭状况在公众舞台上展示了出来，表现为英国精神分析学会内部实际的"家庭"与精神分析性家庭之间灾难性的分裂。战争引发了具体的经济问题（没什么可以接受分析性治疗的患者），而这加剧了个人层面和理论层面上对于精神分析遗产所有权的要求的复杂性。同时，各方都表达出了想要掌控学会委员会的行政流程的愿望。在上述两个因素的共同作用下，大家普遍认为有必要改组程序

（King & Steiner，1991）。

尽管1939年爆发的战争为这些争论蒙上了一层阴影，但从历史的角度来看，1941—1945年间发生的论战以及最终的和解决议的根源在于早期的理论分歧。在致凯特·弗里德兰德（Kate Friedlander）的一封信中［1940年1月8日（CW 2:2:1）］，温尼科特指出，安娜·弗洛伊德及其追随者并没有传承内在世界的概念。他称，"这种叙事方式涉及'内在世界'的概念。内在世界这一幻想位于个体的无意识幻想之中，并与摄入、存留以及排泄的体验有关。在我看来，这是精神分析理论的一部分，而我并没有在维也纳这群人看待事物的方式中找到上述理论的踪迹。我相信这一特定理论会在讨论中反复出现，直到我们彼此都完全理解了对方的立场为止。"

与克莱因所持的内在世界的观点相反，在安娜·弗洛伊德提出的发展模型中，无意识的"位置"和幻想结构被赋予的重要性要少于发展性力量或是本质的遗传力量。上述分歧割裂了英国精神分析学会，创造了不同的理论学派与实践流派，而这些流派仍是精神分析争论的"主战场"。

温尼科特是当时接受克莱因培训的5名分析师之一。他在以精神分析的科学目标为主题的第二次特别业务会谈上提出的决议，以及他要求不将弗洛伊德工作的真实价值局限为与科学无关的重复这一呼吁，得到了克莱因的附议与支持［"决议K：论精神分析的科学目标（Resolution K: On Scientific Aims in Psychoanalysis）"（CW 2:4:1）］。但他在整个过程中显而易见的立场［这是他本人在报告自己想法的时候所承认的，见于"唐纳德·W. 温尼科特论唐纳德·W. 温尼科特（D. W. W. on D. W. W）"（CW 8:1:2）］表明了他与克莱因之间的距离，而在随后的几年里两人渐行渐远。在克莱因提出了自己的见解之后的讨论中（1944年3月），温尼科特对她理论的某些部分提出了质疑，并表示自己将对这些领域做进一步的深入研究。他对婴儿的第一声啼哭是否可以被定性为"悲伤"提出了疑问,并质疑了玛乔丽·布赖尔利(Marjorie Brierley)对"抑郁"一词的使用。他觉得西尔维娅·佩恩(Sylvia Payne)用"无助"来描述婴儿的状态是有问题的,而他拥护的是梅里尔·米德尔默尔(Merrell Middlemore)在1941年出版的《养育的夫妇》(The Nursing Couple)一书中提出的母婴联合体之说(King & Steiner, 1991, p. 820)。当葆拉·海曼(Paula Heimann)坚持认为"婴儿从出生起就是一个(独立的)个体"(p. 821)的时候,温尼科特虽认同婴儿具有与生俱来的个性之说,但他强调了婴儿的依赖性(p. 821)。

环境与婴儿发展

温尼科特在"原始情绪发展"(CW 2:7:8)一文中表明了自己的精神分析取向以及他构建人类体验的方法。他在文中提出(主体性)"或是对生命创造性活动走向令人满足的发展与增长的促进,或是阻碍"(Deri, 1978, p. 48)。这一有关人类以及人类主体性的概念是极为大胆的。基于此,婴儿期发展的基础是对"环境"一词的特定理解,即环境是由内部和外部共同构成的。将心理现实的构建首要归因于环境,这一点在对精神分析实践产生深远影响的同时,也拓展了个体性(individuality)以及个体性的心理决定因素(通过与他人的关系)的基础。

从看似随意、几乎是对儿童发展和精神分析之间联结的谈话式的转化,"主要出于对儿童患者以及婴儿的兴趣,我下定了决心——我必须要在分析中学习和研究精神病"(CW 2:7:8),到对精神分析(患者)类型的临床观察,温尼科特提出了一种精神分析图式。该图式植入于患者对分析师的幻想、对分析师工作的幻想,以及对分析师抑郁的领域的幻想之中。"原始情绪发展"一文的诞生必然且也只能发生在分析性框架内。此文指出了分析的双方组建到一起的方式——而这要先于Bléger

（1967）、Barangers（2008）和Ferro（1992）对分析性场域概念的发展。值得注意的是，对托马斯·奥格登而言，这篇文章作为一个理论模型，不仅指导他阅读了温尼科特的著作，还指导了他对温尼科特之后的精神分析文献的阅读（Ogden，2001）。博纳米尼奥和法博兹（本书第4篇）将此文描述为通往精神分析以及通往人类体验的全新方法的"伟大计划"。

在温尼科特的理论模型中，婴儿必须偶遇作为一个独立的统一体（unit）的自己；而上述可能性得以实现的条件是母亲的促进性功能。比昂（Bion，1962）在晚些时候借鉴了玛丽昂·米尔纳（Marion Milner）的说辞，用"母亲的遐思"一词来描述母亲的促进性功能。在最初的阶段，婴儿是没有自我的。婴儿的情绪情感发展依赖于环境或母亲对婴儿的自我提供的支持。自体分化的进程包括：抱持，母婴共同生活，父亲、母亲与婴儿三人共同生活。上述几个阶段分别对应着不同程度的依赖。经历了这些阶段和依赖程度变化的婴儿能够开始"存在（be）"——作为一个独立的、拥有他或她自己权利的个体而存在（exist in his or her own right）。婴儿从母亲的愿望以及愿望在日常身体照料的具体体现中，逐渐获得了心理资源。在这些心理资源的作用下，婴儿自体的萌芽得以形成，能够忍受源于内在以及外在的本能冲动，并能与自己和他人互动。心灵的成长发生在婴儿照料的基本需求之中，而自我心理学正是从依赖以及依赖所传达的心理学信息中发展起来的。

最初的发展情形为婴儿提供了与母亲"一体"的体验。从经验来看，在这个阶段，婴儿和母亲（母性照料）是"无法被分开的"，但这恰恰符合了健康发展所需的。人类婴儿的主体会逐渐从母婴矩阵中浮现出来，而这一过程的发生离不开客体在自体形成过程中所具有的位置和所扮演的角色。对于婴儿来说，客体实际上是一个"主观的"客体——一个由婴儿自己的原初创造性构建出的"主观的"客体。经由发展而出现的成熟结果在于婴儿能够认识到客体的存在——婴儿能够客观地感知客体。在"原始情绪发展"以及讨论攻击性的早期论文["攻击性（Aggression）"（CW 2:1:8）；"与情绪发展有关的攻击性（Aggression in Relation to Emotional Development）"（CW 3:5:2）]中，温尼科特都指出攻击性是个体与外在现实的关系的重要构成部分，而这一主题反复出现在他此后的著作之中。

经过整合、人格化与现实化（realization）的进程，内在现实得以萌芽，但与外在现实以及成功的早期情绪发展的主要关系取决于母亲鲜活地活着（being alive）的体验与婴儿活着的体验的交叠。婴儿与外部现实最早期的关系体验会汇总到一处。这所谓的"一处"并不是某个准确的位置（location），而是一种体验——感受到某物，从最初"琐碎"（未整合）的生命体验到"碎片"逐渐汇集之感。存在的连续性正是由母亲提供的，而这种连续性使得婴儿能够成为一段共同经历的体验的一部分，并最终逐步走向整合。母婴彼此分离之感（separate）（感受到母亲和婴儿相对独立、彼此区分）的条件是，（个体）和另一个人一起体验某事或某物。同时，个体还会自己创造出一个幻想的世界——一种以错觉为基础的状态，而意识到现实则需要个体能够在幻想世界之外与客体建立起关系。只有这样，个体才能充分欣赏和享受幻想与现实之间的持续交流。

温尼科特曾说，"当一个人开始觉得自己是一个与（他）人有关系的个体的时候，他已经在原始发展中经历了一段漫长的旅程"（CW 2:7:8）。这一说法呼应了他在早先一年里的说法，即"当你的婴儿展现出因悲伤而哭泣的能力之时，你就知道他已经在情感发展上走了很长的一段路了"["婴儿为何哭泣？（Why Do Babies Cry?）"（CW 2:6:2）]。温尼科特认为，婴儿的悲伤之感源于对他人存在的觉察，并指出人的人格以及这些人格在心灵和躯体层面的根基有赖于实际的母性照料提供的时 - 空元素。

阿瓜约（Aguayo）是极少数同时和温尼科特与克莱因保持了关系

的克莱因学派的分析师之一。他（2002）认为此二人的理论分歧可以追溯到1946年。如果我们能够承认"原始情绪发展"一文所带来的挑战，那就不难意识到阿瓜约的说法在一定程度上是合理的。尽管克莱因所写的"关于某些分裂机制的笔记（Notes on Some Schizoid Mechanisms, 1946）"一文确实也参照了费尔贝恩（Fairbairn）的重要贡献（1941），但博纳米尼奥和法博兹在本书的第4篇中指明了温尼科特在1945—1947年期间的一系列文章对上文的影响。Meira Likierman认为克莱因文中"对于分裂（schizoid）概念的使用"在很大程度上源于对温尼科特和费尔贝恩的借鉴，这与此二人的医学与精神科背景不无关系（2001，p. 146）。她把克莱因的这篇文章解读为关于婴儿心理状态与成人精神病之间联系的"更为宽泛的专业性对话"的一部分，并认为这一对话承认了温尼科特提出的"原初未整合"概念的重要性（p. 150）。克莱因说，"在我看来，温尼科特对于早期自我的未整合（状态）的强调是更有益的。我同样认为早期的自我在很大程度上是缺乏凝聚力的，并且整合的趋势与失整合这样一种碎片化的趋势是交替出现的"（Klein, 1975，p. 8，引自Likierman，p. 163）。

温尼科特对克莱因在1946年提出的偏执 - 分裂心位之说的拒绝见于他本人对婴儿以及攻击性的讨论，这些讨论是从婴儿初期的未整合状态、攻击性和能动性之间以及攻击性和活力之间的关联这两个角度出发的。任何破坏性意图都不能被归因于无情的婴儿之爱。只有当儿童发展出对于客体的关切时，攻击性才能转变为指向客体的恨意或愤怒。在温尼科特看来，与生俱来的躯体攻击性的出现是先于"指向客体"的攻击性，以及攻击性与破坏性之间的联结的。爱与恨正是在环境的给予以及个体对此作出的反应性回应的相互作用中得以形成的。在描述婴儿挪向自身之外的某个东西这一举动时，温尼科特指出该过程关乎天生的运动与"主动出击（active reaching out）"之间的联结，也与（个体）开始意识到环境是一种分离且客观的存在有关。他在最初的讨论中（CW

2:1:8），已经将儿童对于环境的攻击性的相遇视作建立意义的一种方式了。构建自体的进程正是通过"主动出击"寻求邂逅并在同时创造出一个既已存在的世界而发生的。在条件适当的情况下，所谓"既已存在的世界"是一个就在那儿，准备好了，等着婴儿前来与之相遇并在错觉中创造的世界。

客体外化的基础是母亲面对婴儿的攻击时的存活。婴儿最初以全能的方式创造了母亲，而母亲在攻击面前活下来的能力，让婴儿能够在周遭世界中意识到母亲的存在。在对母亲或是他人身上的他者性的发掘中，婴儿能够发现母亲有她自己的（不受婴儿影响的）用途与志趣。当主体在幻想中毁掉了客体，但现实中的客体仍然活着的时候，婴儿开始意识到超出自身的世界的存在。婴儿以及长大成人后的他／她会继续不断地在无意识幻想中"摧毁"主观性客体——这是一种在健康的状态下，能够让个体的生命更为丰富的无意识冲突。奥格登指出婴儿"通过把全能感投射到全能的内在客体上"而毁掉了"自己的全能感"（1992, p. 622）。通过母亲非报复性的存在，婴儿在周遭世界中发现了母亲，也发现了自身全能的局限，并开启了一种名为"我"的感觉。世界，也即他人，变成了一种资源——它可以在那些幻想的毁灭行为中持续存活下来，从而成为一种可以被使用的可能性的源泉。

在 20 世纪 40 年代被如此惨烈且公开地争论过的议题所带来的影响仍在继续，而温尼科特与克莱因的日渐疏远，与这些议题以及与它们对机构产生的反响不无关系。至少直到克莱因 1960 年去世之时以及其后的一段时间里，温尼科特似乎做出了一些尝试——他试图在英国精神分析学会内部和克莱因及克莱因学派的人进行对话，但他始终觉得这些不同学派团体的存在是"破坏性的"["致莫尼－基尔的信（Letter to Money-Kyrle）"（CW 5:1:1）]。温尼科特还曾致信克莱因以及安娜·弗洛伊德，提议解散这些团体（CW 4:3:15）。在 20 世纪 50 年代初写给罗杰·莫尼－基尔（CW 4:1:13）、赫伯特·罗森费尔德（Herbert

Rosenfeld)（CW 4:2:2）和汉娜·西格尔（Hanna Segal）（CW 4:1:3）的信件中，温尼科特指出了克莱因追随者的日益僵化与刻板，让他为"克莱因成就的沉闷"而感到遗憾。在查尔斯·莱克罗夫特（Charles Rycroft）任科学委员会主席期间，温尼科特曾向他提议召开一次有关青少年的会议，希望借此机会请到弗洛伊德女士出席（CW 5:2:13）。而在致芭芭拉·兰托斯（Barbara Lantos）的信件中（CW 5:2:15），温尼科特对芭芭拉不予理会克莱因之事做出了回应——除了在信中写下了自己的不同之处外，他还指出自己在实践中发现了与克莱因所述相似的冲动，证实了克莱因的说法。

从那个年代的中期开始，温尼科特就在信件中表明了自己对比昂正在发展的理论学说的兴趣，同时也揶揄了比昂不怎么承认所欠人情之举["致约翰·威兹德姆的信"（CW 7:1:11）以及"致梅尔茨的信"（CW 7:3:24）(letters to Wisdom and Meltzer)]："比昂（1967）一次都没引用过温尼科特，但想想他提出的'容器-被涵容'的理论，这显然挺奇怪的啊"（Aguayo，2002，p. 1135）。

克莱因在1955年于日内瓦召开的国际精神分析协会大会上报告了一篇有关"嫉羡"的论文，而这似乎成为温尼科特与克莱因学派理论之关系的终点。在对《嫉羡与感恩》(Envy and Gratitude)一书的评论里，他坚持认为恨意不会是最早的婴儿体验的一部分["一项关于嫉羡与感恩的研究（A Study of Envy and Gratitude）"（CW 5:2:5）]。但温尼科特并没有中断与克莱因的关系，并承认她为他个人以及为精神分析所做的贡献。温尼科特针对克莱因的贡献所进行的讨论显示了作为克莱因著作读者的他的敏感性，尽管两人所强调的内容具有本质上的差异（Bonaminio & Fabozzi，本书第4篇）。在20世纪60年代，为了阐明他和一个嫉羡的患者所做的工作，他回归了自己早年有关嫉羡的讨论["对克莱因的嫉羡理论的赏析和批评形成之始（The Beginnings of a Formulation of an Appreciation and Criticism of Klein's Envy Statement）"

（CW 6:3:7）]，并从略有不同的角度出发解读了克莱因。

Kristeva（2001）相信克莱因也有相似的、想要与温尼科特接触的愿望。在她看来，克莱因的"论孤独感（On the Sense of Loneliness）"一文（Klein, 1963）是对温尼科特"独处的能力（The Capacity to Be Alone）"（CW 5:3:20）一文的回应，而这表明了一个少有人涉足的方面，即在他们对彼此持续的认识与觉察中，他们有着不同的人格以及不同的对人之本性的认识的理论取向：

> 我们有一个很好的例子来表明克莱因与温尼科特之间的往来交流，一个展现了两个分析师的独创性以及他们互欠的人情的例子。温尼科特认为独处的能力属于一个令人着迷的世界，而克莱因从未远离一种凄凉的底调——一种对她所获得的宁静直击核心的底调。（Kristeva, 2001, p. 261）

克莱因和温尼科特最初曾有过密切的合作，而这一密切合作的重要性逐渐减弱的根源在于二人的理论差异。在克莱因七十大寿之际，温尼科特论所写的"过渡性客体和过渡性现象（Transitional Objects and Transitional Phenomena）"一文被排除在了1952年《国际精神分析杂志》出版的纪念文集之外，而这表明并标记了一种公开的分歧。此举还散发了一种信号，揭示了这篇论文本身所具有的某种重要性与争议性——因为文中引入了（个体）与实际存在的外部客体之间的关系，并认为上述关系的引入可能会拓展我们对于精神分析项目的理解，而这隐隐地挑战了围绕内在客体而构建的精神分析用语。从根本上说，"与超出自体的世界接触的欲望"被它置于了精神分析的核心。

过渡性客体

温尼科特最为人所知的就是过渡性客体（transitional objects）和过渡性现象（transitional phenomena）这两个概念所涉及／覆盖的领域。这一领域也常常被认作温尼科特最为重要的贡献（James，1962；Modell，1985；Turner，2002），并且据玛丽昂·米尔纳称，温尼科特本人也是这么认为的[1]。在1951年递交给英国精神分析学会的一篇论文[2]中，首次引入了过渡性客体和过渡性现象的概念（CW 3:6:6）。此文修订后于1953年刊登在《国际精神分析杂志》上（CW 4:2:21），并经过稍作编辑修改后在他的首本精神分析论文集《从儿科到精神分析》（CW 5:4:24）中得以重印。此后，本文的修订版于1971年作为《游戏与现实》（CW 9:3:5）一书的第1章重新出版。还曾有过多人联合撰写一本《有关"过渡性"之书》（Transitional Book）的提议（参见《全集》第12卷），但最终未曾如愿。温尼科特称《游戏与现实》一书本身就构成了最初的论文的真正发展，并坚持认为"文化体验并未在分析师工作和思考所使用的理论中，找到一个真正的一席之地"（CW 9:3:9）。在将"文化体验"与"分析性工作与分析性思想"联系起来的时候，他提出了一种更大的过渡性空间（transitional space），即"潜在（potential）"空间。

尽管从总体的理论侧重来看，温尼科特在1951年对"过渡性客

---

[1] 玛丽昂·米尔纳（英国精神分析学会档案）。米尔纳记录了温尼科特所提供的精神分析。在1959年9月17日的记录中，她写道："他说，如果他明天就离世的话，请告诉全世界他所做过的最重要的事就是'过渡性客体和过渡性现象'一文。"

[2] 与会者包括梅兰妮·克莱因、迈克尔·巴林特、威廉·吉莱斯皮（William Gillespie）、罗杰·莫尼-基尔、约翰·里克曼（John Rickman）、克利福德·斯科特（Clifford Scott）、马苏德·汗（Masud Khan）、玛丽昂·米尔纳、玛格丽特·利特尔以及儿科医生同伴彼得·蒂泽德（Peter Tizard）。

体"的描述（CW 3:6:6）与后来出版的几个版本保持了一致［1953(CW 4:2:21）；1958（CW 5:4:24）；1971（CW 9:3:5）］，但相较而言，早期的版本更关注"焦虑"。在1951年的时候，温尼科特主要是从对婴儿的替代角色这一视角出发，引入过渡性客体这一概念的。他写道，"当开始感到孤独时，当受到饥饿的威胁时，当介于醒来和睡去之间时。这三种状态有一个共同点，即焦虑"（CW 3:6:6）。不过，即便如此，他还是提出了要对"任何自动化地将客体等价于母亲之举"保持谨慎的忠告。

儿童具有指向"生"的驱力，这一理论假设是温尼科特的出发点，也是精神分析领域具有高度原创性的一个进展。该假设源于温尼科特在儿科工作中所做的观察，也源于他与克莱尔·布里顿的合作。通过这一合作，他们证实了在与家庭环境分离的情况下，儿童会依恋实际的客体。他可能还考虑了费尔贝恩的主张（1941），即"无论是表征了婴儿依赖的、对客体的'原初认同'，还是在成年阶段获得的成熟依赖，都经历了一系列的过渡性阶段（transitional stages）"。虽然温尼科特强调了他所详细阐述的进程的流动性，不过费尔贝恩将过渡的阶段和对婴儿期依赖的抛弃联系到了一起，这提供了对客体的不同理解——这是一个对婴儿内在世界的运作不那么感兴趣的视角（Fairbairn, 1941, 1952；于1990重新出版，p. 35）。温尼科特晚年在1952俱乐部（1952 Club）发表的一次演讲中（CW 8:1:2），承认了费尔贝恩的影响：

> 我现在意识到即便我们只撷取其二，费尔贝恩所做的贡献仍是巨大的。其一是对客体的寻求（object-seeking），这涉及了过渡性现象等领域；其二是感到真实而非感到不真实。我们的患者越发需要拥有一种真实感，如若不能，理解就成了一件极其次要的事了。

温尼科特指出了个体从不能到能够应对"真正非我的客体"的变化所蕴含的创造性，也提到了"将'我之外'的客体融入自己的人格模式的倾向"［1953（CW 4:2:21）；1958（CW 5:4:24）；1971（CW 9:3:5）］。通过引入上述部分，他拓展了在婴儿身体探索领域对于经典理论焦虑与防御的强调。此文的后续版本也都坚持过渡性客体是正常的这一观点。

心与身

在温尼科特看来，心智（mind）的起源位于母亲与婴儿创造的心身矩阵中。在这个矩阵中，躯体层面从依赖到独立的转变是与平行的心理过程相伴而来的：婴儿在达成人类发展正常里程碑的过程中，发展出了让自己能够理解并象征化的方式。躯体层面的成就或进展以及婴儿对此的理解，构成了内在性、意识与无意识的基础。心智–身体的关系牵涉一种发展性的取向。该取向通过婴儿最初的体验，即他或她的"持续存在"，将一元模型（one-person model）与相互依赖的心理联系起来。温尼科特认为，个体这种"持续存在"的体验是健康活着的基础。

心智与思考的起源与发展聚焦于温尼科特在工作中不断重复的两个观点。他指出在健康发展的情况下，我们可以理所当然地认为心智是存在的，并假定，作为整合的一个方面，心智在个体身体内自我的位置中处于首要地位："考虑到必要的环境条件，在婴儿整合心与身（psyche and soma）的整个组织中，心智是一个专门化的部分。"心智并不是单独存在的，而是"对躯体的组成部件、感受与功能——即对身体活力——富有想象的阐述。（它）依赖于大脑的存在及其健康的功能，然而，个体并不会觉得它是位于大脑中的或是位于任何地方的"（CW 3:4:20）。

环境失败（即母性失败）是超出婴儿自身能力范围的一种状况。对于不得不去应对这一状况的婴儿而言，存在着几种导致发展扭曲的可能性："（a）心理功能过度活跃，此时心–身站在了心智与'思考'的对立面，导致儿童过早进入自给自足的状态；（b）一种'没有心智

（without mind）'的状态，此时自我的情感是迟钝的；(c) 一个'没有心灵（without psyche）'的自体，此时个体的想象力会受到限制或是被剥夺；(d) 出现一个像壳（carapace）一样的'假自体'来保护被隐藏起来的真自体"（CW 6:1:22）。心与身解离的过程可能会引发心智出现一种像是被分裂出去（split-off）的现象，或是引发躯体疾病。

在温尼科特"思考与象征形成（Thinking and Symbol Formation）"（CW 8:2:48）和"有关儿童思维的新观点（New Light on Children's Thinking）"（CW 7:2:1）这两篇文章中，普遍存在的关注点（即思考）可能多少受到了比昂有关思考的文章（1962）的激发。在这两篇20世纪60年代的论文中，温尼科特回归了"心智及其与心-身的关系（Mind and Its Relation to the Psyche-Soma）"（CW 3:4:20）一文中表达的观点，并认为这仍是一个从本体论角度出发对思考的起源这一议题的足够好的描述。这一早期的论文是建立在弗洛伊德学派有关自我的假设上的，即自我首先是一个躯体性自我。温尼科特通过婴儿与母亲的身体关系对上述观点进行了探索，并认为母婴身体关系是心灵与心智出现的基础。正如多迪·戈德曼（Dodi Goldman）所说，"在幻想变得可视之前，幻想会以一种在身体里被体验，但尚未与身体建立联系的形式存在"（Goldman，1993，p. 163）。

临床方向

"原始情绪发展"（1945）脱胎于经典精神分析框架，这个框架围绕着患者与完整的人（whole people）的关系，以及"让上述关系变得更丰富也更复杂的意识层面与无意识层面的幻想"而构建（CW 2:7:8）。继克莱因之后，人们越发意识到患者对自己内在世界的幻想的重要性，以及这些幻想在本能体验中的起源的重要性，而这种意识的出现需要的是"新的理解而非新的技术"。然而，与婴儿早期发展有关的工作把我们引向了一些需要有不同的觉察、移情的变化以及可能的技术性调整的领域。通过分析矛盾情感和分析抑郁，得出了对患者需求的不同认识。对于问题源于前抑郁阶段，且与客体的关系尚未成形的患者而言，温尼科特的理论和技术性见解仍继续在临床上提供洞察。

与在这个层面上存在问题的患者工作，对分析师提出了很高的要求，也需要分析师基于患者的类型在技术上做出一些调整与变化。这项工作的发展既源于他对原始发展的兴趣，也离不开他对于未整合与整合的理解，以及他对婴儿是否整合的决定因素（即环境设置）的理解。温尼科特提出的术语"退行至依赖（regression to dependence）"与巴林特的"基本缺陷"*（1968）的概念有相似之处。他们二人的工作都遵循了桑多尔·费伦齐的传统，以及他对于特定患者的认识——即对某些患者而言，经典的分析是阻碍，而非辅助。温尼科特清楚地知道"管理"只能交由最富经验的临床工作者。他写道，"同样，在我看来，对于分裂（schizoid）特征的抑郁患者来说，他们越是需要考虑巴林特所提出的'基本缺陷'，就像是越确定的精神分裂症。（对处于）基本缺陷水平上（的个体而言），并不存在所谓的第三个人，而我觉得这是有道理的"["对巴林特论技术的文章之讨论的评论（Remarks on a Discussion of Balint's Paper on Technique）"（CW 5:3:8）]。玛格丽特·利特尔（Margaret Little, 1990）和哈里·冈特里普（Harry Guntrip, 1975）这两位被温尼科特分析过的临床工作者都曾写过自己与温尼科特相处的体验，而在1971年修订版的《过渡性客体和过渡性现象》（Transitional Objects and Transitional Phenomena）一书中加入的第二个案例提供了温尼科特本人对于这类工作的描述（CW 9:3:5）。

---

* 基本缺陷：英文原文为 basic fault。Fault 一词也有"断层"之意，从这一术语的含义来看，这里的 fault 有产生了断层或断裂的意思，basic fault 带有出现了根本性的或基本性的滑坡或断裂的意味。但考虑到这一术语通常被译为基本缺陷，本书沿用这一译法。——译者注

在"移情的临床种类（Clinical Varieties of Transference）"（CW 5:1:11）一文中，温尼科特指出，在无法确认自我是否已建立且对环境的适应不足够好的情况下，婴儿照料的重要性以及移情的概念是与"伪自体（pseudo-self）"相联系的。他认为，"伪自体是不计其数的、对一连串适应失败的反应的集合"。他进一步发展了假自体与真自体的概念，提出假自体是对真自体的保护并称"（个体）做出反应的过程中并不会牵涉假自体，因此假自体保持了存在的连续性。然而，被隐藏起来的真自体会因体验的缺乏而陷入匮乏"（CW 5:1:11）。从他20世纪60年代起所写的文章中，温尼科特进一步拓展了针对假自体的讨论（CW 6:1:22；CW 7:1:1）。这类工作将精神分析性设置放到了比诠释更重要的位置上。

在和无法"客观地"卷入外部现实的患者的工作中，分析师的任务变成了"活下来"——他要在移情中出现的原始失败情境的重复中存活："我们现在发现所有这些议题都是在移情关系中'复活'并得以纠正的，与其说要诠释这些议题，不如说是去体验它们"（CW 9:1:4）。通过（议题）在精神分析这一全新情境中的重复，患者从"主观性客体（Subjective object）"的阶段走了出来，并能够在实际的外在世界中定位并找到分析师、能够将分析师体验为他者。对于温尼科特在这一领域的工作，误传与误读之声甚重，但其工作直接来自他与边缘患者、精神病性患者的工作，以及对早期婴儿发展的关注。《全集》中提供了大量临床工作的丰富证据，展示了温尼科特的技能以及他对所有年龄和所有不同状况的患者的共情。

《抱持与诠释：一则精神分析的片段》[1]中呈报的案例史，向我们展示了一个致力于诠释的温尼科特和一个致力于将患者使用的语汇作为分

---

* 本书有一个1972年出版的、附以美国精神分析师Alfred Flarsheim的评论的版本（Giovacchini, 1972），而于1986年出版，并由马苏德·汗撰写了引言的版本为本书的最终版（Karnac Books）（CW 4:4:1）。

析媒介的温尼科特。在任何的分析工作中，抱持与诠释这两个概念可能会以不同的方式呈现——它们可能是彼此的替代方案，可能相继出现，也可能两者在每时每刻都占据了一席之地。"抱持"可能会明显地将优先级引向前语言期的无意识及其表现形式，而"诠释"似乎会将治疗置于一个更为经典的、以语言为基础的框架中。在温尼科特的描述中，它们是分析性进程中始终联系在一起的两种形式。

决计要谈论自己指望温尼科特作为倾诉和分享对象的这个患者也是温尼科特 1955 年发表的"退缩与退行（Withdrawal and Regression）"一文的主角（CW 4:3:29）。这篇文章讨论的分析片段是紧挨着但先于《抱持与诠释》所述的那段分析的。温尼科特总结道，"我会说，在退缩状态下，患者处于一种自我抱持的状态。如果在退缩状态出现的时候，分析师能即刻抱持患者，那么本来会陷入退缩的状态就会发展成退行"（CW 4:3:29）。

这似乎是温尼科特通过自己在治疗过程中的笔记所提供的大量翔实的材料而识别出的模式。他对患者退缩到睡眠状态的接纳，加上他处理和应对这一情景的方式，都致力于用退缩这一状态来服务于分析性进程。无论是退缩还是退行至依赖状态，都不同于分析师在更完整（intact）的患者身上看到的短暂出现的退行状态。在这一取向中，设置的可靠性比所有其他因素都更为重要，同时设置的可靠性还可能涉及对常规分析性实践的修改。一种不紧不慢、从容展开的移情支撑着这一工作，而他明确指出可以通过移情识别出早期创伤及其影响。

在随后的几年里，温尼科特越发不愿意给出诠释了，但是在和这个患者的工作中，为分析提供了抱持性环境的正是语言。在描述自己是如何在每节治疗结束时避免感到"被停下"的时候，该患者是这么说的："我通常都会对失去或是被撵走保持沉默，但我确实感到不适。在河水

中间 / 在中途*被叫停真的是太难了。"

温尼科特将患者的情感与一个明确的弗洛伊德式诠释联系了起来："我知道你说的'在河水中间被叫停'是一个隐喻，但这是你目前最接近阉割的一个想法。我会说，这就像是在你尿**到一半的时候被叫停了一样，而这会让我想到三种不同程度的竞争：在第一种竞争里存在着完美，而你唯一能做的就是让自己也变得完美；在第二种竞争里你和你的对手自相残杀；而至于这第三种，正是现在被你提到的这一种，即竞争的一方是残废的。"

就像是一场辩论似的，患者说："我接受你说的在尿到一半的时候被叫停的想法，这也很像是一个人在性交的过程中被叫停了一样。"温尼科特的诠释将这一节治疗的结束与其开始联系了起来，并对患者说："因此，我们就回到了你用'阳痿'一词来描述昨天治疗结束后的感受这件事上了。我想要把你提到的在性交中途被打断的想法与你儿时想要在父母在一起的时候打断他们的冲动联系起来"（以上内容皆引自 CW 4:4:1）。

尽管在这个案例牵涉了俄狄浦斯的维度，且温尼科特也愿意在这儿使用这一维度去进行工作，但他始终是以早期婴儿发展的理论视角为出发点，来接触并靠近患者的。温尼科特时常讲到患者确信自己是不可被爱的，以及患者确信温尼科特是爱他（患者）的："在这背后，是一场有关爱与被爱的绝望，而这绝望也适用于此时此地，适用于你与我的关系中"（CW 4:4:1, p. 330）。"这个屏障是横亘在你我之间的，而被它所屏蔽掉的诸多事情之一就是我爱你的念头"（p. 411）。又或是在 6 月 17

---

* 此处原文为 midstream，该词既有河流正中之意，也有半路、半途之意。从文意来看，患者此时似乎说的是中途或半路之意，但温尼科特下一段中给出的诠释捕捉了 midstream 的另一重含义。——译者注

** 此处原文为 passing water。其中 pass 一词有穿过或通过的含义，water 指水，而两者组合后为固定词组，表示排尿。——译者注

号，温尼科特说，"新的情境源于一个与匮乏完全相反的念头，即在某种程度上，在此时此地，我对你是有爱的"（p. 436）。依照温尼科特的评估，患者已经在非常小的时候就放弃了任何觉得自己讨人喜欢或可以被爱的信念。这一评估为一系列指明他对患者有爱的诠释奠定了基础，也为他保持将上述理解作为一个议题——或许是移情中的核心议题——的决定奠定了基础。

阿尔梅利尼在《儿童精神病学中的治疗性咨询》（参见本书第11章）中对温尼科特与儿童的临床工作的讨论，以及格罗尔克对"小猪猪"的描述（本书第12篇）都揭示了温尼科特对弗洛伊德的深入了解、与儿童建立关系的非凡能力、作为临床工作者的能力以及对精神分析的全然投入。作为分析师的温尼科特始终感兴趣的似乎是让患者能自己得出对自己的理解，并在可能的情况下将分析视为一种合作。上述想法对迄今为止的精神分析技术及其目标产生了不可估量的影响。安德烈·格林认为，过渡性（transitionality）的重要意义不在于客体，而在于"过渡性"描述了一个可以通过出借自己来促成"创建客体"的空间（1978, pp. 176–177）："（其）本质特征不再是诠释，而是让主体能够活出拥有一类新客体的创造性体验。"

创造性

在一篇未注明日期的文章——"思想与定义（Ideas and Definitions）"（CW 9:4:1）中，温尼科特通过"过渡性客体"的象征维度，以及介于两者——早期的原型-幻想（proto-fantasy）的"自体"、原型-外在现实（proto-external reality）的"母亲/他者"——之间阶段的婴儿的象征功能与创造性功能的位置，讨论了创造性这一话题。"过渡性空间的起源……是卓越的连通性的维度"（Deri, 1978, p. 50）。

通过证明（CW 4:2:21；CW 5:3:20；CW 6:3:3）儿童转向过渡性客

体这件事本身就是一种重要的发展性习得，"与其说是被使用的客体，不如说是对客体的使用"[《游戏与现实》一书的"引言"（CW 9:3:4）]，温尼科特拓展了精神分析对象征化的描述。此时，象征化不只是补偿或剥夺的基础，这与玛丽昂·米尔纳在"象征形成中错觉的作用（The Role of Illusion in Symbol Formation）"[原名为"对非我的理解中的象征化方面（Aspects of Symbolism in Comprehension of the Not-Self）"，1952]一文中所强调的内容不谋而合。玛丽昂·米尔纳的文章描述了她对克莱因的孙子所做的分析。此文首发于《国际精神分析杂志》为梅兰妮·克莱因的七十大寿出版的纪念文集（1952），并重新发表于《精神分析的新方向》（New Directions in Psychoanalysis）一书（1955，1987）。在和这个小患者的治疗中，以及在她对于他们二人游戏的参与和观察中，米尔纳越发确信"他制造出的一种模式化的感受与戏剧化的形式"为如何理解这个男孩儿提供暗示。尽管她也承认男孩儿的游戏具有修复的属性，但她更感兴趣的是其游戏与客体关系最初的建立之间的关系（1987, p. 97）。在米尔纳看来，这个患者的材料以及他在他们关系中的投入（温尼科特会把后者描述为患者对分析师的"使用"）需要一种独特的心智状态——被她比作"（像是）观众与艺术作品融为一体的状态"一般的心智状态（1987, p. 97）。她把自己在分析领域的经验和她作为艺术家的体验相结合，提出了艺术与"组成了健康婴儿日常体验的一些状态"之间的平行关系（p. 98），并进一步指出"错觉的状态，融为一体的状态可能是二元感发展过程中一个会反复出现的必要阶段"（p. 100）。米尔纳因此将"精神分析的兴趣从表征过去的象征"转为"被用于建立和拓展当下关系的象征化"（Podro, 1998, p. 171）。

与温尼科特一样，米尔纳也强调客体在其自身创造的价值、客体的外在性以及客体的物质性存在（material existence）。在这一点上，她背离了欧内斯特·琼斯在1916年的经典文献"论象征化（On Symbolism）"，也背离了同样是最早在纪念文集刊登并于《精神分析的新方向》再版的"美学的精神分析之法（A Psychoanalytic Approach to Aesthetics，1952，1955）"中汉娜·西格尔的解读。米尔纳对艺术工作中的创造性冲动的兴趣拓展到了更广泛的、对人类发展基础的分析性关注中。而温尼科特的工作邀请我们建立一种在专业上可以被称为"精神分析性想象"的能力，这与前述提到的米尔纳的兴趣是非常相似的。温尼科特的整个体系都源于错觉在人类发展中所占据的位置。他在1971年提到了"悖论"这一"进一步的想法"。"悖论"这个词是于1958年在"独处的能力"（CW 5:3:20）一文中被引入的。在温尼科特看来，与游戏和玩耍、文化体验以及因过渡性空间而变得可能的事物一样，悖论同样推动和发扬了对活力、对健康，以及对它在体验中的根源的关注。

通过对于身体、心智以及内外部因素对身与心的同步塑造的持续关注，创造性的人类发展通过（个体）与世界的关系得以实现，而上述关系在最初被表征为母性照料。需求/焦虑（其替代性的方面）以及与活力相关的好奇与兴趣驱动着个体接触外在世界。自体与他者之间的划分通过这种向外的倾向建立了内在生活，并最终培养出了与自己独处的能力以及在自身感到满足的能力。在"独处的能力"（CW 5:3:20）一文中，温尼科特描述了婴儿如何对母亲的持续存在产生了一定的意识（"我所说的未必是一种有意识的觉察与认识"），而这"使得婴儿能够在一段有限的时间里独处并享受独处"。

婴儿的这种位置感与扎根感（groundedness），以及上述感觉对婴儿的活力感所做的贡献构成了内在安全感以及潜在空间的基础。若想让创造性的生存状态得以实现，就必须出现一个空间——一个存在于一个事物与另一个事物之间的空间。这是一个中介性的、介于两者之间的区域；一种被认定为具有空间属性，但同时也非常依赖于时间的存在。如果说在靠后的一些版本的"过渡性客体和过渡性现象"中，温尼科特对欲望在婴儿的创造性举动中所处的位置做出了更为复杂的陈述，那么此文的初始版本也关注了这一点 [1951（CW 3:6:6）]。在创造了世界的错觉中，婴儿在感受与行为之间画了等号，而这引发了一种存在的状态，这种状态是通过母亲的抱持而成为可能的。母亲对婴儿的自发性姿态的反复识别让婴儿获得了使用过渡性客体的能力。婴儿"可以逐渐意识到错觉的元素，即玩耍与想象的事实。而这是象征的基础——最初既是婴儿的自发性或幻觉，也是被创造出并最终被贯注的外在客体"（CW 6:1:22）。

在《论无法绘画》（*On Not Being Able to Paint*）一书中，米尔纳提出了如下问题（1950，pp. 154-156）："是不是不会存在一个突然陷入无分化的时刻？一个（如果一切进展顺利的话）会导致一个'我与非我'的全新划分再次浮现——在'非我'中有更多的'我'，且在'我'中有更多的'非我'的无分化时刻？"温尼科特在对这本书的评论（CW 3:6:15）中指出，米尔纳提出的"愿望得以实现的错觉可能是所有真实的客观性（objectivity）的根本基础"的说法可能会让精神分析师们感到震惊：

> 她（米尔纳）想要表达的是［创造性］是由对她（也许是对每个人）而言的原初人类困境造成的。这一困境源于"被构想出的"与"被感知到的"这两者之间的非一致性。对于从外在视角所看到的另一个人的客观心智而言，个体外在的部分和其内在的部分永远都不是等同的。但是在健康的状况下（正如作者所暗示的那样），有可能也必然存在一个汇聚之所，一个重叠，一个错觉、沉醉与变形的阶段。在艺术中，很大程度上我们可以通过媒介找到上述汇聚之所。媒介是外在世界的一部分，但它采取了内在构想这一形式。在绘画、写作、音乐或是其他艺术形式中，个体也许会找到平静之屿，从而暂时地摆脱健康人类所面临的原初困境。

在《游戏与现实》一书出版后，游戏几乎变成了温尼科特的同义词。温尼科特所提出的游戏是指在过渡性空间发生的一种活动，通过这种活动，儿童开始在心理和身体层面和外在世界中的客体建立联系。"游戏（play）"和"玩耍（playing）"将精神分析性联结拓展到了文化与艺术领域，甚至拓展到咨询室内所发生的事情中——而咨询室内之事正是分析性工作的根本基础。"儿童为什么游戏（Why Children Play）"（CW 2:4:4）一章包含了两个陈述，这两个陈述预见了 20 世纪 60 年代的工作以及对过渡性空间越发频繁的提及：游戏是创造性的持续证据，而创造性意味着活力（引自 Abram，2007，p. 150）；同时游戏也将个体与内在个人化的现实之间的关系、他/她与外在现实或共享的现实之间的关系给联系起来（p. 151）。尽管对游戏的提及贯穿了《全集》的始终，但温尼科特针对游戏的主要理论讨论发生在 20 世纪 60 年代。在讨论中，赋予婴儿攻击性的重要性，以及赋予婴儿在幻想中对客体（妈妈/分析师）的破坏性的重要性，拓展了自体内在的创造性和（整个）自体的创造性。创造性随着自体通过自己的方式创造与改造现实而发展。温尼科特指出了蕴含在日常形式中的以及在伟大的艺术中的创造性的重要性。那种通过游戏将一些好的东西变得存在，去掌控、塑造和构建现实的能力是一种执行与制造的人类潜能，而这是从婴儿期开始的想象力的发展与成长。

温尼科特在独立学派的同僚们继续了他的工作。与玛丽昂·米尔纳一样，查尔斯·莱克罗夫特（1968）也对精神分析师们提出了挑战，即要在非病理性的领域为创造性、艺术与宗教信仰找到一席之地。最近，迈克尔·帕森斯（Michael Parsons）在自己的思想体系中确认了其位置："基于温尼科特（理论）的这一观点是关乎创造性过程本身的。在该观点看来，创造性进程不需在任何事物面前屈居其次，也不应被视作任何形式的矫正性或补偿性活动。相反，创造性进程是'生而为人'之意的一种核心表达"（2000，p. 170）。肯·赖特（Ken Wright）指出艺术家通过使用一种或许不可或缺的能力——即制造出符合体验的（艺术）形式的能力——实现了对自己与世界的创造，以及对内在与外在的创造。通过这种表达，赖特主张一个不同的精神分析工作的重点（Wright，2000）。也许正是克里斯托弗·博拉斯对"通过使用客体而实现的自体的创造性转变"的持续关注（1995，p. 88），以及他对于梦、艺术创作和自由联想在将心理现实转变为另一种表现（register）方面所具有的革命性可能的聚焦，才将温尼科特和弗洛伊德的发现以最为清晰的方式结合了起来："如果我们不能拥有单个客体（singular objects），让我们在想要获得安慰的时候去拥抱，那我们确实有的是以分离的形式出现的实体——我们既在这个实体里，同时也通过这个实体，来改变与表达我们的存在。这是任何艺术形式的伟大承诺。通常情况下，这足以构成精神分析方法的现实"（Bollas，1999）。包括精神分析在内的工作与生活也许可以被描述为创造性地改造世界，使其符合我们自己的经验，而不是顺从和屈服于周遭世界的要求或需求。

在为第7卷撰写的引言中，安娜·费鲁塔评论了时任英国精神分析学会主席的温尼科特对1966年10月8日为《西格蒙德·弗洛伊德心理学著作标准版》（*Standard Edition of the Psychological Works of Sigmund Freud*）的出版而设的庆祝活动所做的贡献："他评论说弗洛伊德'为内在心理现实赋予了新的价值，由此，实际存在、真的是外在的事物也产生了一种新的价值'。"换言之，他重新确认了内在世界与外在世界之间不可分割的联系。其中，内在世界被弗洛伊德认定为一种科学性的存在，而外在世界只有通过内在世界才是真实且可及的。

《全集》的结构

《全集》中有11卷是由之前出版过的内容、新的文本以及往来信件精选构成的。这些内容以交稿日期、写作日期或首次出版的日期为准，按时间顺序编排收录成册。此外，还有一些最终的材料构成了余下的一卷。一些未注明日期的文本被统合到了第 9 卷最后的部分。有关《全集》结构与组织的更多信息，请参阅第 12 卷的"引言"部分。

整个《全集》、大量温尼科特的原版录音，以及记者兼作家的安妮·卡普夫（Anne Karpf）对温尼科特针对父母所做的系列广播节目的介绍都可以在网络上获得。

在汇编这些收集而来的作品时，编辑们最小化了编辑性干预，尽最大努力来保存温尼科特作品与出版物的原貌。出于这一原因，特定的拼写以及包括引用格式和数字编号在内的一些点上呈现出的写作风格可能是因文章而异的。出于便于阅读的考量，编辑们在原文中未用数字编号的列举处添加了数字编号。编辑过程中所做的注释都用小写的罗马数字进行了标记，并以脚注的形式出现在最终出版物中。温尼科特自己添加注释或批注则是用阿拉伯数字标记并作为尾注出现的。编辑对原始文本和批注所做的增补以方括号的形式呈现。同时还加了对《全集》其他部分出现的文段的交叉引用，以飨读者。这些增补的交叉引用以包含了卷、部分和章节编号的缩写表示。章节数并不是把《全集》作为一个整体而统一编码的，只有卷和部分的编码是统一进行的。虽然《全集》致力于构建一个尽可能完整且齐全的温尼科特作品的集合，但未能收录无法访问或仍受保密条款保护的作品。

参考文献

Abram, J. (2007). *The Language of Winnicott: a dictionary of Winnicott's use of words'* (2nd Edition). London: Karnac.

Aguayo, J. (2002). Reassessing the clinical affinity between Melanie Klein and DW Winnicott (1935–51). *International Journal of Psychoanalysis, 83*, 1133–1152.

Balint, M. (1968). *The basic fault.* London: Tavistock.

Baranger, M., & Baranger, W. (2008). The analytic situation as a dynamic field.

International Journal of Psychoanalysis, 89, 795–826.

Beckett, S. (1983). *Worstward ho.* London: John Calder.

Bezoari, M., & Ferro, A. (1992). Percorsi nel campo bipersonale dell'analisi: Dal gioco delle parti alle trasformazioni di coppia. In L. Nissim Momigliano & A. Robutti (Eds.), *L'esperienza condivisa.* Milano: Cortina, 63–82.

Bion, W. R. (1962). A theory of thinking. *International Journal of Psychoanalysis, 43*, pts 4/5, 306–310.

Bion, W. R. (1984/ 1987). A theory of thinking. In *Second thoughts. Selected papers on psychoanalysis.* Maresfield Library. London: Karnac, 110–119.

Bléger, J. (1967). Psychoanalysis of the psychoanalytic frame. *International Journal of Psychoanalysis, 48*, 511–519; reprinted 2012, *93*, 993–1003.

Bollas, C. (1995). *Cracking up.* London/ New York: Routledge/ Hill and Wang.

Bollas, C. (1999). Creativity and psychoanalysis. In *The mystery of things.* London/New York: Routledge. Reprinted in *The Christopher Bollas Reader*, 2011 (pp. 194–206).

Deri, S. (1978). Transitional phenomena: Vicissitudes of symbolization and creativity. In S. Grolnick & M. Barkin (Eds.), *Between fantasy and reality* (pp. 43–60). New York: Jason Aronson.

Fairbairn, R. (1941). A revised psychopathology of the psychoses and psychoneuroses. In *Psychoanalytic studies of the personality.* 1952 Tavistock Publications; reprinted 1992, 1994, Routledge 28–58.

Giovacchini P. (Ed.) (1972). *Tactics and techniques in psychoanalytic therapy.* London: Hogarth.

Goldman, D. (1993). In *One's bones: The clinical genius of Winnicott.* New York: Jason Aronson.

Green, A. (1978). Potential space in psychoanalysis: The object in the setting. In S. Grolnick & M. Barkin (Eds.), *Between fantasy and reality* (pp. 167–189). New York: Jason Aronson.

Grosskurth, P. (1986). *Melanie Klein. Her world and her work.* London: Hodder and Stoughton.

Guntrip, H. (1975). My experience of analysis with Winnicott and Fairbairn. *International Review of Psychoanalysis*, 2, 145–156; reprinted in *International Journal of Psychoanalysis*, 1996, 77, 739–754.

Heaney, S. (1979). *Song in Opened Ground: Selected Poems 1966–1996.* New York: Straus and Giroux.

James, M. (1962). The theory of the parent-infant relationship: Contribution to the discussion. *International Journal of Psychoanalysis*, 43, 247–248.

Johns, J. (2006). D. W. Winnicott; Life, work. Precis in R. Skelton (Ed.), *The Edinburgh international encyclopaedia of psychoanalysis* (pp. 498–491). Edinburgh: Edinburgh University Press.

Jones, E. (1916). The theory of symbolism. *British Journal of Psychology*, 9, 181–229. Reprinted in E. Jones, Ed. (1948), *Papers on psychoanalysis.* London: Bailliere, Tindall and Cox.

Kahr, B. (1996). *D. W. Winnicott, a biographical portrait.* London: Karnac.

King, P., & Steiner, R. (Eds.). (1991). *The Freud/Klein controversies.* London: Routledge.

Klein, M. (1946). Notes on some schizoid mechanisms. In *Envy and gratitude and other works. The writings of Melanie Klein*, Vol. 3, 1946–1963 (pp. 1–24). International Psychoanalytical Library Series, No. 103. London: Hogarth Press & Institute of Psychoanalysis.

Klein, M. (1963). On the sense of loneliness. In *Envy and gratitude*, Vol. 3, 1946–1963 (pp. 300–313). International Psychoanalytical Library Series, No. 103. London: Hogarth Press & Institute of Psychoanalysis.

Kristeva, J. (2001) *Melanie Klein.* New York: Columbia University Press.

Likierman, M. (2001). *Melanie Klein: Her work in context.* London: Continuum.

Little, M. (1990). *Psychotic anxieties and containment.* Northvale, NJ: Jason Aronson.

Middlemore, M. (1941). *The nursing couple.* London: Hamish Hamilton.

Milner, M. (1950). *On not being able to paint.* London: Heinemann Educational Books. Reprinted 2010, London/ New York: Routledge.

Milner, M. (1952). Aspects of symbolism in comprehension of the not-self. *International Journal of Psychoanalysis, 33*, 11–195. London: Institute of Psychoanalysis. Thereafter, The role of illusion in symbol formation, in *The suppressed madness of sane men* (pp. 83–113). London: Routledge, 1987.

Modell, A. (1985). The works of Winnicott and the evolution of his thought. *Journal of the American Psychoanalytic Association, 335*, 113–137.

Ogden, T. H. (1992). The dialectically constituted/ decentred subject of psychoanalysis, II: The contributions of Klein and Winnicott. *International Journal of Psychoanalysis, 73*, 613–626.

Ogden, T. H. (2001). Reading Winnicott. *Psychoanalytic Quarterly, 70*, 299–323.

Ogden, T. H. (2005). *This art of psychoanalysis. Dreaming dreams and interrupted cries.* New Library of Psychoanalysis, in association with the Institute of Psychoanalysis. London/New York: Routledge.

Parsons, M. (2000). *The dove that returns, the dove that vanishes. Paradox and creativity in psychoanalysis.* New Library of Psychoanalysis, in association with the Institute of Psychoanalysis. London/ Philadelphia: Routledge.

Phillips, A. (1988). *Winnicott.* In F. Kermode (Ed.), Fontana Modern Masters Series. London: Fontana.

Podro, M. (1998). *Depiction.* New Haven, CT/ London: Yale University Press.

Reeves, C. (2006). The anatomy of riddance. *Journal of Child Psychotherapy, 32*(3), 273–294.

Rodman, F. R. (2003). *Winnicott life and work.* A Merloyd-Lawrence book. New York: Perseus.

Rycroft, C. (1968). Beyond the reality principle. *In Imagination and reality;*

Psychoanalytical essays 1951–1961 (pp. 102–113). London: Hogarth. Reprinted by Karnac, London, 1987.

Segal, H. (1955). A psychoanalytic approach to aesthetics. In M. Klein, P. Heimann, & R. Money-Kyrle (Eds.), *New directions in psychoanalysis*. London: Tavistock. Republished by Karnac (pp. 384–405), 1985.

Turner, J. (2002). Illusion in the work of Winnicott. *International Journal of Psychoanalysis, 83*, 1051–1062.

Winnicott, D. W. (1931). *Clinical notes on disorders of childhood*. [CW 1:3:1–20]

Winnicott, D. W. (1934). Papular urticaria and the dynamics of skin sensation. [CW 1:4:3]

Winnicott, D. W. (1941). The observation of infants in a set situation. [CW 2:3:6]

Winnicott, D. W. (1942). Why children play. [CW 2:4:4]

Winnicott, D. W. (1945). Primitive emotional development. [CW 2:7:8]

Winnicott, D. W. (1945). Why do babies cry? [CW 2:6:2]

Winnicott, D. W. (1949). Hate in the countertransference. [CW 3:2:1]

Winnicott, D. W. (1951). Review: *On not being able to paint*, Marion Milner. [CW 3:6:15]

Winnicott, D. W. (1953). Transitional objects and transitional phenomena. [CW 4:2:21]

Winnicott, D. W. (1954). Mind and its relation to the psyche-soma [1949]. [CW 3:4:20]

Winnicott, D. W. (1955). Withdrawal and regression [1954]. [CW 4:3:29]

Winnicott, D. W. (1956). Clinical varieties of transference [1955]. [CW 5:1:11]

Winnicott, D. W. (1957). Aggression [ca. 1939]. [CW 2:1:8]

Winnicott, D. W. (1958). Aggression in relation to emotional development [1958]. [CW 3:5:2]

Winnicott, D. W. (1958). The capacity to be alone. [CW 5:3:20]

Winnicott, D. W. (1958). The manic defence. [1935]. [CW 1:4:6]

Winnicott, D. W. (1958). Transitional objects and transitional phenomena. [CW 5:4:24] [1971; CW 9:3:5]

Winnicott, D. W. (1964). *The child, the family, and the outside world*. [not reprinted in this form in *Collected Works*]

Winnicott, D. W. (1965). Ego distortion in terms of true and false self [1960]. [CW 6:1:22]

Winnicott, D. W. (1971). *Playing and reality*. [not reprinted in this form in *Collected Works*]

Winnicott, D. W. (1971). *Therapeutic consultations in child psychiatry*. [CW 10]

Winnicott, D. W. (1971). Transitional objects and transitional phenomena. [CW 9:3:5]

Winnicott, D. W. (1977). *The Piggle: An account of the psycho-analytic treatment of a little girl* (I. Ramzy, Ed.). [CW 11:2:1–17]

Winnicott, D. W. (1986). The concept of the false self [1964]. [CW 7:1:1]

Winnicott, D. W. (1986). *Holding and interpretation: Fragment of an analysis*. [CW 4:4:1]

Winnicott, D. W. (1988). *Human nature*. [CW 11:1]

Winnicott, D. W. (1989). "D. W. W. on D. W. W." [1967]. [CW 8:1:2]

Winnicott, D. W. (1989). Ideas and definitions [n.d.; early 1950s]. [CW 9:4:1]

Winnicott, D. W. (1989). Thinking and symbol-formation [1968]. [CW 8:2:48]

Winnicott, D. W. (1989). The use of an object in the context of *Moses and Monotheism* [1989]. [CW 9:1:4]

Winnicott, D. W. (1991). On scientific aims in psychoanalysis (Resolution K) [1942]. [CW 2:4:1]

Winnicott, D. W. (2016). Remarks on a discussion of Balint's paper on technique [1957]. [CW 5:3:8]

Winnicott, D. W. (2016). A study of envy and gratitude [1956]. [CW 5:2:5]

Winnicott, D. W. (2017). The unconscious [1966]. [CW 7:3:29]

Wright, K. (2000). To make experience sing. In L. Caldwell (Ed.), *Art, creativity, living* (pp. 75–96). Winnicott Studies Monograph Series. London/ New York: Karnac.

肯·罗宾逊

第 2 篇

从儿科到精神分析，1911—1938

在温尼科特工作的早期阶段，他所受的教育[1]和在儿科工作的经验给他提供了一个促进性的环境，催发了他的原创性。就像温尼科特本人非常重视历史的学习，在这篇文章中，我将阐述他开始发展自己独特的思维和技能的背景。

医学教育：巴茨及其以外的促进性环境

在剑桥接受了一段令人失望的、枯燥的医学预科训练之后，温尼科特于1917年11月在圣巴塞洛缪医院附属医学院（St. Bartholomew's Hospital Medical College，简称巴茨，Barts）注册，他已经（于6月7日）以临时外科医生的身份加入了皇家海军志愿预备役，并在"路西法（Lucifer）"号[2]鱼雷驱逐舰上航行过。在整个战争期间，他一直在皇家海军志愿后备队服役，并晋升为临时外科医生中尉。在剑桥大学期间，温尼科特曾以实习医生的身份在战时临时医院里接触过医院生活。在那里，他因"周六晚上在病房里演唱喜剧歌曲"来娱乐病人而被人们铭记（Winnicott, C., 1978, p. 11）。然而，在路西法号上的时光，让他立即陷入了恐怖的战争之中。它既让他在压力重重的情况下面对自己在知识方面的局限性，又教会了他如何与病人相处。当时尚未成为合格医生的温尼科特是船上唯一的临床实践者，在照顾船员的日常医疗需求方面，他尚欠技能——他很高兴地承认，他无法区分淋病和梅毒（佚名，1961, p. 137）。幸运的是，当路西法号有行动时，他有一位经验丰富的

---

[1] 温尼科特不喜欢"培训"这个词，他更喜欢"教育"这个词，我已经尽量避免使用"培训"这个词。

[2] 温尼科特传记，见 Brett Kahr（1996）和 F. Robert Rodman（2003）。

医疗勤务员帮助处理伤亡情况。

目前尚不清楚温尼科特具体什么时候开始在巴茨学习,但他于 1920 年 2 月 2 日取得医生资格,同年成为皇家外科医师学院的成员,并获得皇家内科医师学院的执照。他是在"霍尔丹报告(Haldane Report)"[1](1913)所记载的医学教育发生根本性变化的环境中接受训练的。这一变化中的两位关键人物——阿奇博尔德·加罗德(Archibald Garrod)和弗朗西斯·弗雷泽(Francis Fraser),对他的教育和早期职业发展产生了重要影响。"霍尔丹报告"曾建议在伦敦的主要医院设立专业单位,为医学提供科学基础,这已经在德国和美国实施了。战争打断了这个进程,直到 1919 年 10 月,巴茨才成立了两个单位,其中一个由加罗德领导,他努力将"科学精神和氛围"引入医学,并在实验室和病房开展医学教育(Garrod,1908,p. 21)。弗雷泽被任命为加罗德的副主任。不到一年,加罗德就任牛津大学雷吉乌斯医学系主席,弗雷泽接任主任一职。温尼科特在《有关儿童疾患的临床笔记》(1931)的前言(CW 1:3: 前言)中提到了弗雷泽,1921—1922 年期间,温尼科特在巴茨时,弗雷泽是他的主任。正是由于弗雷泽,他于 1922 年得以顺利通过皇家内科医师学院成员(Member of the Royal College of Physicians,MRCP)的考核。

巴茨为温尼科特作为儿科医生的实践奠定了基础。在那里,他遇到了托马斯·霍德(Thomas Horder)——那个时代最受尊敬的医生之一,对温尼科特产生了深远的影响。霍德将临床敏感性与坚定的科学态度结合在一起——事实上,他对科学的热情在医学和医学教育正在发生的变化中发挥了重要作用(Lawrence,1999,pp. 429–431)。在晚年,温尼科特说精神分析是他从霍德那里学到的历史学科的延伸。温尼科特

---

[1] 关于当时温尼科特在巴茨(Barts)接受医学训练的详细说明,见 Waddington(2003),pp. 146–217。

从他那里学会了倾听患者自己的故事,以及仔细记录病史(Winnicott, C., 1978, p. 12)。霍德认为,"医患关系是良好医术的灵魂"(Horder, 1966, p. 56)。温尼科特本人对病史采集的重要性的坚持,在他的文章中反复出现:《临床笔记》(Clinical Notes)的第 1 章标题就是"病史采集(History-taking)"。

霍德并不是巴茨唯一一个强调患者不仅仅是一堆症状的人。加罗德也强调了患者个性和历史的重要性,尤其是在他 1902 年发表的关于基因遗传的经典论文(Garrod, 1902)中。此外,在加罗德的研究的基础上,弗雷泽认为准确的诊断必须考虑患者的社会状况,对患者的关怀也是治疗的一部分(Bearn, 2008, p. 29)。

这三位有影响力的大人物都曾与儿童打过交道。在大奥蒙德街医院(Great Ormond Street Hospital),霍德找到了自己与年轻患者的相处之道。他训练一只大黑猫坐在他的咨询室桌子上,张开嘴,以便用茶匙压下舌头,以此来安抚害怕喉部检查的孩子(Horder, 1966, p. 27)。他的策略缺乏温尼科特的压舌板游戏在心理层面上的精妙性,但他确实也关注到了孩子的反应。加罗德等人主编的《儿童疾病》(Diseases of Children, 1913)成为一本标准教科书,他撰写的导论中有一句话为他的作品提供了一个合适的题词:"不爱孩子的人无法成为一个真正的好儿科医生"(Garrod et al., 1913, p. 1)。温尼科特在《临床笔记》中对儿童工作的描述也回应了这一点,即儿童工作需要和孩子建立"一种特殊形式的友谊"。

在这篇关于温尼科特早期发展的简短报道中还存在着另一位重要人物,温尼科特在帕丁顿格林儿童医院里的前辈:莱纳德·格思里(Leonard Guthrie)。在《临床笔记》(1931)的导论中,温尼科特指出了最近对于"无限期和慢性不适"的治疗发展史,其中有四个阶段。10 年前,人们倾向于根据症状将儿童划入不同的诊断类别。然后临床医生们逐渐"认识到并开始强调症状背后的神经机制,但他们的解释更偏向于生物化学方面所造成的紧张"。接下来有人开始"认识到症状背后的机制具有纯粹的心理本质，但他们把所有压力都放在环境因素上"。最后，1931年，人们终于发现"紧张的孩子之所以紧张，是因为内部原因。根据这种观点，环境具有间接的重要性，例如，环境会增加或减少已经存在的负罪感，或改变焦虑的表现"。在这些方面，格思里走在了时代的前列，因为在1907年，他已经在《儿童功能性神经障碍》（*Functional Nervous Disorders in Childhood*）一书中提出，症状可能是一种"神经质气质"的表达，这种气质是从父母那里遗传而来的"个体的神经系统的不稳定性"（p. 14）。

格思里的作品和霍德、加罗德和弗雷泽的作品一样，字里行间都充满了对人性的关怀，正如他在《儿童疾病》（1913）中的"功能性神经障碍（Functional Nervous Disorders）"一章所写，展现了他对发展的心理层面的理解。他的工作提醒我们，不要觉得在温尼科特之前，所有儿科医生都对精神分析一无所知，或者对精神分析抱有偏见。1907—1913年间，格思里研究了弗洛伊德关于婴儿性欲和癔症的理论。在1907年，他还不知道精神分析可能可以解释功能性障碍，但在1913年，他提到了弗洛伊德关于吮吸拇指、手淫以及咬指甲的论述，并详细讨论了弗洛伊德关于癔症的论述，为冲突和压抑理论提供了足够洞察的梗概，并简要讨论了力比多的发展阶段。尽管他怀疑"被压抑的情结"是否必然是动力性无意识的，以及所有癔症现象是否都有性欲根源，但他并没有否定弗洛伊德（Garrod et al., 1913, pp. 722–725 及 p. 732）。在《人类本性》的一个脚注中，温尼科特向格思里致敬，称他是一位开拓者，感激他给帕丁顿格林儿童医院带来了"特殊的氛围"（CW 11:1: 导论，见本书中史蒂文·格罗尔克的作品），这才使他得以在格思里去世后，于1923年在那里获得任命。格思里在帕丁顿格林儿童医院的一位同事描述了格思里和孩子们一起工作的情景。他写道，"同情和理解的纽带很快就建立起来了，在它的影响下，孩子展现出那些其他人未能获得的秘密。"也许这个描述也同样适用于温尼科特（Sutherland，1919，p. 29）。

正是由于温尼科特的"在儿科中的心理学倾向"，他受到了帕丁顿格林的任命（CW 11:1: 导论，见 Groarke，本书第 12 篇）。

作为儿科医生的早期经历

取得行医资格后，温尼科特立即开始从事儿童工作，先是在女王儿童医院担任急诊室和住院医务工作，然后与弗朗西斯·弗雷泽一起做内科住院医生。1923 年，他负责帕丁顿格林医院和女王儿童医院的门诊部，他后来告诉罗伯特·托德（Robert Tod）：

> 我看过大量病人，负责伦敦郡议会风湿管理诊所，该诊所治疗风湿热、舞蹈病和伴发性心脏病……我在 20 岁出头的时候，还经历过其他一些非常严重的流行病，尤其是嗜睡性脑炎。我们还必须应对非常严重的夏季腹泻和各种脊髓灰质炎疫情，当然，这些都是在抗生素出现之前，因此我们的病房里挤满了肺部、骨骼或脑膜有脓液的儿童。["写给罗伯特·托德的信（Letter to Robert Tod）"（CW 9:1:22）]

正如温尼科特向托德指出的那样：

> 青霉素阻止了这一切，并为只针对躯体疾病的儿科带来了转变——可以观察躯体健康的儿童的困扰。["写给罗伯特·托德的信"（CW 9:1:22）]

温尼科特在《有关儿童疾患的临床笔记》（1931）之前的论文中讨论的大多数案例，都来自他在女王医院的工作，其中大多数案例都集中在躯体问题上。尽管在两个诊所工作时,他都在努力区分心理和生理问题,但在他早期的实践中,似乎更多的心理工作是在帕丁顿格林医院展开的。他的早期出版物都是关于他和患有风湿病、舞蹈病、脑炎、麻疹和脊髓灰质炎后遗症的儿童的工作,他和这些孩子们有长时间的接触。它们展示了他在科学医学界的工作,他忠于自己所受到的"新医学"教育。记录还显示,他积极参与专业会议和研究生医学教育。他是一位受人尊敬的人物,对有机医学做出了宝贵的贡献,也不怕表达自己的想法。他以麻疹和脑炎之间关系的主要调查者之一的身份而为人所知。他与南希·吉布斯(Nancy Gibbs)就水痘脑炎和痘苗脑炎发表的早期论文(CW 1:2:1),在发表后的几年里经常被引用(如 Bender,1927,p. 626; Turnbull,1928,p. 334; Greenfield,1929,p. 297)。

工作中的温尼科特:"研究孩子而不是疾病"

当约翰·戴维斯(John Davis)在帕丁顿格林医院与温尼科特合作时,他有机会近距离见证温尼科特的儿科实践:

> 他的病人和他们的父母没有被安排在候诊区,不是一个接一个地让他们进去,而是都挤在温尼科特的办公室里,不知道他们都是怎么在轮到他们看诊时找到通往角落里温尼科特的办公桌之路的,工作看起来就像是个非常不正式的偶遇——尽管温尼科特会仔细记录历史,做一次彻底的体检(他喜欢接触他的病人们,认为这个诊断过程也同时具有治疗性),并做好记录。

在《临床笔记》中,温尼科特建议,"一个病例的病史很少能在不到一刻钟的时间内记录下来"["病史采集(History-Taking)"(CW 1:3:1),p. 173],对于繁忙的诊所来说,15 分钟已经是很长时间了,但

048

这样一段时间更需要相当高的技巧。戴维斯说：

> 温尼科特的咨询很优雅，与手头案例无关的内容会被省略，历史、检查和记录被精简到最必要的部分，他能够处理大量数据，而不会感到心烦意乱。（Davis, 1993, p. 96）

戴维斯见证了大约在温尼科特在第 1 卷所涵盖的时期之后 20 年的工作，但直到 1946 年，他都已经在以与早先发展起来的相似纪律的非正式的方式（Goldman, p. 171）来工作了。尽管他的兴趣变得更加偏向心理，但他仍然是儿科医生，并继续坚持做躯体检查——"必须给孩子做裸身检查"，他在《临床笔记》["躯体检查（Physical Examination）"（CW 1:3:2），p. 190]中建议。温尼科特专注于门诊工作，他拒绝了去住院部工作的机会，因为住院部令人麻木。他担心，如果他成为一名住院医生，他会发展出"不被孩子们的痛苦所打扰的能力"["写给罗伯特·托德的信"（CW 9:1:22）]。而温尼科特是那种会跑去医院附近的家庭拜访的医生（Goldman, 1993, p.107）。

大多数写过温尼科特儿科咨询经历的人，都谈到了他在帕丁顿格林医院后期的工作：压舌板游戏和涂鸦。温尼科特本人指出，早在 20 世纪 20 年代，他就已经开始用这两种方法了["治疗性咨询（Therapeutic Consultations）"（CW 10），p. 4；"论文集（Collected Papers）"，p. 52]，尽管他只是事后才凭借自己独特的精神分析发展理论，理解了他所观察和记录的一切。例如，他的"进食和情绪障碍（Appetite and Emotional Disorder）"一文（CW 1:4:11）显示，他开始对孩子使用压舌板的过程进行概念化。在温尼科特的诊所里，"总是有一个金属碗，里面装满了消毒过的压舌板，直角弯曲形的闪闪发光的镀银物体"，他可以记录孩子的使用情况。他观察这一点已有一段时日，到 1936 年时他弄明白：

（孩子）用压舌板（或其他任何东西）所做的动作，在拿和扔之间，就是他内心小剧场的一个片段，与那个当下我和他母亲有关，从中可以猜出许多他在其他时间的内心世界的体验，以及与其他人和事的关系。

他描述了压舌板游戏的所有阶段，但尚未对其进行概念化，但他已经在对他后来的论文"在设定的情境中观察婴儿"［1941（CW 2:3:6）］进行思考了。

类似地，在20世纪20年代中期，当温尼科特和孩子们进行创造性的互动时，他已经注意到了那些具有特殊意义的时刻，尽管在这里，他依然是凭借自发的人性和患者互动，尚未构建出理论：

我是一名执业儿科医生，在我的医院里给许多病人看病，我尽可能多地让孩子有机会和我交流、画画，告诉我他们的梦。<u>孩子们在来医院前一天晚上梦见我</u>的频率之高，让我震惊。他们将要去看医生的这个梦，显然反映了他们自己对医生、牙医和其他设定是要提供帮助的人的想象。有趣的是，<u>他们会对我有一种先入为主的观念</u>。（CW 10:1 导论，见 Armellini，本书第 11 篇）

后来，"主观性客体"的概念，使他能够理解这些"神圣"时刻的意义：

在这种主观性客体的角色中，医生有大量的机会与孩子接触，大多数情况下，这种角色在第一次访谈或前几次访谈之后会消失。……如果……好好使用，那么孩子觉得自己能获得帮助的信念就会增强。……访谈使拧着的结松了，因而可以推动孩子继续发展。["儿童精神病学中的治疗性咨询"（CW 10:1: 引言），p. 30，

Armellini，本书第 11 篇]

作为一名与家庭合作的儿科医生，温尼科特敏锐地意识到，在何种程度上可以构建这样的时刻，取决于更广泛的环境。

生理与心理：婴儿亦是人

从 1929 年起，温尼科特的贡献开始更多地体现在心理方面，他的工作越来越多地建立在对生理和心理细致区分的基础上（也建立在识别之上，如同他之后命名的那样，这些病人被称为"心－身"障碍患者）。之所以做这些区分的工作，是因为他坚信"对疾病发作建构清晰的概念，是保证诊断不出现严重错误的最好方法"[《临床笔记》，"病史采集"（CW 1:3:1）]。例如，在他的"舞蹈病的诊断（Diagnosis of Chorea）"（CW 1:2:16）中就有所体现，在写这篇文章时，正值预防儿童心脏病的运动，（这一运动）导致大量儿童被认为可能有舞蹈病。他认为，虽然儿童可能表现出一些可能类似舞蹈病的症状，如成长中的疼痛、疲劳和焦虑不安，但是这些儿童可能"天生神经紧张"，而且没有舞蹈病的发病史，"这种疾病的起源是情绪上的，而且……如果有需要，治疗将对情绪状态进行适当分析"，而不是延长卧床休息的时间。当时认识温尼科特的威廉·吉莱斯皮注意到，在这样的工作中，温尼科特是如何"为了孩子们的利益而拿自己的整个职业声誉冒险的，因为如果其中一个孩子去世，毫无疑问，他的职业生涯就毁了"（1971, p.228）。

尽管他有这样的勇气，在早期心理学取向的论文中，他还是小心谨慎的，比较节制地表达精神分析"彻底治疗"情绪起源的疾病，尤其是焦虑状态的作用。他意识到，他的许多同事既没有意愿，也没有能力认识到疾病的情感基础。然而，在同行会议上，他就没有那么谨慎了。例如，在英国皇家医学会［1929 年 12 月 10 日（CW 1:4:4 的脚注）］的会议上，他对"困难儿童"的讨论发表了很多他自己的看法。在伯纳德·哈特（Bernard Hart）、伊曼纽尔·米勒（Emanuel Miller）、玛格丽特·洛温费尔德（Margaret Lowenfeld）、J. R. 里斯（J. R. Rees）和玛丽·查德威克（Mary Chadwick）这些具有心理学头脑的人面前，他毫不修饰地说："对于无意识冲突导致的疾病来说，症状通常代表着一种自发治愈的尝试[这句话是他的一位精神分析老师，爱德华·格洛弗（Edward Glover）说的]。"

温尼科特想从生理症状中筛选出心理症状，用以探索心灵和躯体的关系，这是他的《临床笔记》[1931（CW 1:3）]的核心内容，这本书是写给全科医生看的。正如温尼科特所说，《临床笔记》是他的肺腑之言，他直截了当地提出了对于不良诊断和实践的批评，他认为治疗应根植于仔细的躯体检查和观察，以及认真倾听孩子和母亲，这是让孩子恢复健康的最好基础。本着这种精神，他提供了很多临床片段，旨在通过描述不同的障碍，让医生们更能应对这些挑战。同时，他轻松但坚定地表示，应该把精神分析思维作为一种重要的工具，来帮助医生们理解"那些母亲们常常拿来寻求建议的症状中的大多数，都是焦虑的直接或间接结果"。正如约翰·戴维斯所指出的，温尼科特的书中包含了"许多恰当而新颖的见解"。如果现在人们对这些想法还只是有些"好奇"，那主要是"由于流行病学的转变，而不是因为他的观点是错误的"（Davis, 1993, p. 95）。

温尼科特的作品所呈现的心理转向，也和他自己的分析过程有关，在和詹姆斯·斯特雷奇的分析中，他感到"我逐渐能够将婴儿视为一个人。这确实是我头5年分析的主要结果"["唐纳德·W. 温尼科特论唐纳德·W. 温尼科特"（CW 8:1:2）]。他和斯特雷奇的分析始于1923年，他们一起工作了10年。

受训成为分析师

温尼科特第一次接触精神分析思想是在他还是医科学生的时候，原因是他那时对自己不再记得住所做的梦感到焦虑。他向奥斯卡·菲斯特（Oscar Pfister）的《精神分析方法》（*The Psychoanalytic Method*, 1915）寻求帮助，并在1919年阅读了弗洛伊德的《梦的解析》（*The Interpretation of Dreams*, 1900）。这两本书都深深地触动了他，使他认识到，精神分析将在他未来的生活中发挥某种作用（Winnicott, C., 1978, p. 13），即使对于当时的他来说，正如他在写给姐姐维奥莱特的信中所说的，精神分析还只是一种"爱好"。在这封信中，他给维奥莱特讲无意识的本质、压抑——使那些被压抑的东西不能为意识所知，以及本能［也许是跟随了菲斯特的认识，他认为本能是"那些被我们叫作生命的力量必须向外游走的自然方向"（参阅 Pfister, 1915, p. 167）］。他还解释了精神分析治疗的本质，以及它在帮助意志对抗压抑方面的作用——使被压抑物抵达意识的层面。这封信令人印象深刻，是在温尼科特对精神分析的了解还十分有限的时候写的。

不管温尼科特是否意识到了这一点——在1919年，精神分析这门学科已经在英国扎根，例如，伯纳德·哈特、戴维·福赛思（David Forsyth）、戴维·埃德（David Eder）和欧内斯特·琼斯的工作（1913年他们的论文集首次出版），还有布伦瑞克广场的医学心理诊所（Medico-Psychological Clinic in Brunswick Square）[1]。伦敦精神分析学会（London Psycho-Analytical Society）成立于1913年，但却因为战争和内部分裂，于1919年2月被英国精神分析学会（BPAS）所取代。在精神分析学进入快速发展时期时，温尼科特发现了它。琼斯在1920年创办

---

[1] 关于这一时期英国精神分析学会历史的详细描述，参见 Robinson（2010）。

了《国际精神分析杂志》,同年创办了《英国医学心理学杂志》(*British Journal of Medical Psychology*)。琼斯很快着手把弗洛伊德的作品翻译成英文,获得了所有精神分析著作德语版的翻译权。1924年,他成立了精神分析研究所,在1926年建立了办事处并开了一家诊所。同一年,学会开始了正式的培训,但直到1927年才开始接受应征者。温尼科特是第一批学生之一。几年后,他和苏珊·艾萨克斯(Susan Isaacs)一起成为第一批接受培训的儿童分析师——在他们之前只有克利福德·斯科特获得了儿童分析师资格。琼斯在1927年向弗洛伊德描述说,在梅兰妮·克莱因于1926年搬到伦敦之前,人们对伦敦的儿童问题就很感兴趣(Paskauskas,1993,p. 628),因此,1930年正式将培训扩展到儿童工作。戴维·福赛思在1919年的英国精神分析学会第一次科学会议上,发表了以"新生儿心理学(The Psychology of the New Born Infant)"为主题的演讲,尼娜·瑟尔(Nina Searl)、玛丽·查德威克、西尔维娅·佩恩、埃拉·夏普(Ella Sharpe)、琼·里维埃和格温·刘易斯(Gwen Lewis)都对儿童分析感兴趣。1923年,温尼科特与第一任妻子爱丽丝结婚的那一年,在他向欧内斯特·琼斯咨询"个人困难"时["人类本性"(CW 11:1:导论),p. 2;Groarke,本卷第12篇],他踏入了这个世界。琼斯建议他找斯特雷奇做分析。他与斯特雷奇的工作逐渐为他提供了一个框架,在这个框架内,他能够把从儿科工作中凭直觉获取的东西进行再加工。

在他接受分析两年左右,梅兰妮·克莱因到访伦敦,做了一系列讲座,致使她在接下来那一年移居伦敦。斯特雷奇和他的妻子阿利克斯(Alix)在向英国社会介绍克莱因作品时发挥了重要作用,他也向温尼科特推荐了她的作品:

> 这是我生命中的一个重要时刻,我的分析师中断了他对我的分析,告诉我梅兰妮·克莱因的事。他听我说过我会仔细地记录病

史，也听我说过，我试图将自己的分析所得应用到患有各种儿科疾病的儿童案例中。我特别调查了因做噩梦而被带来看医生的儿童的情况。斯特雷奇说："如果你将精神分析理论应用于儿童，你应该见见梅兰妮·克莱因。她被邀请来英国，为琼斯的某位特殊人物做分析。她说的一些话可能是对的，也可能不对，你需要自己去发现，在我对你的分析中，你不会得到梅兰妮·克莱因可能会教给你的东西。"["对于克莱因学派贡献的个人观点（A Personal View of the Kleinian Contribution）"（CW 6:3:8）]

1926年9月，克莱因在伦敦定居后不久，斯特雷奇似乎就给出了这个建议。不知道温尼科特是什么时候去见她的，但她的工作对他产生了深远的影响。1927年6月，温尼科特就被分析训练项目录取了，但在接下来的几年里，他在分析过程中遇到了困难，因此直到1930年3月，他才被允许参加讲座，并在埃拉·夏普的督导下，开始接他的第一个成人受训个案。他的工作进展顺利，1931年1月，他接了第二个个案，这次是由尼娜·瑟尔督导。温尼科特选的督导，夏普和瑟尔，都是既与成人，又与儿童一起工作而出名的督导，她们对克莱因的想法持开放态度。克莱因认可和瑟尔的"合作……基于共同的信念和私人友谊"，并称赞她"为英国儿童分析的进步做了持久的服务"（Klein, 1975, pp. xi–xii）。1932年，当他开始接儿童受训个案时，他又找了瑟尔做督导——温尼科特在"反社会倾向（The Antisocial Tendency）"（CW 5:2:8）一文中描述了一个犯罪男孩，他在诊所造成严重破坏，以至于他被勒令终止治疗：

……这个男孩咬了我的屁股好几次，我被他咬得很痛。他还从屋顶上爬了出来，而且他洒了太多的水，以至于地下室被淹了。他闯入我锁着的车，用自动启动装置以最低档把它开走了。[1]

直到1934年初，他才终于开始找梅兰妮·克莱因督导他的第二个儿童个案，一名青少年，并在同年晚些时候带着他的最后一个受训个案，找了她的女儿Melitta Schmideberg督导。1934年1月，他获得了成人分析工作的资格。1935年5月，他获得了儿童分析工作的资格。在接下来的5年里，他一直在克莱因的督导下工作，并在此期间分析了她的儿子埃里克（Erik）。他本想找克莱因做进一步的分析，但他和埃里克工作了，就没办法了。1936年，他转而找了克莱因的追随者琼·里维埃做分析。

温尼科特对精神分析和儿科的整合

1929年左右，温尼科特开始私人执业，做儿童分析，并在专业会议上用精神分析的术语发表自己的观点。从1929年11月起，他开始定期参加英国学会的科学会议。1930年5月，他第一次在讨论一篇论文时发言，尽管他当时仍在受训。1931年2月，梅兰妮·克莱因在报告"早期焦虑情境与自我发展（Early Anxiety Situations and Ego Development）"时，温尼科特也参与了讨论，后来这篇文章作为她的《儿童精神分析》（The Psychoanalysis of Children）的其中一章出版了。他的论文越来越多地表明，他已经准备好展示自己的精神分析思想。例如，在他1930年关于"病理性睡眠（Pathological Sleeping）"的演讲中（CW 1:2:19），他区分了因脑炎造成的嗜睡和下面的病例，这种病例拥有"那种可能……被赋予了属于幻觉性质的强烈愉悦感的睡眠，这种幻

---

[1] 关于这一时期他的一个儿童个案，进一步和类似的描述见 Grosskurth（1986），p.233。

觉会引发焦虑，因为他们感到自己是被禁止的"[1]。在同一年发表的两篇关于遗尿的论文中，他将之诊断为神经症。他似乎越来越能够应对同事带着敌意回应的可能性。在《临床笔记》(1931)中，特别是在他探讨焦虑的章节中，他向读者介绍精神分析，建议他的读者阅读克莱因和斯特雷奇的作品。

但是，如果温尼科特在他的儿科工作中试图"将婴儿视为一个人"，并将精神分析思维应用于他所看到的东西，他就会遇到一个问题。他是这样描述这个问题的：

> 当我开始尝试学习关于精神分析的知识时，我发现在那些日子里，我们被教导了关于2岁、3岁和4岁的俄狄浦斯情结以及从中退行的一切。作为一个长期（已经有10—15年）观察母亲和婴儿的人，我感到非常苦恼，因为我知道，我看到很多婴儿期就开始生病的孩子，甚至很多是在婴儿早期就生病了。我心里想，我要证明婴儿很早就生病了，如果原来的理论不符合现实，它就需要调整自己。["唐纳德·W. 温尼科特论唐纳德·W. 温尼科特"(CW 8:1:2), p. 41]

在1930—1935年间发表的论文中，他首次运用了俄狄浦斯式思维，然后，随着他吸收克莱因的影响，论文中也体现了他对于婴儿体验的持久影响的兴趣。他于1930年和1931年发表的出版物和演讲（包括《临床笔记》）基本上根植于俄狄浦斯情结，尤其是由于手淫而产生的焦虑和内疚，尽管他提到了克莱因；但在他对遗尿的讨论（CW 1:2:18）和"儿童精神病学：受心理因素影响的身体（Child Psychiatry: The Body as Affected by Psychological Factors）"（CW 1:2:23）中，他开始考虑婴

---

[1] 病理性睡眠的受试者近至家人，因为爱丽丝甚至在开车时也容易睡着，而且她自己可能患有昏睡性脑炎（Rodman, 2003, pp. 57-60, p. 389）。

儿的发展。首先，他区分了俄狄浦斯期和前俄狄浦斯期出现困难的案例，后者涉及"婴儿期真实或幻觉感受的重现"。其次，他强调要进一步研究"愤怒的婴儿"。与他早期关于遗尿的论文相比，温尼科特在1936年（CW 1:4:9）关于同一主题的论文表明，在克莱因的影响下，他的思想发生的变化有多大。它不仅呼应了她的《儿童精神分析》，而且呼应了"对躁狂 - 抑郁状态的心理成因的贡献（A Contribution to the Psychogenesis of Manic-Depressive States，1935）"一文，这篇文章引入了抑郁心位的概念：

> 遗尿所表达的主要情感是爱、恨和修复，以及摆脱糟糕感受的冲动。遗尿可能与无意识的迫害性幻想有关，也可能与试图摆脱坏感受有关。它也可能与潜在的抑郁有关，可能是试图填补一个洞，在无意识幻想中，这个洞是所爱的母亲的空洞，好的容器被清空，而这种清空反过来又是因挫折而将爱转化为贪婪的结果。

他在"与情绪障碍有关的皮肤变化（Skin Changes in Relation to Emotional Disorder）"（CW 1:4:18）一文中，进行了类似且更多的俄狄浦斯式观察，而在他的"少年风湿病心理学（Psychology of Juvenile Rheumatism）"（CW 2:1:7）一文中，他认为症状是心因性的，是抵御抑郁的一种手段。

温尼科特于1934年离开女王医院（尽管他继续管理风湿病诊所），他有了更多时间从事精神分析工作，并弄清自己的理论立场。在这一时期，温尼科特尝试理清自己对克莱因作品的想法的发展，其中有两篇论文尤为重要，这两篇论文对这个过程进行了描述，"躁狂防御（the Manic Defense）"（CW 1:4:6），于1935年12月4日提交给英国精神分析学会申请会员资格，以及"进食与情绪障碍（Appetite and Emotional Disorder）"（CW 1:4:11），于1936年提交给英国心理学会的医学部。这两篇文章都提到了克莱因对他的影响，但也都显示出温尼科特开始找到自己的方式来描述早期阶段环境与内部世界的关系，简·亚伯拉罕（Jan Abram）称这个阶段为"环境－个人设置（environment-individual set-up）"阶段（1935—1944）（Abram，2008，p. 1194）。温尼科特需要找到一种方法，将他在儿科实践中对母亲和孩子的观察，与他通过克莱因而发现的丰富但令人不安的婴儿内在现实结合起来。在"进食与情绪障碍"的脚注中（CW 1:4:11），他谨慎地澄清，他对"新生儿心理"的信念从根本上来说，是从他在儿科门诊的经历中生发的："尽管我一直受到梅兰妮·克莱因的影响，但在这个特定领域，我只是在遵循仔细记录无数案例病史所带给我的指引。"

温尼科特面临的任务，越来越多地，不仅是（分清）理论和观察孰先孰后，而且是（厘清）环境供给在婴儿的心理健康和内在世界形成中扮演何种角色。1936年7月，在心理学研究所与夏洛特·比勒（Charlotte Buehler）和玛格丽特·洛温费尔德一起讨论"儿童神经症"[1]时，他明确表达了克莱因式的观点：

---

[1] 温尼科特对"儿童神经症"（《英国医学杂志》，1936，1994）的贡献报告全文：温尼科特博士说，正常孩子和神经症孩子是无法区分的，他更喜欢使用的模糊术语是——"感到生活困难"。成人无法重新感受到婴儿期和儿童期的强烈情感；变成一个"正常"人有赖于忘记那些感受。成人期望婴儿像他们自己童年时的洋娃娃一样，孩子的个性以及成年人提供的环境只能通过改变孩子的内心生活来间接影响孩子，这些都令成人感到惊讶和被羞辱。年幼之人的心理活动包括对内心（幻想）世界和外部世界的不断测试和再测试。他们有一种迫切的愿望，就是在外部现实中修正幻想中受到的伤害。每一个正常的婴儿都会经历各种各样的情绪，并且任由情绪摆布。当其情感生活造成症状，导致不友好的环境或造成身体伤害时，就会呈现出异常；或者，如果游戏受到抑制，或者孩子无法处理自己的困难，表现出神经症症状。他可能会通过生闷气、愤怒、焦躁不安、尿床、消化障碍或其他小毛小病来缓解自己的心理痛苦。每种方法都有自己发挥作用的方式，但只在流行语的语境之下可以用"神经症"来形容。"神经症"一词的流行表达了一种谬论，即神经症症状本身就是不正常的。这个词可以用来描述没有生理基础的倾向和症状，但如果心理学家解释清楚正常儿童在发展过程中也会出现神经症症状，那他也可以使用这个词。

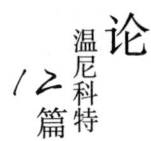

成人提供的环境,只能通过改变儿童的内心世界,对儿童造成间接的影响。年幼之人的心理活动,包括对内心(幻想)世界和外部世界的不断测试和重复测试。他们迫切希望在外部现实中纠正幻想中受到的伤害。[温尼科特,"对'儿童神经症'的贡献(Contribution to 'Neurosis in the Child')", 1936, p. 94]

然而,在"进食与情绪障碍"(CW 1:4:11)一文中,这一理论存在漏洞。正如在"躁狂防御"一文中一样,贪婪被视为一种对抗焦虑和抑郁的防御,被视为"一种如此原始的东西,除非做好伪装,作为症状的一部分,否则它无法出现在人类行为中",但在一段引人注意的片段中,温尼科特还写道"正常的贪婪是自我可以接受的"。当他把"内心世界描述为一个充满活动和感受的鲜活世界"时,它读起来就像是对后来的温尼科特理论的一种预先体验,尽管在这里的语境中,它被编织成了一个更克莱因式的论点。

"进食与情绪障碍"(CW 1:4:11)也展示了正在构建中的游戏的概念。回顾他自己的发展,温尼科特意识到,在他的儿科实践中,他总能意识到"游戏在母婴之间的信任关系中发挥着作用"。在"独生子女(The Only Child)"一文中,他已经提到了儿童游戏在其发展过程中的重要性和性质,他还将其延伸到对游戏谱系的展开描述:

> 在谱系正常一端的游戏,是对内心世界生活的简单而愉快的戏剧化;在不正常的一端,游戏包含了对内心世界的否定,在这种情况下,游戏总是强迫性的、兴奋的、焦虑驱动的,更多的是感官的利用,而不是享受快乐。

除了"令人愉快"这个词外,温尼科特对正常游戏的描述与克莱因的描述完全相同(Klein, 1929, p. 202)。然而,克莱因认为"我们对正常个体的心理结构或困扰其无意识的困难知之甚少,因为精神分析的研究对象中,正常个体比神经症患者少太多了"(Klein,1975,p. 153)。而作为儿科医生的温尼科特接触过"正常家庭",并"从健康状态开始研究精神分析,而不是从疾病、病理学开始的"(Goldman,1993,p. 107)。他的早期工作就常常表明,他试图将儿童从导致错误治疗的病理诊断中拯救出来,无论是生理层面还是心理层面的,并且他的这种倾向性越来越明显。神经症儿童看起来是正常的,就像"难相处的孩子"一样,只是"觉得生活很困难"。风湿病儿童、烦躁不安的儿童、有皮肤问题的儿童也可能会觉得生活困难,他们的各种困难表现需要被理解为是处于"心理－生理边界上"的。有时,内心冲突的正常表达,即"正常的不适感",可能会通过调整环境反应而避免成为症状。比如有一个小男孩的个案,他在一个"短暂的阶段"里……如果送他去学校,让他自己照顾自己,他就会因为恐惧而在妈妈那里"捣蛋",因为他害怕自己太爱学校这件事会伤害到妈妈。这里的重点不是来自儿童的修复努力,而是环境对儿童的影响。后来,当温尼科特与克莱因及其学派分道扬镳时,他对环境的重视是一个主要因素。

温尼科特在"进食与情绪障碍"(CW 1:4:11)一文中的表达,似乎比他在获取会员资格的论文中表现得更自由,这种对比也许有些重要意义。1935年是英国学会历史上的一个分水岭,克莱因的论文"躁狂抑郁状态的心理成因(The Psychogenesis of Manic-Depressive States)"于1月提交给英国精神分析学会科学会议,开启了她的理论构建的第二阶段。克莱因搬到了伦敦之后,伦敦这个环境是赞赏支持她对前俄狄浦斯期和婴儿幻想的探索的。琼斯和学会认为她可以推动人们对前生殖器期发展的兴趣,而这种兴趣正开始将英国精神分析与维也纳精神分析区分开来。人们广泛支持她对无意识内容的扩展,支持她对内在客体的理论,但对她的偏执－分裂心位和抑郁心位的观点(尤其是后者)接受度较低。经过一段时间的热情探索,学会内部出现了分歧,英国学会与维也纳学会之间也出现了分歧。1933年，为了逃离纳粹压迫，维也纳移民抵达英国时，他们遇到了一种"不同的分析语言"（Lantos, 1966, pp. 513–514）。1934—1935年，伦敦和维也纳之间安排了交流讲座，以讨论分歧。温尼科特发现自己在学会的处境越来越难受。正如玛乔丽·布赖尔利所指出的，在1938年维也纳人到来之前，英国精神分析学会内部已经"环境恶劣"了（King & Steiner, 1991, p. 625）。这些环境可能在一定程度上解释了这样一个事实，即温尼科特在发表获取会员资格的论文后，直到1941年才向学会提交了另一篇论文。

温尼科特与当代儿童工作：对环境方面的拓展

尽管温尼科特是第一位接受精神分析培训的儿科医生，并且在儿科医生中遇到了一些反对意见，但在他接受教育和实践的时期，正处在对于儿童和婴儿的观念发生转变的时期，这种观念转变导致了教育、儿童福利和儿科方面的改革，以及进步主义教育的发展[1]。从把儿童作为一个单元来看待，转变为看作家庭中的儿童，在家庭中发展的、作为一个人[2]的婴儿，以及母婴关系。这些新的重点体现在大量的儿童照护手册中，并影响了幼儿园运动、教育心理学、儿童心理学和儿童辅导诊所。温尼科特与所有这些群体都有联系。他向全国日间托儿所学会（National Society of Day Nurseries）发表了题为"独生子女"的（CW 1:2:6）演讲；而题为"教师、家长和医生（The Teacher, the Parent and the Doctor）"（CW 1:4:7）和"儿童的羞怯和神经障碍（Shyness and Nervous Disorders in Children）"（CW 1:4:17）的演讲则是针对教师群

---

[1] 关于这一概念变化的讨论，见 Hendrick（1994, 1997）。
[2] 有趣的是，当时最受欢迎的育儿指南书之一就叫作《婴儿亦是人》（*Babies Are Human Beings*）（Aldrich & Aldrich, 1938）。

体的。他认识伊曼纽尔·米勒，也和他一起工作过，伊曼纽尔·米勒是1927年伦敦儿童辅导诊所（London Child Guidance Clinic）的负责人，温尼科特也和玛格丽特·洛温费尔德合作过，她也对躯体和心灵的关系很感兴趣，并开创了自己的游戏疗法（见Urwin，1991）。在医学领域，他认识Hugh Crichton Miller，他在1920年创办了塔维斯托克诊所，并在1926年开设了儿童部门。这些人在心理学方法上秉持折中主义，但他们在探索相同的领域。在英国精神分析学会中，有芭芭拉·洛（Barbara Low）和埃丝特尔·科尔（Estelle Cole）这样的人物，芭芭拉·洛对教育有着特殊的兴趣，埃丝特尔·科尔则将自己的小书《三分钟谈孩子》（*Three Minutes Talks on Children*，1928）献给了"所有的母亲、准母亲和其他女性"。但最重要的是温尼科特受训时一起工作的两名女性，苏珊·艾萨克斯和梅里尔·米德尔默尔。他与艾萨克斯情谊甚笃，合作密切，她对教育的意义就像温尼科特对儿科的意义一样（见Graham，2009）。应她的邀请，温尼科特从1936年开始在教育学院讲授儿童发展课程。和温尼科特一样，她擅长用日常语言与母亲们交谈。米德尔默尔则是一名儿科医生，曾在帕丁顿格林医院作为温尼科特的下属一起工作过一段时间，并于20世纪30年代中期开始进行母乳喂养观察，她于1938年在英国精神分析学会上发表了关于母乳喂养观察的报告。1941年，在她身故后，《养育的夫妇》得以出版，她的观察结果构成了温尼科特自身理论的部分背景，也是在这样的背景下，他第一次发表了"世界上只有母婴关系，而无单独存在的婴儿"的观点（King & Steiner，1991，p. 820）。

最后，在《全集》第1卷所涵盖的时期结束时，温尼科特与约翰·鲍尔比（John Bowlby）进行了合作。他们都为R. G. 戈登（R. G. Gordon）的《儿童精神病学调查》（*A Survey of Child Psychiatry*，1939）做出了贡献，鲍尔比还把论文草稿寄给了温尼科特，向他征求意见。1939年末，他们与另一位撰稿人伊曼纽尔·米勒一起，给《英国医学杂志》（*British Medical Journal*）写了一封信（CW 2:1:6），这封信后来很出名，他们提出，"幼儿单独疏散，没有母亲的陪伴，这可能会导致非常严重和广泛的心理障碍"。这时，温尼科特已经成为牛津郡政府疏散计划（Government Evacuation Scheme in Oxfordshire）的精神科顾问医生，在那里他遇到了克莱尔，她后来成为他的第二任妻子。

对温尼科特工作的赞赏和认可

尽管医学领域的同事对温尼科特的精神分析兴趣有一些敌意，但对《临床笔记》的评论大多还是正向的，尤其是西比尔·耶茨（Sybil Yates，1932）和戴维·福赛思（1933）所做的评论。福赛思称赞这是"英国儿科史上的一个里程碑……第一次在儿童疾病的产生过程中，充分认识到躯体因素以外的心理因素"（p. 176）。作为《论儿童养育》（*On the Bringing Up of Children*，1936）的编辑，约翰·里克曼将《临床笔记》纳入了他的推荐阅读清单，克莱因在她的"断奶（Weaning）"一文中承认了温尼科特的贡献（Rickman，1936，p.44）。在临床方面，温尼科特也因其精神分析圈内圈外的工作而受到认可。在儿科，他被认为是风湿病心理学方面的权威，而在精神分析方面，他的同事们（包括琼斯和克莱因）将他们自己的孩子转介给他。很快他就成为一名受训分析师，并开始担任儿童受训个案的督导。

得益于巴茨和英国精神分析学会提供的促进性环境，温尼科特反过来又为下一代儿科医生和精神分析师们提供了促进性环境，他们有人找温尼科特做分析，有人是他的团队成员，还有他的受督者。用其中一位彼得·蒂泽德的话来说：

> 他影响一代人的方式……比他和他们的学生更年轻的一代，不是靠教条式的教学，而是通过向我们揭示，我们如何教导自己了解

他人的人格。(Goldman, 1993, p.114)

参考文献

Abram, J. (2008). Donald Woods Winnicott (1896–1971): A brief introduction. *International Journal of Psycho-Analysis, 89,* 1189–1217.

Aldrich, C. A., & Aldrich, M. M. (1938). *Babies are human beings.* New York: Macmillan.

Anonymous. (1961). Donald Winnicott. *St. Mary's Hospital Gazette, 67,* 137–138.

Bearn, A. G. (2008). *Sir Francis Richard Fraser, 1885–1964. A canny Scot shapes British medicine.* Brighton: The Book Guild.

Bender, W. L. (1927). Epidemic encephalitis— Present status of etiology and treatment. *California and Western Medicine, 27,* 626–629.

Cole, E. (1928). *Three minutes talks about children.* London: C.W. Daniel Company.

Davis, J. (1993). Winnicott as physician. *Winnicott Studies, 7,* 95–97.

Davis, J. (n.d.). Where are they now?

Forsyth, D. (1933). Review of *Clinical Notes on Disorders of Childhood. British Journal of Medical Psychology, 13,* 175–177.

Garrod, A. E. (1902). The incidence of alkaptonuria: A study in clinical individuality. *Lancet, 2,* 1616–1620.

Garrod, A. (1908). Individuality in its medical aspects. *St. Batholomew's Hospital Journal,* 1908–1909 (November 16), 18–20.

Garrod, A., Batten, F., & Thursfield, H. (Eds.). (1913). *Diseases of children.* London: Edward Arnold.

Gillespie, W. H. (1971). Donald W. Winnicott. *International Journal of Psycho-Analysis, 52,* 227–228.

Goldman, D. (1993). *In search of the real: The origins and originality of D.W. Winnicott.*

Northvale, NJ: Jason Aronson.

Graham, P. (2009). *Susan Isaacs. A life freeing the minds of children.* London: Karnac.

Greenfield, J. G. (1929). The encephalomyelitis of measles. *Proceedings of the Royal Society of Medicine, 22,* 297–300.

Grosskurth, P. (1986). *Melanie Klein. Her world and her work.* London: Hodder & Stoughton.

Guthrie, L. (1907). *Functional nervous disorders in childhood.* London: Frowde.

Hendrick, H. (1994). *Child welfare: England: 1872–1989.* London: Routledge.

Hendrick, H. (1997). *Children, childhood and English society, 1880–1990.* Cambridge, UK: Cambridge University Press.

Horder, M. (1966). *The little genius: A memoir of the First Lord Horder.* London: Gerald Duckworth & Co.

Kahr, B. (1996), *D.W. Winnicott. A biographical portrait.* London: Karnac.

King, P., & Steiner, R. (Eds.). (1991). *The Freud–Klein controversies 1941–45.* London: Routledge.

Klein, M. (1929). Personification in the play of children. *International Journal of Psycho-Analysis, 10,* 193–204.

Klein, M. (1935). A contribution to the psychogenesis of manic-depressive states. *International Journal of Psycho-Analysis, 16,* 145–174.

Klein, M. (1975). *The psychoanalysis of children.* Trans. Alix Strachey, revised H. A. Thorner. International Psycho-Analytical Library No. 22. London: Hogarth Press and the Institute of Psycho-Analysis.

Lantos, B. (1966). Kate Friedlander: Prevention of juvenile delinquency. In F. Alexander, S. Eisenstein, & M. Grotjahn (Eds.), *Psychoanalytic pioneers* (pp. 508–518). New York: Basic Books.

Lawrence, C. (1999). A tale of two sciences: Bedside and bench in twentieth century Britain. *Medical History, 43,* 421–449.

Middlemore, M. P. (1941). *The nursing couple*. London: Hamish Hamilton Medical Books.

Paskauskas, R. A. (1993). *The complete correspondence of Sigmund Freud and Ernest Jones, 1908–1939*. Cambridge, MA: Harvard University Press.

Pfister, O. (1915). *The psychoanalytic method*. Trans. Charles Rockwell Payne. London: Kegan Paul, Trench, Trubner and Co.

Rickman, J. (Ed.). (1936). *On the bringing up of children*. London: Kegan Paul, Trench, Trubner and Co.

Robinson, K. (2010). A brief history of the British Psychoanalytical Society. In P. Loewenberg & N. Thompson (Eds.), *100 years of the IPA. The centenary history of the International Psychoanalytical Association 1910–2010: Evolution and change* (pp. 196–227). London: Karnac.

Rodman, F. R. (2003). *Winnicott. Life and work*. Cambridge, MA: Perseus Publishing.

Sutherland, G. A. (1919, January 4). Obituary. *British Medical Journal, 1919*, 29.

Turnbull, H. M. (1928, August 25). Encephalo-myelitis in virus diseases and exanthemata. *British Medical Journal, 1928*, 331–334.

Urwin, C. (1991). Child psychotherapy in historical context. *Free Associations, 2*, 371–394.

Waddington, K. (2003). *Medical education at St Bartholomew's Hospital 1923–1995*. Woodbridge, Suffolk: Boydell.

Winnicott, C. (1978). D. W. W.: A reflection. [CW 12:X:X]

Winnicott, D. W. (1926). Varicella encephalitis and vaccinia encephalitis (with N. Gibbs). [CW 1:2:1]

Winnicott, D. W. (1927). The only child. [CW 1:2:6]

Winnicott, D. W. (1929). The diagnosis of chorea. [CW 1:2:16]

Winnicott, D. W. (1930). Contribution to a discussion on "The difficult child." *Proceedings of the Royal Society of Medicine, 23*, 573–585. [CW 1:4:4 (footnote i)]

Winnicott, D. W. (1930). Pathological sleeping. [CW 1:2:19]

Winnicott, D. W. (1930). Short communication on enuresis. [CW 1:2:18]

Winnicott, D. W. (1931). *Clinical Notes on Disorders of Childhood*. [CW 1:3:1–20]

Winnicott, D. W. (1936). Contribution to a discussion on enuresis. [CW 1:4:9]

Winnicott, D. W. (1936). Contribution to "Neurosis in the child." *British Medical Journal, 1936*, 94. [CW 1:Introduction (footnote vii)]

Winnicott, D. W. (1938). Shyness and nervous disorders in children. [CW 1:4:17]

Winnicott, D. W. (1938). Skin changes in relation to emotional disorder. [CW 1:4:18]

Winnicott, D. W. (1939). The psychology of juvenile rheumatism. [CW 2:1:7]

Winnicott, D. W. (1941). The observation of infants in a set situation. [CW 2:3:6]

Winnicott, D. W. (1958). Appetite and emotional disorder [1936]. [CW 1:4:11]

Winnicott, D. W. (1958). The antisocial tendency [1956]. [CW 5:2:8]

Winnicott, D. W. (1958). The manic defence. [1935]. [CW 1:4:6]

Winnicott, D. W. (1965). A personal view of the Kleinian contribution [1962]. [CW 6:3:8]

Winnicott, D. W. (1971). *Therapeutic Consultations*. [CW 10]

Winnicott, D. W. (1988). *Human Nature*. [CW 11:1]

Winnicott, D. W. (1989). D.W.W. on D.W.W. [1967]. [CW 8:1:2]

Winnicott, D. W. (1996). Child psychiatry: The body as affected by psychological factors [c. 1931]. [CW 1:2:23]

Winnicott, D. W. (1996). The teacher, the parent and the doctor [1936]. [CW 1:4:10]

Yates, S. L. (1932). Clinical notes on disorders of childhood. *International Journal of Psychoanalysis, 13*, 242–243.

克里斯托弗·里夫斯

第3篇

"由二合一，而一生二"

早期情绪发展，1939—1945

《**全**集》的第 2 卷收录了温尼科特在第二次世界大战即将爆发的那几年以及第二次世界大战期间的著作。在这一时期出现的两篇主要理论文章，就像是两个可以反映温尼科特关于婴儿期的思考进展的便捷标准。其中，第一篇文章是"在设定的情境中观察婴儿"（CW 2:3:6）。尽管首次出版时间为 1941 年，但本文是以温尼科特在战争爆发前的那几年里，于帕丁顿格林儿童医院担任儿科负责人期间通过咨询工作收集到的临床材料为基础的。第二篇文章是"原始情绪发展"（CW 2:7:8）。温尼科特于战争结束后不久的 1945 年，在英国精神分析学会宣读了本文。"儿科咨询（Child Department Consultations，1942）"（CW 2:4:2）和"童年阶段的眼部神经官能症（Ocular Psychoneuroses in Childhood，1944）"（CW 2:6:15）是温尼科特在这一时期撰写的另外两篇文章，后来被发表于他在 1958 年出版的《论文集》中。尽管文中多少还是有一些令人感兴趣的部分，但就温尼科特理论发展的总体轨迹而言，这两篇文章仍被算作相对次要的作品。

欧洲的战事、战前的征兆、战争带来的社会影响以及战后的政治余波，为这一阶段提供了另一重框架。纵观温尼科特的整个职业生涯，再没有哪一个阶段能像第二次世界大战期间那样，如此强烈地被公共领域内发生的事情影响；也找不到第二个阶段，让他的兴趣和产出如此严重地受到公共事件的结果影响。温尼科特是在 1945 年 11 月将他的论文"原始情绪发展"（CW 2:7:8）呈报给一众身为精神分析师的同僚们的。他在一开始就宣称这篇讲稿的基础是他在刚刚结束的战争期间，和多达十几个精神病性患者进行分析性工作的经历。事实上，这样的开场给听众带来的吃惊可不是一点半点。温尼科特观察到，由于自己全身心地聚焦于上述工作，使得他"几乎没有注意到闪电战，（因为我）一直在分析那些精神病性的患者，而他们对于爆炸、地震和洪水抱有一种众所周知且令人抓狂的毫不在意的态度"。

温尼科特在此将自己描绘成一个从外在争端中撤退的人。他几乎排除了所有其他的专业问题，一心一意地将全部精力投入到对一小群重症患者的长程分析性治疗中。如果我们回过头看，他在当时发生的那场对精神分析界造成了消耗的事件中也表现出了相似的愿望——尽管事件的类型不同，但温尼科特同样选择远离正在发生的冲突。20年后，在另一个不那么正式的、以精神分析师为听众的演讲中，他提道：

> 当人们在为克莱因的权利而战的时候，我只对于战争期间发生的这场毁掉了我们所有科学会议的长长的论战感到困惑。（我知道）论战势在必行，但我对此无动于衷；我对此一无所知，并且完全置身事外。（CW 8:1:2）

《全集》第2卷中包含的文章对上述两种说法的准确性提出了质疑。温尼科特似乎在有意构建一种有关自己第二次世界大战期间的职业活动与专业经历的叙事。很可能会有人感到好奇，想要知道为什么上述叙事看上去和他的信件、日记、记录、著作中所呈现的证据以及他的同僚们在当代的回忆是不一致的。鉴于本文是对于温尼科特在那个阶段的写作成果的介绍，并非他的生平传记，因此我只需在此记录显而易见的差异，并关注现有的事实与档案就足够了。而在这么做的时候，我们注意到他在这些年间撰写了大量的作品，但在他引用的说明性案例材料里，没有任何一条出自他与确诊的精神病性患者的治疗。最接近与精神病性患者工作的材料是一些在临近战争爆发时出现的各种零碎的临床片段。显然，温尼科特草草记录下这些内容是为了自己事后反思之便，或者是出于接受督导的目的而记录下了这些内容所描述的细节（出于这种目的，在1939年，他仍在接受梅兰妮·克莱因的督导）。至少，对温尼科特在这一时期进行了大量针对精神病性患者的治疗这一说法,它们远不足以提供无可辩驳的证据。

唐纳德·温尼科特在1938年的时候迈入了自己人生的第42个年头。彼时的他是一位著名的儿科医生顾问,还已经出版了一本受人尊敬但也颇具争议的有关常见儿童疾病的心理方面议题的教科书。与此同时,自1935年获得英国精神分析学会会员资格以来,他在临床方面的声誉得到了迅速增长。当时,温尼科特也算是克莱因的追随者中的一员,而在那个圈子里,他声望的增长尤为显著。不过,普通百姓对他就没什么了解了。但到了世界大战结束的时候,事情变得不一样了。因其广受欢迎的英国广播公司(British Broadcasting Company,简称BBC)电台广播,温尼科特成为英国家喻户晓的名字。这些广播详述了全国性的疏散计划给个人和家庭带来的苦难,以及被疏散者及其家人重返家园时体验到的慰藉与面临的挑战。作为公众眼中正常儿童发展以及病理性儿童发展方面的心理学权威,温尼科特受邀和后来成为他第二任妻子的克莱尔·布里顿一起向柯蒂斯委员会(Curtis Commission)呈报了证据(CW 2:7:9)。柯蒂斯委员会是个受政府任命的机构,旨在向战后的工党政府提出未来的儿童照护条款。这些(努力)最终体现在了1948年出台的"儿童法(Children Act)"中。该法案与1944年的"教育法(Education Act)"以及1947年的"国家卫生服务法(National Health Service Act)"一起为这个新的福利国家奠定了基石。事实证明,对于确定战后儿童服务的最终形式而言,温尼科特和布里顿的建议与投入是极为重要的,特别是在辨识此后出现的儿童事务官员的关键作用这一点上。

与此同时,温尼科特已经开始在从事精神分析的同僚中享有"独立思考的理论家"的美誉。特别是在让安娜·弗洛伊德和梅兰妮·克莱因两位的追随者们持续相持不下的、有关婴儿心灵的天性与发展这一有争议的议题方面,温尼科特的"独立"之名尤为明显。到1945年的时候，在一些同行看来，温尼科特新颖的构想与表述似乎指出了一条介于安娜·弗洛伊德和梅兰妮·克莱因阵营之间的可行道路，面对威胁到英国精神分析学会作为一个统一组织的未来的僵局，温尼科特新颖的构想与表述也提供了一个理念上可行的解决方案。温尼科特凭借自己的能力让自己成为权威。然而，在又过去了10年之后，他才在英国境内得到与他在国外获得的认可相匹配的地位。第2卷中收录的文章描绘了他从获得专业领域的认可到赢得全国尊重这一段人生轨迹的前半部分。

如前所述，战争的到来在这一转变中发挥了不可预见但至关重要的作用。1939年6月，正当英国与德国的武装冲突迫在眉睫的时候，英国精神分析学会的科学秘书爱德华·格洛夫（Edward Glover）对那些有资格服役的同行们进行了调查，以了解他们对战争一旦爆发时的情况所做的打算。温尼科特最初的冲动似乎是重新加入海军。他曾在第一次世界大战期间以临时外科医生的身份在海军服役9个月。但他重返海军的计划并未成真。他转而服务于英国政府在1939年9月战争爆发时以维持民众士气为目的而成立的国家宣传部。

正是这一举动让温尼科特受邀录制了他的头两档，分别名为"战争中的孩子（Children in the War）"以及"被剥夺的母亲（The Deprived Mother）"的广播节目。在宣战前夕，首次大规模疏散儿童后不久的1939年秋天，BBC的国内服务频道播出了这两档一经问世就引起了公众广泛共鸣的节目。这为温尼科特在战时以及战后几年制作的一个系列节目打了头阵。在《全集》第2卷（CW 2:2:4；CW 2:1:4）中收录的两篇同名文章是对广播节目内容进行扩充后的版本。

在他的广播节目中，温尼科特在不积极主动地拥护疏散计划的同时，也小心谨慎地不对此予以谴责，因为后者并不符合他作为公共事务服务人员的职责。不过，在同一时期，鲍尔比起草了一封信件。他在信中对中央政府和地方当局规划以及推动疏散计划的方式提出了尖锐的批评，而温尼科特和儿童精神病学家伊曼纽尔·米勒两人都在信尾署上了自己的名字。他们三人认为，将幼儿从父母身边带走以保护他们免受轰炸威胁这一举措，会在心理层面带来有害的后果，并特别批评了规划公众事务的官员对此的漠不关心。在出版时被收录于《全集》第2卷（CW 2:1:6）的这封信最初发表于《英国医学杂志》。鲍尔比最初的计划是让《泰晤士报》（*The Times*）发布［他与自己的友人、工党议员埃文·德宾（Evan Durbin）联合撰写的］该信更早的一版初稿。这样的话，这封信很可能会带来更大的影响。然而，《泰晤士报》拒绝发表原版信件，而这显然是因为信中批判的语气破坏了政府为鼓吹"花衣魔笛手行动（Operation Pied Piper）"（组织者给这个大规模疏散计划起了一个多少有点模棱两可的代号）所做的宣传努力。该信对政府的想法产生的影响（如果有的话）具体如何或未可知。

尽管已有了一个全新的公众形象，但温尼科特仍愿意让这封信牵涉自己的举动也许了代表了他想要和年轻的鲍尔比和解的姿态——毕竟就在几个月前，温尼科特还曾试图阻止鲍尔比获得英国精神分析学会正式会员的身份，尽管他最终并未得偿所愿。在那个时候，争论的焦点在于鲍尔比资格申请论文的内容。这涉及在说明儿童障碍的发生心理学*（psychogenesis）时，"环境因素"是不是一个应予以考虑的相关因素，以及在学会的临床报告（特别还是资格申请报告）中强调"环境因素"是否合适。尽管鲍尔比认为这是一些根本性的因素，但克莱因取向的同僚们以及温尼科特本人并不这么认为[1]。不过，鲍尔比随后对疏散计划的心理伤亡的认识与了解，很快就说服了温尼科特。

在1939年底的时候，温尼科特出乎意料地发现自己居然有了充足

---

* 发生心理学是研究心理状态、特质与功能的起源于发展的一门学科。——译者注
[1] 参见 Rodman（2003）以了解温尼科特和鲍尔比两人对"环境"这一概念的不同看法。Eric Rayner 撰写的《英国精神分析中的独立思想》（The Independent Mind in British Psychoanalysis, 1991）也提供了有用的相关综述。

的时间。他在公共医学领域从业的主要场所，即帕丁顿格林儿童医院，在疏散后被迫关闭了。直到两年后闪电战结束之后，医院才完全重新开放。与此同时，精神分析研究所儿童部的转介已经停止了，他在教育学院的教职同样也被搁置了，他还在几个月前辞去了在女王儿童医院的职位。除此之外，他的分析师琼·里维埃在宣战之后就留在了英国的苏塞克斯（Sussex），直到20世纪40年代才返回伦敦继续执业；而他的督导梅兰妮·克莱因为了躲避轰炸的威胁，先后移居到了英格兰的毕晓普斯托福德（Bishop's Stortford）和苏格兰。不仅如此，温尼科特自己的一些接受精神分析的患者也终止或暂停了他们的治疗，其中就包括了梅兰妮·克莱因的儿子埃里克以及玛丽昂·米尔纳的丈夫丹尼斯（Dennis）。

温尼科特很可能是在这段闲暇时期将注意力转向了写作。虽不可能百分之百地确定，但一个看似合理的说法认为，正是在这个阶段，温尼科特撰写了"关于'儿科医学与儿童心理学的关系'的备忘录（Memorandum on 'The Relation Between Clinical Paediatrics and Child Psychology'）"（CW 2:5:3）以及"儿科咨询"［1942（CW 2:4:2）］这两篇文章。其中前者被他于1943年提交给了英国儿科协会（British Paediatric Association）；而后者是他从主任的视角出发，对精神分析研究所儿童部在一年的时间里接收的儿童案例的回顾。温尼科特于1942年6月在英国精神分析学会科学会议上宣读的一篇论文的主题就是以"儿科咨询"为基础形成的。在这些文章里，你找不到任何与战争、轰炸或毁坏有关的痕迹——它们既不是促成明显紊乱的原因，也不是导致完整的分析无法被提供的实践性障碍。上述痕迹的缺失表明温尼科特选择了战争爆发前的案例进行回顾。

当这篇文章被提交给学会的时候，大家心里都还在想着因论战而引发的更具冲突性的话题，而此文被学会的成员们当成是一个可供大家讨论的、令人愉悦的非争议性话题（这可能是有意为之的结果）。尽管如此，这篇文章本身还是很有趣的，因为它是一个初期迹象，标示了温尼科特在评估和提供分析性治疗的灵活性方面的新发现——即他认为决定治疗频率的因素应该是需求和情境，而非凌驾于一切之上的、对分析性治疗的普遍有效性关乎分析频次的信念。因此，这篇文章标志着一个重大转变，温尼科特不再坚持那个多年后被他描述为自己先前认定的观点，即无论治疗要求家庭在经济和实践层面付出多少，"只有每周5次，并且在需要的情况下持续进行"的治疗才会起效［参见"作为治疗的住院照护（Residential Care as Therapy，1984）"（CW 9:2:9）］。

1939年末和1940年初是温尼科特职业生涯中相对平静和沉寂的一个阶段，而这大致与后来被定名为"假战（the phoney war）"的历史事件时间一致。在此期间，玛乔丽·富兰克林（Marjorie Franklin）博士联系上了温尼科特。作为一名对分析原则在治疗性教育中的应用特别感兴趣的分析师，富兰克林试图邀请温尼科特成为位于牛津郡比斯特（Bicester, Oxfordshire）的一家青年旅社的客座精神科医生。该住宅楼由一个名为Q营（Q Camps）的组织所管理。Q营受到了玛乔丽·富兰克林博士以及与她志同道合的同事们的支持，并由在治疗性社群这一领域具有超凡魅力的先驱戴维·威尔斯（David Wills）经营。在那之前，萨福克郡（Suffolk）曾办过一个治疗性社区营，但因缺乏财务支持而倒闭关停了。而比斯特的这家青年旅社是当时新近成立的，威尔斯很不情愿地接管了负责人一职。这家旅社是牛津郡议会的财产，此前这里是济贫院。在旅社内居住的既有之前就在治疗性社区的成年居民，也有各种更年轻的无法安置且别无他处可去的被疏散人员，其中后者是被当地政府下设的负责牛津郡和毗邻县疏散接待的部门安置过来的。

起初，温尼科特拒绝了富兰克林的邀请，但由于确实没有其他可行的工作，他最终还是在她的劝说面前让步了。因此，一段他自己也承认具有变革性的经历就从1940年1月开始了，并适时地导致了他对于牛津郡疏散计划的大量介入。不同于温尼科特本人以及其他人后来给出的说法，记录显示温尼科特最初并未被比斯特当地政府聘为顾问（Fees，2010），而是在那年春天戴维·威尔斯突然离开之后才开始担任这一职位的。这一接任是在Q营委员会经历了一段令人担忧的时期之后发生的。当时，牛津郡当局坚持认为应该由他们来选定接替威尔斯的人选，而不是接受温尼科特和富兰克林提名的人选。当局的这一态度是构成Q营委员会当时困境的部分原因，也引发了富兰克林对政府干预的愤慨并导致她最终脱离了该项目。然而，温尼科特选择与郡议会新任命的监督员，以及当局委派的精神科社会工作者合作，以确保该机构能够更符合其良好管理运营的理念。尽管温尼科特因两人的分道扬镳而与富兰克林有些疏远，但正如在《全集》第2卷中首次出版的一封致富兰克林的信件（CW 2:6:12）所示，他也在后来表达了对她的感谢——感谢她将自己引入了这个治疗性社区项目，特别是感谢她引荐自己结识了戴维·威尔斯。温尼科特在多年后称，正是在威尔斯的榜样作用和教导之下，自己才第一次开始了解和被剥夺的、见诸行动的儿童进行真正的治疗所涉及的内容。

在比斯特设立的机构最终于1941年4月被关闭了，取而代之的是一家直接受牛津郡议会管控的青年旅社。在转而"效忠"这家新的单位以及与新近被指派来与他合作的精神科社工克莱尔·布里顿首次会面之前，温尼科特向赞助比斯特的青年旅社运营的委托人写了一份结业报告。这份迄今从未被出版过的文件也已被收录到了本卷之中（CW 2:7:9），因为它提供了一些洞见，让我们可以了解具有挑战性且往往较为混乱的治疗性社区实验——尽管比斯特的这个实验是短暂的——在多大程度上塑造了温尼科特对于犯罪以及匮乏的理解：他不再只将它们作为个人或社区层面的议题看待了，还开始思考他们对于社会所造成的更大的影响以及潜在的启示。这一主题在他此后撰写的关于该话题的文章中时常被反复提及。

尽管这一时期发生的多数事件都已经在历史的长河中被遗忘了，但

078

温尼科特参与牛津郡疏散青年旅社计划的后期历史是广为人知且被记录在案的,而这都多亏了布里顿在不同的时间点所提供的描述。正如她后来所回忆的那样,她最初是受牛津郡任命去帮助指导他人职务的,而这个所谓的他人就是"(那个)每周都会来、不喜欢社会工作者、把事情搞得一团糟、难以对付但全心全意奉献的医生"(Winnicott, 1982)。布里顿这样一位热情洋溢且能干的合作者的出现带来的影响之一,就是让温尼科特对精神科社会工作者的作用有了越来越多的欣赏。此前,他对于社会工作者一职有着诸多贬低。他也同样轻视整个"儿童指导"组织机构,因为在他看来,这不过是个肤浅且非分析性的美国舶来品罢了〔关于这一点,可以参见他在1937年对利奥·坎纳(Leo Kanner)的《儿童精神病学》(Child Psychiatry)所撰写的评论文章的结语部分(CW 1:4:14)〕。温尼科特曾在1943年1月进行过一个名为"一名医生眼中的精神科社会工作者(A Doctor Looks at the Psychiatric Social Worker)"(CW 2:5:1)的演讲。在这个迄今为止尚未出版过的讲稿中,温尼科特的语气显得更为谦恭了,明显地显示了布里顿在软化温尼科特态度方面所起的作用。不过,尽管她的角色和能力得到了越来越多的认可(这也反映在他愿意与她合作撰写几篇描述他们共同努力的联合论文一事上),但在这个演讲中,温尼科特也直截了当地表达了在他整个职业生涯中未曾改变过的一个观点,即"单打独斗"要优于"临床团队"协作。

与此同时,虽然远在战场上的战事仍在进行,并间接地为温尼科特提供了新的责任与视野,但近在眼前的职业与个人层面的冲突的发生为他带来了不输前者的影响和挑战。这些冲突以英国精神分析学会为中心,并一直持续到了战争的结束。冲突的来源很复杂,交织着科学问题与个人议题(King & Steiner, 1991)。首先,是梅兰妮·克莱因及其追随者与以安娜·弗洛伊德为首的、近期从维也纳和柏林流落而来的精神分析难民之间旷日持久的科学争论。其中后者强烈地反对他们眼中以伦敦为中心的克莱因"集团"的学说异端。双方之间的理论冲突是多方面的，最终几乎把整个精神分析学会都给牵扯了进来。雪上加霜的是与此同时出现的一种不满情绪。尽管这种不满是普遍的，但主要是由新一代的英国精神分析师专门出来发声——他们对于英国精神分析学会及其下设机构自20年前建立伊始就存在的机构层面的保守主义感到不满，这种保守主义来自掌权、监管培训以及单方面决定的政策。这里所概述的状况正是后来被温尼科特称为"让他感到心灰意冷"的冲突的背景。

确实，不同于克莱因集团的其他重要成员，温尼科特并没有直接参与指向安娜·弗洛伊德及其周围人的争论中。在这场旷日持久的、旨在解决并希望可以调解双方科学立场差异的论战期间，温尼科特（尽管受到了敦促，但）并没有提交任何声明自己理论立场的文章（King & Steiner, 1991）。从这个意义上说，他是一个"非战斗人员"。不过，在几乎所有表达这些争议和不满的会议上，确实都能见到他参会的身影。此外，温尼科特还起草了"论精神分析中的科学目标（On Scientific Aims in Psychoanalysis）"一文（CW 2:4:1）。这篇文章与他1942年2月在第一次特别商业会议上提出的一项议案有关，他在此后一个月举行的第二次特别商业会议上，向英国精神分析学会呈报了这一议案。他在其中向学会的成员们提出了倡议，希望大家无论信仰为何，都应尊重弗洛伊德所开创的精神分析事业的基本科学目标，并指出这也是学会章程所做出的承诺——即在精神分析领域内支持观点不受限制的表达，且允许科学而非教条来决定学会未来的进步与发展。在当时盛行的狂热氛围中，身处敌对阵营的成员们似乎并没怎么关注温尼科特的劝告。尽管他小心翼翼地将梅兰妮·克莱因本人从他对派系斗争的指控中给摘了出来（实际上，她已经答应去附议他的议案了），但他还是开始体验到了和克莱因之间的首次疏远——即便还没发展到针对个人的层面，至少也是专业领域不和的暗示了。对温尼科特而言，这并不是什么令人愉快的觉察。将近10年来，克莱因一直都是对他的精神分析思想产生主要影响的存在。当时，早期婴儿情感体验的复杂性在很大程度上是被传统的精神分析所忽视的，其程度和当时因循守旧的儿科以及儿童心理学对其的忽视程度相当。而在温尼科特试图记录和描绘早期婴儿体验的情感复杂性时，克莱因就像是护身符一样的存在。因此，远离如此重要的导师的过程是渐进且断续的，也就不足为奇了。

当时的一些状况，只能被称为温尼科特和克莱因及其追随者之间公开的裂痕的最初迹象。不过，在10年后，我们只能通过温尼科特在这段时间的著作来间接推测或通过其文章的暗指来搜集裂痕最初的印记了。直到20世纪50年代初，温尼科特才明确且公开地提出自己与克莱因之间的理论分歧。在相对早的阶段里，这些分歧更多表现在他选择的写作主题以及他讨论这些主题的方式上，而非公开表达对克莱因学说的反驳。在这一点上，温尼科特于1941年撰写的"在设定的情境中观察婴儿"（CW 2:3:6）一文占有极其重要的地位。本文最初是在同年4月的英国精神分析学会科学会议上，以"对婴儿哮喘及其与焦虑的关系的观察（Observations on Asthma in an Infant and Its Relations to Anxiety）"为题发表的。（哮喘是他在这个时期全神贯注的一个主题，而他的其中一名患者就是他的朋友兼未来同行玛丽昂·米尔纳那患有严重哮喘的丈夫。）尽管在本文已出版版本中，有两个被引用的案例都是在特写患有哮喘的儿童，但文章的核心重点与临床关系不大，更多在于其观察性与理论维度。首先，他描述了当年幼的儿童和母亲一起在他的诊室里看到一个亮闪闪的压舌板和一个碗，并被允许触摸的时候，（儿童）会表现出的典型行为。他识别出了游戏性接触的三个阶段：最初的犹豫（hesitation），接下来的侵占（appropriation），以及最终的摆脱（riddance）。尽管犹豫的决定因素引发了大量详尽的关注，但犹豫这个阶段的存在是不言自明的。按照温尼科特的说法，通常情况下，将第二阶段和第三阶段区分开的是一个特定的特征——如果在第二个阶段试图将压舌板从儿童手上拿下来的话，儿童会反抗并试图抓住压舌板；而在第三个阶段，儿童会允许压舌板自然地掉落，或是扔掉压舌板且不力图取回它。在文章的最后部分，温尼科特专门用了较长的篇幅对第一阶段和第三阶段的无意识含义进行说明。与此相关的是一段讨论，关注了儿童对待压舌板的典型方式中呈现出的对婴儿焦虑的表达及其所谓的起源（在讨论的最后，他认为压舌板代表了母亲的乳房）。在此出现的一个重要但也有问题的点在于，文中似乎有两个平行的说法相互交织在了一起，虽然存在两种说法以及两者在某些节点上存在分歧的事实仍未得到承认。在一种说法中，被强调的是儿童与喂养的母亲的真实关系，以及母亲与儿童的真实关系。此外，还提到了最初的贪婪、矛盾情感，以及对丧失被内化的母亲的恐惧会在最终的摆脱（riddance）阶段让位于另一种状态，即儿童做好了接受母亲间歇性的缺席或是母亲不可用／不可及的准备。我认为这是他对压舌板这一主题进行描述的理论支柱。而在另一种说法中，儿童在幻想中体验到的对内在母亲的破坏性的恐惧（通过因嫉羡而攻击母亲乳房和父亲阴茎的过程来表达），以及为防止丧失而表现出的强烈的修复愿望，则被赋予了更重要的地位。在这种说法中，对于最后一个阶段——即婴儿与压舌板分开的阶段——的无意识动力，温尼科特是通过阅读经典实例——即梅兰妮·克莱因对弗洛伊德外孙玩棉线轴一事的解读——来予以诠释的（1932）[1]。在这两种说法中，前者以婴儿毫不在意地摆脱"内在母亲"告终，而后者则在婴儿焦躁地修复受损的内在母亲中结束。两种不同说法的同时存在，让本文的结论多少有点模棱两可。

很可能的是，这篇文章不仅在原因的解读上存在多样性，而且文章在形成过程中的输入方也是多样的，而这也许可以解释其结论部分弥漫的模棱两可的氛围。英国精神分析学会的出席记录显示，温尼科特给出

---

[1] 有关焦虑和自我的详细说明，请参见《儿童精神分析》（1932）中刊登的梅兰妮·克莱因的文章"早期焦虑情境在自我发展中的意义（The Significance of Early Anxiety-Situations in the Development of the Ego）"。

上述演讲的时候，克莱因并不在场。不过，她在那个时候与温尼科特的往来信件充分证明，她坚持认为后者应该在科学交流中密切地反映她的学说。在这个阶段，克莱因实际上把温尼科特看作了她在英国精神分析学会事务方面的代言人，也让他知道了很多事情。出于这一原因，当温尼科特在讲座结束后把原稿发给她的时候，克莱因把稿子在手上攥了3个月。在此期间，她对文本进行了多处修改，并增补了不少内容，以便把她认为"你是想说……"的内容给填上（Rodman，2003，p. 123）。与此同时，在写给苏珊·艾萨克斯的信件中，她私下对温尼科特没有提前将论文发给她进行审查，以"避免失误"的事实表示了叹惋与遗憾之情。因此，对本文最终发表的版本中呈现出的模棱两可状态的一个合理解释是，温尼科特并没有对她自说自话的编辑性干预提出反抗，而是默许了克莱因部分或全部的修改。对这些详细的文本问题的全面讨论超出了我们这篇介绍性文章所能涵盖的范围，但有兴趣的读者可以去查阅另一篇论文，其中更详细地讨论了与温尼科特这篇文章所包含的理论概念有关的作者身份、所有权和分配的问题（Reeves，2005）。

撇开这个问题不谈，尽管文中偶尔也有些晦涩难懂的地方，但这篇文章代表了一个中间但重要的阶段。经过这个阶段后，温尼科特最终形成了属于他自己的独特立场，即关注婴儿以及幼儿生命中的内在和外在体验之间的相互关系，以及在两种体验结合的时候过渡性客体所扮演的角色[1]。此外，摆脱（riddance）这一主题是在此文的最后一节中被首次勾勒出来的，但在他随后的科学论文中几乎未曾再次涉及这个话题。不过，在温尼科特关于不同类型治疗努力的目标与结果的思考中，"摆脱"产生了无所不在的潜在影响，并成为他生命最后几年中的一个明确且具有决定性的议题。

---

[1] 有关温尼科特和克莱因两人在理解上的差异的详细讨论，可参见 Rodman（2003，第11章）。

温尼科特这一时期的第二篇重要文章是"原始情绪发展"（CW 2:7:8）。此文是他的发现之旅与自我发现之旅中的另一个重要里程碑。对温尼科特而言，这种并不常见的摘要式的标题是一种权威声明——他对被克莱因视为她实际领土的领域提出了权威式的所有权声明。文章的开场是谦虚的，他说"在原始情绪发展这个问题上，还有很多不为人知的部分，至少是不为我知的部分"。但这个谦虚的开场免责声明只能部分抵消文中大胆的表达。

他的公众地位表明这种谦虚是个假象。1945年11月，当他在英国精神分析学会的一次会议上宣读这篇文章的时候，温尼科特刚刚完成了一个非常成功的系列广播节目。该节目以家长——特别是母亲——作为目标听众，关注的是育儿方面的问题。这些构成了他后来出版的书籍《孩子与家庭》[1]（*The Child and the Family*, 1957）的核心。尽管他并没有过一子半嗣，但他在用普通人可以理解的语言谈论对他们而言有意义的家庭经历时，显示出了信心以及权威。此外，他与自己的同行、儿

---

[1] 在1945年11月宣读"原始情绪发展"一文之前的两年内，温尼科特播出了《孩子与家庭》（1957）一书中的8个章节。其中包括1943—1944年期间以"了解你的宝宝（Getting to Know Your Baby）"为题的7次广播节目["了解你的宝宝"（CW 2:5:8）、"婴儿为何哭泣？"（CW 2:6:2）、"父亲呢？（What About Father?）"（CW 2:6:8）、"他们的标准与你的标准（Their Standards and Yours）"（CW 2:6:9）、"我们所说的'正常的孩子'是什么意思？（What Do We Mean by a Normal Child?）"（CW 2:6:10）、"对正常父母的支持（Support for Normal Parents）"（CW 2:6:11）以及"婴儿喂养（Infant Feeding）"（CW 2:6:13）]，以及1945年的7次广播节目中的2次["独生子女"（CW 2:7:1）和"双胞胎（Twins）"（CW 2:7:2）]。1945年余下的几次广播的内容，其中关于家庭在战争期间的经历的内容被发表在了《孩子与外部世界》（*The Child and The Outside World*, 1957）一书中，而关于"新生儿（The New Baby）"的两次广播从未被发表过。在《全集》第12卷《原版广播讲稿》（*Original Broadcast Scripts*）（CW 12:3:4a; 12:3:4b）中收录了这两次节目的内容，作为上述内容的首次呈现。想要了解温尼科特广播节目完整清单的话，可以参见（CW 12:3:2）。在第12卷的引言部分（CW 12: 引言）以及Anne Karpf对温尼科特音频材料的播客介绍中，都包含了对温尼科特的广播节目那段历史的详细讨论。

科医生兼精神分析师梅里尔·米德尔默尔的著作重新建立了联系。1942年,后者过世后出版的《养育的夫妇》(1941)一书受到了温尼科特热情洋溢的评价。作者在书中强调——首先仔细观察婴儿吃奶的行为,再随后对此进行仔细分类——这两者的价值,温尼科特对此给予了赞赏。总之,这是个温尼科特完全有能力着手研究的主题。克莱因曾表态,自己在确定精神分析的议题时,致力于关注以证据引导理论的重要性。或许温尼科特也受到了克莱因这一态度的鼓舞〔毕竟,是她支持了他在1942年提出的议案(CW 2:4:1)〕。从这篇文章目标明确的主旨来看,似乎存在一种对角色变化的渴望:不再是克莱因劝说温尼科特去表达她的观点(就像是她对他压舌板那篇文章所做的那样),现在变成了他试图劝服克莱因及其追随者——在他能够列举出的证据面前,劝他们重新评估其理论阐释中,认为婴儿有关母乳喂养的幻想的起源中存在嫉羡与焦虑的说法。他采用的语气是权威的,但不是咄咄逼人的独断。他希望做到的是说服而非挑战。温尼科特还曾在另一个场合里谈论道:"人们常常会觉得:如果你都不知道的话,我怎么能告诉你呢?〔'平凡而奉献的母亲(The Ordinary Devoted Mother)'(CW 7:3:3)〕"他从经验中认识到,自己是能够与普通母亲交流的,因为在某种程度上他告诉她们的是一些她们已经知道的内容,只是她们没有意识到自己已经知道了的这个事实。同样地,在这篇文章中,他或许也希望自己能够从类似的起点开始进行交流,但事与愿违。(两种境况的)不同之处在于,尽管普通的父母愿意相信他的洞察力,因为他能够清晰地表达他们迄今为止只部分理解了的内容,但他精神分析师同行中的许多人却并没有对他投以这种信任。

这篇文章的起源有两个方面。其中的一个来源是被温尼科特的分析师里维埃强烈反对的一种珍贵愿望,即划定一个类别标准,以便在确定个体的精神病理学状况时,对不同的环境性影响予以分类。也许正是出于这一愿望,他才没有在标题中选用克莱因常用的措辞——"婴儿（的）"或"早期（的）"，而是选择了"原始（的）"这一形容词，以表达婴儿的饥饿和攻击性中所包含的单纯且不世故的无情性。这也许同样可以解释温尼科特那种相当令人困惑的，允许论证从临床的方向转向观察、再转向理论，然后再次回过头来的方式（尽管我们得承认温尼科特的这种写作风格并不仅限于本文）。温尼科特对于精神病理学的理解或许可以合理解释这些突然的转向。在温尼科特看来，精神病理学中首先且最为重要的一点，在于婴儿期未被满足的需求会导致不成熟的婴儿式心理，这种不成熟的心理的表达及其渴求在成人身上会以伪装的形式显露出来。基于这一基本前提，温尼科特得出了如下结论：在治疗中，患者自身的心理运作会以不同的方式将自己呈现给分析师的无意识——无论这种呈现是来自一个完整的个体、一个失整合的个体，还是一个未整合的个体（即根本不是发自一个真正协调的自体）——其具体的呈现方式都既在表明患者最早期的体验的性质，又可归因于其最早期的体验的性质。因此，精神病理学和儿童发展应被视为同一现象的两个不同方面。

推动了本文诞生的另一个可能的原因则具有偶然性。1944年3月，在"有关科学性差异的讨论（Discussion of Scientiffc Differences）"（的论战）中，克莱因递交了"关于婴儿情绪生活的一些理论性结论（Some Theoretical Conclusions Regarding the Emotional Life of the Infant）"一文（论战的成果以及本文于1952年发表）。温尼科特介入了随后的公开讨论，并对使用"抑郁"这一术语去描述婴儿断奶的感受的恰当性提出了反对意见。他反对的地方在于，这个阶段的婴儿还不能被视为一个完整的人，因此认为它拥有抑郁的情绪并不恰当。似乎正是在这个场合，温尼科特第一次说出了在他随后的著作中多次出现，并被不时重复的名言——"根本就没有（单独的）婴儿这回事，有的只是母亲与婴儿（这一整体）。"这次会议的记录表明，上述说法招致了一定程度的不理解，温尼科特被要求对这一说法的含义做出更全面的解释（King

& Steiner, 1991, p. 820)。我们可以因此而看出,温尼科特文章的一个次要目的在于,提供一种远离了激烈的派系争端的关于婴儿的解释。他指出了为什么不应将婴儿(所谓"根本不存在的一回事")看作是只受感知觉和本能驱动的生命体,而应该认识到婴儿身上也存在激情与焦虑、爱与恨等鲜活的情绪感受——在记忆与幻想中都伴有这些感受的身影。他还指出,婴儿仍处在试图获得自体中心(self-center)的道路上,而只有通过母性适应,婴儿才能发展出自体中心感。将精神病性患者和婴儿这两种情况联系到一起的概念主线,则是(两者都有)成为一个具有中心的统一体(unit)的需要——前者需要通过分析师的抱持功能(而不是诠释)来达成这一发展,而后者是通过母亲涵容的整合功能实现的。在温尼科特的文章中,他分别从两种情况中抽取了可互换的例子,来阐明另一种情况的特点。

"原始情绪发展"无疑是一篇开创性的文章,证实了温尼科特对婴儿早期变化的洞察力和概念构建的那种新涌现的、创造性的信心。但这篇文章也是存在问题的。在此之前,温尼科特一直试图将自己表达想法的方式与克莱因的概念构建结合,即便在越发感觉到两者并不太合适的情况下,他仍未放弃这种努力。在本文中,他在努力阐明婴儿所必需的完整性[广播节目"婴儿亦是人(The Baby as a Person)"(CW 3:4:27)刚好是在这个时候播出的]。在指明婴儿体验的独特性所享有的特权的同时,温尼科特也强调了个人性(personhood)的获得是一种发展性成就。对婴儿而言,获得个人性需要婴儿意识到母性环境的存在,并能理所当然地将母性环境当作婴儿自身边界的虚拟延伸。尽管我们可以把本文关于原始未整合状态、整合状态以及失整合状态之间关系的最终表述当作是一个公式来理解,但它们所指的内容,多少有些语焉不详。究竟是什么被整合了?整合的又是哪些未整合的元素?失整合的进程只是简单的回归到了一种未整合的状态(即之前存在过的状态),还是这种退行是不一样的?这些问题几乎未被涉及。温尼科特所提供的双重视角——即母亲在场时婴儿的状态以及分析师在场时精神病性患者的状态——也无助于澄清以上问题。在第一种情况下（即母亲-婴儿），该描述适用于最初的结合，而在第二种情况下（即分析师-精神病性患者），该描述则适用于某种瓦解或破碎的事物的重组。两者之间的差异引发了许多问题：精神病性患者的失整合与新生儿的未整合是相同的还是不同的呢？从发展的角度来看，整合又在于什么呢——是一个感觉统一体的结合，拥有一种体验的能力，还是建立起一个既能感受到躯体感官体验，又能对此做出反应的自体呢？如果答案是最后一种情况，那么这是否等同于拥有一个自体，或是成为一个自体？这些问题在"原始情绪发展"一文中都并未得到解决。直到几年之后，这些概念中各种不同的部分才得到了更精确的描绘与处理。同样地，"关切的阶段"与关切之前阶段之间的差别，需要进一步的澄清。本文使用"原始的无情"这一措辞来指代"关切"出现之前的状态，暗示着展现出了一种关于驱力、方向以及决心的目的性，而从温尼科特自述的前提来看，并不完全符合他所描述的婴儿化状态。似乎他也意识到了这种反常，所以他在后来选择使用"前-同情（pre-ruth）"这一古怪但更为精准的说法。

即便考虑到"原始情绪发展"一文存在的诸多不足之处，它仍然代表了温尼科特的一个重大转变。分析师同行里克曼识别出了单人心理学（one-body psychology），并将之视为经典弗洛伊德概念构建的潜在范式（Rickman，1957）。而此文标志着温尼科特摆脱了单人心理学范式。从那以后，温尼科特不再认同克莱因等人所提出的假设，即婴儿从一开始就是一个在精神上半独立的实体。然而，做出这种改变并不意味着他准备好欣然接受符合鲍尔比和巴林特想法的"双人视角（two-body perspective）"，尽管外人经常会把这两个人的思考和表达方式与温尼科特联系起来。鲍尔比和巴林特将婴儿期和儿童期的体验和行为视为自主的内在自体与外部环境之间互动的结果，其中后者（环境）包含了前者（自体）并在很大程度上决定了前者。相反，温尼科特接受的是两种观念之间的立场。这种立场实际上是一种强调在生命最早的阶段中，母婴之间体验的传递性（transitivity）的"范式"（尽管把这个术语放到他所在的时代去描述他的思想并不合适）。我在这里所说的"传递性"指的是一种体验归属哪一方，或是促成一种体验的动力归属哪一方的不确定性，这种不确定性会随着时间的推移而减少。这种想法可以被表述为"由二合一，而一生二"：首先，母亲和婴儿被视为一个心理上的统一体（尽管这并不是一个静止的状态）；然后婴儿和母亲彼此分离（尽管基于早先体验上的交融，两者仍是相互结合并有所交互的）。在本文中首次出场的这种模式，或可称为范式，是温尼科特所独有的，也成为他余生从发展和临床的角度思考人类心理学时反复出现的组织结构。

这篇文章不仅具有开拓性，也具有原创性。新的想法被提出来，留待未来进一步的发展。因此，本文用虽简短但具有重要意义的一段文字，从发展的角度和作为健康个体生命中的创造性资源的角度出发，讨论了"错觉"的作用。后来，温尼科特在此基础上发展出了"过渡性现象"和"主观性客体"这两个概念。文中还用一段简短的讨论，关注了解离现象健康的一面与病理性的一面，而这一主题最终促成了他关于"创造性"以及"体验的中间区域"的概念构建。

然而，我们不应过分强调本文的新颖性。尽管本文确实具有独创性，但和他更早的、在1941年写就的"在设定的情境中观察婴儿"一文并置时，我们可以看到一种潜在的主题上的连续性。温尼科特曾将关注点聚焦于儿童对压舌板的使用、儿童对压舌板的投入、这种投入的意义，以及随之而来的投入的撤销所蕴含的意义。我们可以将1945年的这篇文章看作是他的聚焦点转移的标志——从儿童对压舌板的使用，转向将压舌板视为一个可使用的客体，只是现在压舌板已经交替地成为分析师和母亲。在这两种情况下，陪伴的实体——无论是人还是非人类的物品——所具有的附属或支撑的状态是处于靠前的位置的。因此，在温尼科特关于依照患者疾病诊断级别的不同，治疗师体验到被患者使用的不同方式的讨论中，我们可以找到与他先前对使用压舌板的描述的平行对应，即它们可能被使用的方式有两种。在第一种情况下，按照实际功能使用它们，就像是一个功能未被否认、只是被搁置的想象中的玩具（错觉）一样；在第二种情况下，它们最终会被当成一种纯粹的主观性客体而使用，作为个体手臂的延伸，甚至此外的所有其他存在属性和工具性目的都完全被无视了（患者的妄想状态；放到婴儿身上，就是原始主体性的状态）。

在这篇涉及范围甚广的文章中开始浮现出的另一个话题，成了温尼科特的一个永恒的主题。这涉及一个巧合，即爱与恨都被包含在了攻击性冲动中，都是攻击性的组成部分。由于这种知觉上的巧合，加上因为温尼科特将攻击性等同于个体获得身份认同（identity）与获得独立的道路上的重要冲动，所以在他的著作里，对上述现象以及恨意的表达都抱有一定程度的容忍，而这种态度并不是他的分析师同行们所普遍持有的。对于恨的必然性，甚至是恨意的与生俱来这一属性的接纳，在1939年温尼科特对教师们的演讲"攻击性（Aggression）"（CW 2:1:8）中阐释得最为清晰。而这种接纳也导致温尼科特经常在不同的情境或文本背景中，做出令人惊讶、甚至有时会引发争议的表达。其中的一个例子是他在伦敦遭受轰炸的黑暗时期撰写的"论战争的目的（Discussion of War Aims）"[1986（CW 2:2:3）]。在当时的状况下，这是一个令人惊讶的无党派作品。温尼科特在文中认为当前冲突的双方都是在"为生存而战"。他随后继续说道："如果我们接受从根本上来说，我们的本质与我们敌人的本质一样这一说法的话，我们的任务就简单多了。这样，我们就可以无所畏惧地审视我们的本性、我们的贪婪以及我们自欺欺人的能力了。"

"遭遇被偷（Meet to Be Stolen From）"[2016（CW 2:3:7）]很可能是温尼科特同一时期的作品。在这篇有趣但相当古怪的文章中，我们可以更明显地看到，他在对交战双方的无意识动机的评估中展现出了类似的不偏不倚。在这两篇文章中，温尼科特都面质了否认对自身能力的识别所带来的有害后果。这里所说的能力，既包括感受到自身恨意的能力，也涵盖了在他人身上唤起恨意的能力。其中，后一种状况有时与一个人的作为或不作为有关，有时是因一个人自身的属性或特点所致，或者甚至仅仅是因一个人拥有的财产、能力或功能而引起的。温尼科特的这些关于攻击性根源的反思活动，很可能受到了他在比斯特与戴维·威尔斯以及与无可安置疏散者的 Q 营实验的短暂相遇的影响。正如他在 Q 营实验结束时向原受托管理委员会递交的报告 ["关于 Q 营的报告（Report on Q Camps, 2016）"（CW 2:3:1）] 中所主张的一样，温尼科特认为，在面对个体因体验到情感放逐而做出的破坏性报复表达时，需要经营者以及温尼科特这种为其提供实践支持与引导的人"无所畏惧的坦率"，去创造和维持支持性的治疗环境。一个人既需要承认他人指向自己的恨意（他人将自身的委屈通过置换转为了对外的恨意），也需要承认自己因作为前一种恨意的避雷针而唤起的反应性恨意——即强调他和不同个体以及和不同实体交流时，坦率的表达所起到的宣泄作用。当然，这种"无所畏惧的坦率"是温尼科特在此发表的诸多信件所呈现的一个显著特征。例如，人们想知道未来福利国家的缔造者贝弗里奇勋爵（Lord Beveridge），对温尼科特 1946 年的信件（CW 3:1:4）中表达恨意的坦率声明有何理解。在温尼科特看来，在那个时候让自己出离愤怒的原因，与贝弗里奇提出的受计划的卫生服务有关。他认为，这一提议通过要求医疗从业人员在实质上变成受国家资助的公务人员的方式，侵犯了一个神圣且私人化的专业领域——医患关系。

在温尼科特的理论阐释中，恨的感觉或者与被侵犯的威胁有关，或者与实际发生的侵犯有关，无论这种侵犯指向的是个人的职业自主性、个体（心理层面的）的完整性，还是个人躯体的完整性。在职业领域，他看到恨意不是被直接表达出来，就是打着嫉羡的幌子显现了出来，其中后者很容易在恨意的接收方身上唤起报复之心，或是顺从之举。因此有可能出现，诸如感觉受到了攻击的照料者，很容易对被自己照顾的人表现出恨意的状况。应对恨意时，除反应性攻击外的另一种选择是，将当权者的言行体验为充满恨意的，而个体通过一种空洞且缺乏创造性的顺从来寻求庇护。无论在哪种情形下，被这样的照料者照护的年轻人，都很容易变成受未被表达之恨的传播所影响的最终受害者。

在《全集》的第2卷以及第3卷中，收录了他有关战时青年旅社以及应该如何运营这类机构的大量的著作。温尼科特在这些作品中，探索了个体对恨意做出无意识回应和无意识反应的方式。在向柯蒂斯委员会提交的关于"准备在战后为无家可归的，或是具有破坏性的年轻人而设立的类似旅社应当如何管理，以及旅社应招募何种类型的工作人员"的建议书中，温尼科特也融入了前述有关"恨"这一主题的思考。他最关心的一点在于，这类机构的监管者应该被看作并被当作医疗领域的"实践者"，而不应将他们当成"全科医生"。首先应该对他们个人的适合程度进行评估，然后应将他们培训到适当的能力水平，最后让他们尽其所能地继续工作。地方当局的作用是给予认可和鼓励，并提供正确的支持网络以促成这一目标。因此，他强烈地感到了这种免于外界侵犯的、操作自由的必要性，以至于他愿意在条件许可的情况下，支持监管者对受其照护的儿童实施体罚。在他给牛津郡当局递交的相关问题便函中["关于体罚的便函（Memorandum on Corporal Punishment, 2016）"（CW 2:7:6）]，以及后来提交给柯蒂斯委员会的报告中（CW 2:7:9），温尼科特都清晰地表达了上述有关体罚的观点。从防止隐秘的恨意渗透到旅社照护系统这一更大的关注点来看，温尼科特提出的关于行政监督失察的操作会产生危害，甚至会引发侵袭的观点无疑是正当且合理的，但是这仍不失为一种片面的看法。温尼科特本人也意识到了其片面性，因为它忽视了体罚给被体罚者（年轻人）带来的负面后果——因成年人的所作所为而感到躯体被侵犯，甚至在心理或情感上体验到一种淹没感，觉得不知所措。

让温尼科特感到特别担忧和顾虑的是，照护系统之外的人以另一种方式表现出的恨意，即对照护功能提供者和监督者的无意识嫉羡攻击。他注意到，有的时候上述无意识的嫉羡会表现为行政层面的妨碍，而在另一些时候——特别是在医疗、心理以及精神科相关的专业领域中——无意识的嫉羡会表现为侵入性外科手术类*干预的使用，换言之，（执行者）会在尚无医学根据的情况下，宣称该干预是必要的或是有助促进健康的。温尼科特在此主要针对的是儿科医生同行们对扁桃体切除术和包皮环切术的广泛依赖。他从法律和社会学的视角出发，批判了地方官员打着追求治疗性的幌子而摆出的感情用事的态度。在温尼科特看来，这一倾向暴露了一种目的和角色上的混乱，并不利于上述感伤主义指向的对象的需求。

令温尼科特抱有最大恨意的恐怕要属他的精神科同行。让他感到愤慨的是，精神科医生中那些出于误导治疗的目的，而对患者使用电击疗法或脑白质切除手术的人。他反对上述医疗程序的表达的激烈程度，即便不多于，但也绝会不亚于他对贝弗里奇勋爵提出的未来国家卫生服务议案的反对。即便不考虑他论点背后的客观原因，温尼科特感受中的一个特定维度也是值得我们认识到的。这源于他对亲近之人经受电休克疗法破坏性后果的切身体会。在 1943 年的时候，他的妻子爱丽丝说服他接收了一名曾不幸地在当地精神病院接受过电击治疗的未成年少女。温尼科特夫妇将她无限期地接到他们位于汉普斯特德（Hampstead）的家中，以帮助她从磨难中恢复过来。这个存在问题的年轻人叫苏珊（Susan）。她和温尼科特他们一起待了将近 6 年的时间。在此期间，她接受了玛丽昂·米尔纳提供的精神分析。当时的米尔纳还是一个刚刚获得认证的精神分析师，温尼科特非常敬重她的洞见与临床技能。苏珊的

---

* 原文使用了 surgical 一词，该词既包含外科手术或与外科手术相关的这一层含义，又可以表示与外科手术具有类似特征的（特别是在控制和锐利／敏锐性方面的特征）的含义。结合上下文，似乎在此处两种含义兼而有之。——译者注

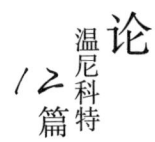

治疗费用是由温尼科特他们支付的。在 25 年后，米尔纳在自己撰写并由温尼科特作序（CW 8:1:12）的《活着的上帝之手》（*The Hands of the Living God*，1969）一书中，详细描述了该治疗的发展过程及最终结果。

温尼科特并没有将自己排除在恨意的运作规则之外。在理智上，他可以意识到自己身上也是存在恨意的。但情感上，无论是接受自己在个人的层面上也是有恨的，还是接受自己也会被其他人——至少是被自己所爱且所在意的人，比如他的妻子、他在普利茅斯的家人，以及之后认识的同事兼越发接近灵魂伴侣的克莱尔·布里顿——看作是有恨意的人，对他而言都是非常困难的。他在理智上的认可和情感上的否认之间体验到了一种冲突。这种冲突加剧了他对于情感的变幻与妥协的敏感程度，而情感的这种特性是他所憎恶的。这种否定在他 1943 年与诺斯勋爵（Lord North）的通信中表现得相当明显（CW 2:6:1）。这封信的主题是治安官的责任，特别是司法机构认可并将公众对犯罪行为的报复情绪纳入考量的必要性。情感的伪装性使温尼科特意识到了精神分析师承认自己反移情中的恨的重要性。事实上，这即将成为他下一篇重要的精神分析文章的主题——该文是在战争结束后不久完成的，并被收录于《全集》的第 3 卷中（CW 3:2:1）。

战前，温尼科特在专业领域过着一种与世隔绝的生活。在战争发生的 6 年里，无论是实践的层面上，还是智力抑或心理的层面上，他都被卷入了争端之中。他出生的国家受到了迫在眉睫的入侵威胁，而他跟其他的伦敦人一样，目睹了敌人轰炸所带来的破坏性影响，并体验了此类事件所引发的报复情绪。和此前的弗洛伊德，以及一众和温尼科特本人同一时代的英国精神分析的同行们，特别是鲍尔比和 Flügel 所做的一样，这些情况也促使温尼科特重新评估了人类冲突的根源，以及冲突在民族内与民族间爆发的原因。这以尖锐的形式提出了一个后来成为他毕生研究课题的主题，即攻击性本能的个体发生。不过，尽管战时的状态毫无疑问地为上述研究提供了背景，但在这些年间该研究的主要情感焦点无疑仍是他内在发生的内心冲突。在这个舞台上，温尼科特觉察了对个体完整性（personal integrity）的需求——在专业领域，体现为一种对于他思想重中之重的部分即关于人类早期发展议题，能够清晰地发表独立自主的观点的需求。这种对于个体完整性的追求，逐渐给温尼科特对克莱因的忠诚施加了压力。与此同时，思想的创造性与表达的创造性这对互补的驱力，是他所极为珍视的一种真正活着的条件。但在他的个人生活中，他发现爱的义务以及对婚姻忠诚的普遍期望这两者，与自己所珍视的驱力越发背道而驰了起来，而在他看来，前者同样是他所渴望成为的那类人身上不可或缺的组成部分。从概念的角度承认攻击性是人类的内在本质是一回事；而真实地将自己体验为"可怕的"，并且被自己所深爱的人感知为可怕或讨厌的，那完全是另一回事了。如此看来，爱与恨的变迁将要成为他随后几年反思和写作的关键主题之一，也就不出人意料了。

参考文献

Fees, C. (2010). *A fearless frankness*. (Childrenwebmag.com).

King, P., & Steiner, J. (1991). *The Freud-Klein controversies 1941–45*. New York: Routledge.

Klein, M. (1932). The significance of early anxiety-situations in the development of the ego. In *The psychoanalysis of children*. London: Hogarth.

Klein, M. (1952). Some theoretical conclusions regarding the emotional life of the infant. In P. Heimann, S. Isaacs, M. Klein, & J. Riviere (Eds.), *Developments in Psychoanalysis*. London: Hogarth.

Middlemore, M. (1941). *The nursing couple*. London: Hamish Hamilton Medical Books.

Milner, M. (1969). *The hands of the living god*. London: Hogarth.

Rayner, E. (1991). *The independent mind in British psychoanalysis*. London: Free

Association Books.

Reeves, C. (2005). Singing the same tune? Bowlby and Winnicott on deprivation and delinquency. In J. Issroff (Ed.), with B. Hauptmann & C. Reeves, *Donald Winnicott and John Bowlby: Personal and professional perspectives*. London/ New York: Karnac Books.

Rickman, J. (1957). *Selected contributions to psycho-analysis*. London: Karnac.

Rodman, R. (2003). *Winnicott: Life and work*. Cambridge, MA: Perseus.

Winnicott, C. (1982). D. W. Winnicott: His life and work. In J. Kanter (Ed.), *Face to face with children: The life and work of Clare Winnicott*. London: Karnac.

Winnicott, D. W. (1938). Notes on a little boy. [CW 1:4:16]

Winnicott, D. W. (1938). Shyness and nervous disorders in children. [CW 1:4:17]

Winnicott, D. W. (1940). Children in the war. [CW 2:2:4]

Winnicott, D. W. (1940). The deprived mother [1940]. [CW 2:1:4]Winnicott, D. W. (1941). The observation of infants in a set situation. [CW 2:3:6]

Winnicott, D. W. (1942). Child department consultations. [CW 2:4:2]

Winnicott, D. W. (1944). Ocular psychoneuroses of childhood. [CW 2:6:15]

Winnicott, D. W. (1945). Primitive emotional development. [CW 2:7:8]

Winnicott, D. W. (1957). Aggression [c. 1936]. [CW 2:1:8]

Winnicott, D. W. (1969). Foreword. In Marion Milner, *The hands of the living god*. [CW 8:1:12]

Winnicott, D. W. (1984). Residential care as therapy [1970]. [CW 9:2:9]

Winnicott, D. W. (1986). Discussion of war aims [1940]. [CW 2:2:3]

Winnicott, D. W. (1987). Letter to Lord Beveridge, October 15, 1946. [CW 3:1:4]

Winnicott, D. W. (1987). The ordinary devoted mother [1966]. [CW 7:3:3]

Winnicott, D. W. (1989). D. W. W. on D. W. W [1967]. [CW 8:1:2]

Winnicott, D. W. (1991). Resolution K: On scientific aims in psychoanalysis [1942]. [CW 2:4:1]

Winnicott, D. W. (1996). Mental hygiene of the pre-school child [1936]. [CW 1:4:10]

Winnicott, D. W. (2017). Delinquency: Continued [c. 1930s]. [CW 2:1:9]

Winnicott, D. W. (2017). A doctor looks at the psychiatric social worker [1943]. [CW 2:5:1]

Winnicott, D. W. (2017). Evidence given to the Home Office Committee on Children's Homes [1945]. [CW 2:7:9]

Winnicott, D. W. (2017). Letter to Dr. Marjorie Franklin, October 19, 1944. [CW 2:6:12]

Winnicott, D. W. (2017). Meet to be stolen from [n.d., c. 1939–1945]. [CW 2:3:7]

Winnicott, D. W. (2017). Memorandum on corporal punishment [1945]. [CW 2:7:6]

Winnicott, D. W. (2017). Memorandum on "The relationship between clinical paediatrics and child psychology" [1943]. [CW 2:5:3]

Winnicott, D. W. (2017). Report on Q Camps [1941]. [CW 2:3:1]

Winnicott, D. W., with Bowlby, J., & Miller, E. (1939, December 16). Evacuation of small children. [CW 2:1:6]

文森佐·博纳米尼奥

保罗·法博兹

第4篇

转向不同的客体、另外的空间以及
全新的整合，1946—1951

Vincenzo Bonaminio
Paolo Fabozzi

反移情中的恨

恨。在闯入精神分析话语体系的诸多情感中,"恨"是第一个对元心理领域产生了如此(严重的)破坏性影响的情感体验。在"恨"得到关注之前的分析性理论与临床思考中,占据主导地位的一直都是驱力[1]。

"恨"这一情感体验非常直接地出现在了本文的标题中,似乎温尼科特希望在一开始就强烈地表明自己的个人意图。另一个同样具有开创性的地方,是他很直接地将"恨"这一负面情感与分析师联系了起来,而这从根本上挑战了当时盛行的分析模型。在当时占据主导的模型中,移情被视为精神分析工作的核心构造,而反移情[2]则会干扰或阻碍分析师卷入患者持续产生的自由联想。

在这篇文章中,温尼科特预测了反移情概念的后续发展,将其视为一种既定事实以及从他个人的临床工作所得。他将其描述为寻常的反移情:"可以归为分析师个人经历与个人发展的认同与倾向性,为他的分析性工作提供了积极的设置,并使其工作的质量不同于任何其他分析师的"(CW 3:2:1)。

温尼科特暗示的是精神分析重心的转移,即从过去以患者为重转向以分析师为中心。让读者感到更为不安的是温尼科特论点的核心——他称在某些精神病性患者的案例中,除非分析师将自己的反移情情绪交由

---

[1] 已在他处指明,与当时的"既定"文风对比,温尼科特那独特的带有自由无礼意味的写作方式(Bonaminio,2005)。

[2] 直到葆拉·海曼在 1950 年发表的那篇开创性的论文——"论反移情(On Countertransference)"之后,反移情的概念才有了一席之地并获得了官方的认可。

患者处置，否则我们就无法判定分析性工作业已完成。这些具有革命性的想法很可能来自温尼科特极为广泛的临床工作，特别是他对精神病性患者、精神分裂症患者、边缘患者以及重症患者所做的临床工作。

他向分析师发出了情绪层面的挑战：

> 我所指的这种爱与恨的同时发生，与将原初的爱的冲动复杂化的攻击性成分不同，是一种有关患者个人史的暗示，表明在患者首次寻找客体的本能冲动出现的时候，存在环境性失败。
>
> 如果注定将有一些粗鲁的情感体验被转嫁到分析师身上的话，他最好有所预警，这样才能为此做好准备——这是因为他必须忍受被置于那个位置的体验。最重要的一点在于，<u>他不能否认确实在他内心存在着的恨。在当前环境中合理的恨必须被整理出来并被保存起来，以便用于最终给出的诠释。</u>（CW 3:2:1，重点已标注）

分析师必须把自己的一些东西提供给患者，这是一个前所未有的重大建议。我们无法确知温尼科特是在怎样的个人动机驱使下，最终选择用"恨"开启对精神分析性观点的颠覆，但我们也许可以推测导致上述选择发生的部分原因在于，对之前赋予分析师位置的中立性的彻底改观。

也许更重要的一点在于，它要求我们同时在分析师以及患者的感受中寻找真实性，而这个议题呼应了第 3 卷中其他作品的内容，也充实了温尼科特在 1945 年发表的开创性文章"原始情绪发展"（CW 2:7:8）的主题。在奥格登（2001）看来，"原始情绪发展"就像是一张蓝图，从中涌现出温尼科特在接下来的 25 年里推进的所有研究趋势。尽管这些趋势的方向不同，但它们的萌芽仍具有惊人的一致性。在"从真自体与假自体的角度看自我的扭曲（Ego Distortion in Terms of True and False Self）"一文中（CW 6:1:22），温尼科特再次强调了将（分析师）自身的一部分交由患者处置的重要性。这一想法经他进一步发展后,在后续出现的"客体的使用(The Use of an Object)"(CW 8:2:28)一文中得到了最为详尽的阐释。

攻击性的全新语义

"反移情中的恨"是在克莱因发表"关于某些分裂机制的笔记"(1946)之后的那一年写就的。克莱因的这篇论文包含了两条主线。一方面,本文是对此前10年的研究的整合与系统化。克莱因在文中描述了一个以原始的偏执-分裂心位为起点开始运作,并逐步向着更有组织的抑郁心位而发展的心智。另一方面,克莱因在文中直觉性地提出了投射性认同的理论,而这或许是她在这一时期最具革命性的理念。克莱因捕捉了个体的心理活动被置换到另一个人身上的事实,而在本文中,被置换的一方第一次被概念构建为一个容器——一个涵容了主体内在世界的客体。

儿童对母亲的乳房既有力比多驱力,也有攻击性的冲动——两者构成了一种强烈的冲突性辩证。在克莱因理论的关键转变中,被赋予了首要地位的正是上述辩证关系。具体来说,她基于客体关系的视角,概念化了儿童的攻击性冲动。克莱因直接挑战了弗洛伊德提出的死亡驱力概念。她剥离了死亡驱力作为生物性和哲学性母体的推测性意涵,将其转移到儿童与生俱来的心理框架上。为了表达这种与生俱来的破坏性冲动,婴儿通过攻击母亲的乳房——即坏乳房——来达成摆脱它的目的,并维持自己与分裂中出现的另一极端——即理想化的乳房——之间的关系。

相比之下,温尼科特并没有对原初的攻击性进行概念构建,既没有将其作为死亡驱力的表达,也没有(使用学术心理学中更具描述性的术语)将其作为对挫败的反应。他将攻击性的根源形象化地想象为一种

"原始的……运动性潜能"的表达（CW 3:5:2），而这种潜能起源于胎儿在子宫内的第一次移动。尽管温尼科特并没有明确提到母亲把这些归于生命的迹象有多重要，但母亲的归因确实起到了至关重要的作用——会在婴儿最早的整合中看到性欲潜能或攻击性迹象的人，正是母亲[1]。

在引入关切阶段（the stages of concern）与前关切阶段（the stages of pre-concern）之间根本性的发展差异这一概念时，温尼科特同时从经验以及临床的角度出发，描述了自己对于攻击性（aggression）的看法。前关切阶段的攻击状态*（aggressiveness）是无情的爱所固有的。这种攻击状态不是对客体的攻击，而是成熟过程中的运动性潜能。只有当儿童稳定地进入了关切阶段的时候，攻击状态才是指向客体的。

因此，对温尼科特来说，存在攻击状态的个体发生学，即自然状态下攻击状态的演进史。在极端的自恋退缩状态下，虽然攻击性可能看上去很原始，但它从来都不具有原发性，换句话说，攻击性总是由客体或环境对主体所做出的举动而导致的。这并不意味着温尼科特提出的是一种天真的卢梭式的构想，即认为社会摧毁了原本为善的人性。实际上，温尼科特的观点认为，爱与恨是在环境供给与个体变化多端的反应性回应的持续交互中形成的。

审视儿童：一个绝对全新的视角

温尼科特在 1945 年发表的"原始情绪发展"（CW 2:7:8）一文的开篇做了一个大胆的、有关方法论的声明：鉴于他本人对儿童及婴儿的兴

---

[1] 若认为在考虑婴儿的时候，温尼科特只想到了母亲的话，那就大错特错了。虽然母亲确实是婴儿照料的主要施予者，但温尼科特认为母亲所处的环境是一个由父亲的抱持功能所提供的结构。

* 攻击状态（aggressiveness）与攻击性（aggression）为近义词，其细微差别在于，后者更多指向引发敌意或入侵的举动，而前者指向的是个体表现出攻击时的特质或状况。——译者注

趣,他已经决定从精神分析的视角出发,对精神病(psychosis)进行研究。温尼科特坚信,只要考虑了"(分析性)工作中固有的移情情境",那么在分析精神病性患者、抑郁患者以及疑病症患者的时候,就不需要对弗洛伊德学派的技术进行调整了。他对于最早的情绪发展阶段的看法正是以上述信念为基础的。

温尼科特有关原初发展的研究建立在对精神病性患者的分析的基础之上。这一方法论前提所促成的最大的成果,是对情绪发展的三个主要过程的识别与分析,即整合(始于原初未整合状态)、人格化(personalization,自体在身体中的定位),以及对空间与时间维度的评估(与现实的关系的构建)。

这种对原初发展的概念化组织以及温尼科特提出的有关整合的理论,都是具有高度创新性的。他认为整合是一个缓慢且渐进的构建进程,一个会在本能体验与母性照料"技术"相结合的时候发生的进程。此外,温尼科特将(个体)与外部现实的关系构想并描述为一种能力——一种需要缓慢且渐进的构建进程,以及母性形象不可或缺的贡献才能获得的能力。与温尼科特早年的理论相比,上述构想是一个根本性的突破,也首次浮现出了温尼科特思想的诸多核心主题,即(1)与外部现实的真实关系的建立;(2)现实与幻想之别,以及两者之间富有成效的交流;(3)对真实存在的感知(the sense of being real)的构建。

在1945年发表的这篇文章(即"原始情绪发展")中,温尼科特尚未充分阐明母亲的心理功能对婴儿发展的促进作用。不过,下文的引述可以帮助我们理解更为广泛的理论与临床视角,作为他的部分思想的概述:

> 就婴儿和母亲的乳房而言……婴儿具有本能的强烈欲望以及掠夺性的想法。母亲拥有乳房和产出乳汁的本领,并拥有愿意被一个饥饿的婴儿袭击的想法。这两种现象彼此之间毫无关联的状态只有

在母亲和婴儿共同经历了一段体验之后才会被打破。成熟且在躯体层面有能力的母亲必须具有忍耐力与理解力，只有这样，她才能创造出这样一种情境：在幸运的情况下，婴儿首次与外在客体（一个在婴儿看来外在于自体的客体）建立了联结。（CW 2:7:8）

伴随母婴"共同经历一段体验"的意象，温尼科特将要构建的是一个非常具体的情境：在给婴儿喂奶的过程中，母亲必须允许婴儿感觉创造了喂养体验的人是婴儿自己[1]。这一心理功能（也是婴儿与外在现实的关系的基础），其潜能源于这样一种可能性——源自母亲的某物以及由婴儿初生的心灵所创造的某物产生重叠的可能性。

在此，我们见证了温尼科特其他基本概念的孕育：过渡性客体与过渡性现象、主观性客体、中间区域，以及潜在空间。带着母亲"会愿意承受一个饥饿婴儿的攻击"的想法，温尼科特将母亲的心理功能是至关重要的这一观点的雏形引入了精神分析的领域。随后，他拓展了自己的关注点，将与母亲的体验相遇的婴儿体验也囊括进来。在这个过程中，温尼科特提醒我们关注患者（在移情中）的体验，指出患者的体验会与分析师对该患者的体验相遇，并会对后者产生影响。

客体（母亲或分析师）必须面对并修通自己对来自主体（婴儿或患者）的"压力"所产生的反应——正是这一点将"反移情中的恨"（CW 3:2:1）一文所描述的三种情境结合了起来。从技术的角度来说，分析师必须"承受压力"。这一技术上的暗示开辟了另一个未被探索的领域：在从原始防御过程中产生的张力的作用下，客体对主体的无意识动作所做的反应。在指出分析师"所处的位置与未出生的婴儿或新生儿的母亲如出一辙"的时候，温尼科特明确地建立了上述关键联系。在此之

---

[1] "我认为这个过程就像是两条来自相反方向的线，（对它们而言）靠近彼此是容易的。如果它们交叠在一起，就会出现一个错觉的时刻（a moment of illusion）——婴儿既可以把这一体验当作自己的错觉，也可以把它看作是外在现实的一部分"（CW 2:7:8）。

后，每一个技术性细节都变得至关重要起来。同时，对那些"在生命的最早阶段经历了强烈的匮乏或扭曲，以至于分析师必须成为其生命中第一个提供特定环境要素的人"的患者而言，技术性细节是具有治疗价值的。

一种不同的主体－客体关系观的出现

有两个议题从刚才描述的情境中浮现出来，并深入地改变了（我们）理解精神分析的方式。首先，温尼科特强调了患者的无意识会影响分析师的无意识，进而会对分析师的心理功能产生影响。其次，他引入了方法论上的修正：他指出我们需将分析师的心智功能视为进行精神分析性调查研究的工具。

温尼科特分别于1945年和1947年撰写的这两篇文章之间，似乎存在着某种纽带（CW 3:2:1）。他对婴儿最早的生命阶段的探查源于他和精神病性患者的工作中经历的移情情境。对母亲与新生儿心理层面的关系以及无意识关系的关注，使温尼科特能够理解移情－反移情关系、重症患者的心智功能以及精神病的起源等诸多方面的议题。

我们可以在"反移情中的恨"中看到理论、临床以及技术这三个层面是共存的。在理论的层面上，温尼科特提供了很多理由支持母亲之恨优先于婴儿之恨的假设，从而在有关心理功能最早阶段的模型中移除了与生俱来的死本能之说。从临床的视角来看，温尼科特指出想让精神病性患者获得区分爱与恨的能力，患者必须先和一个能够感受到对他（患者）的恨意的客体建立关系。从技术的角度而言，温尼科特命名了同时存在的三种形式的反移情——第一种像是盲区；第二种是由作为个体的分析师独特的身份认同构成的；第三种是对特定患者的人格做出的反应中存在的客观形式。

这篇文章清楚地表明，温尼科特对心理功能的看法建立在一个带来了根本性改变且富有革新精神的原则之上——客体的无意识功能，以及由主体无意识引起的客体无意识功能的转变，都需要经受调查并再次改变，这样主体才有可能开启心理上的转变。有的观点认为温尼科特不过是放大了环境的重要性，但这显然是肤浅且具有误导性的。这绝非仅仅是将分析师随意的主体性引入了临床情境而已。它需要的是建构一个此前并不存在的空间。在强调患者无意识对分析师无意识的交互作用所产生的现象时，温尼科特坚持认为，有可能对上述现象进行观察，有必要对这些现象进行分析，并且使用上述现象来理解心理功能以及通过精神分析达成的转变的做法是合理的。

这也许会被视为对弗洛伊德式直觉的简单临床深化。然而，使它成为根本性转折点的原因在于这一原则所提出的主张，即心智的诞生与发展不仅取决于个人内心（intrapsychic）建构的工作，还取决于无意识的心灵之间（interpsychic）的过程，并且该主张同样适用于分析性关系。这一过程不仅仅涉及从无意识到无意识的交流，还牵涉了（在游戏中）修改彼此无意识的能力。一方的无意识会强烈要求对方的无意识进行心理层面的工作；此时的状况不仅仅是一方要忍受并涵容另一方的情绪性影响，还包括一方要向另一方阐明客体无意识中的什么部分触及了主体的无意识（Fabozzi, 2012）。这正是温尼科特在这一作品中所揭示的直觉：在主体和客体之间存在一个由无意识的变动（movement）构成的网络，而这一网络既表明了（mark）分析性进程，也表明了儿童心灵的发展。上述由无意识变动构成的网络既激活了分析师的心理活动，也激活了母亲的心理活动。这种激活使患者缺失的心理功能，以及仍处于初始状态的新生儿尚不具备的心理功能有了发展的可能性。温尼科特所采取的这种理论-临床立场的成果将在他最终的作品中达到完全成熟的状态（CW 8:2:28；CW 9:1:15；CW 9:1:29）。

温尼科特对过渡性客体、过渡性空间的"发明"与他的攻击性概念之间的关联

在"原始情绪发展"（CW 2:7:8）和"与情绪发展有关的攻击性"（CW 3:5:2）两篇文章中，温尼科特介绍了个体开启与外在现实的关系的过程和攻击性之间的基本联系。在他探索过渡性客体的功能与意义的时候，上述主题仍然是贯穿他研究的主线之一。

当然，这是一个牵涉范围巨大的概念。首先，客体和一个柏拉图式的理想表征结合，变成了一个具体的客体。术语"客体"在这里指的是可以被操纵的东西。客体从新生儿的内在世界中逐渐成形且变得具体，与此同时它促进了儿童逐步赋予意义的过程。这也是温尼科特重要悖论的起点：

> （我）必须做出如下的复杂表述。当内在客体鲜活、真实且足够好（不过于具有迫害性）的时候，婴儿可以使用过渡性客体。但是这个内在客体的质量取决于外在客体（乳房、母亲的形象、普遍的环境性照护）的存在、活力以及行为。（CW 4:2:21）

正是在这样的背景下，我们才能理解过渡性客体是"第一个（具有）非我（属性）的所有物（the first not-me possession）"这一说法所具有的革命性意义。最初，这一说法被看作是儿童情绪发展的一部分，但（后来发现）它也适用于分析中的患者。结合在这形象的短语里的三个词，浓缩了进一步彼此相连的体验层次。"第一个（the first）"：儿童创造了一个此前未曾存在过的空间，也是一个外在观察者无法掌握的空间。"非我（not-me）"："我"和"非我"之间的区别代表了自我的整合。这种整合是通过对最基本的母婴统一体的反抗而达成的，换言之，

婴儿的自我开始意识到自己不是什么。"所有物"：像伪足一样的存在。这一"伪足"在攻击性和力比多不可分割的纠缠中存在，为（个体）与客体关系的诞生奠定了基础。

在致莫尼-基尔的一封重要信件中［1952年11月27日（CW 4:1:13）］，温尼科特说，和"中间（intermediate）"相比，他更喜欢"过渡性（transitional）"一词。在他看来，"过渡性"的说法自带一种动态感，暗含了客体和空间都在持续变动和发展的意味。因此，过渡性客体的首要功能之一就是支持——当个体在内在世界和外在世界的边缘往复游走的时候，以及当个体在联结（union）与分离的状态中来回摆荡的时候，起到支持个体的作用。类似地，过渡性空间也不是一个固定的地点，而是会不断地根据客体的变动或摆荡而重新组合和重新构建的一种存在。

以早期的母婴关系为背景重新定位原初自恋

新生儿进入了一段与乳房的关系——一个之前就在那儿等着被新生儿发现的乳房，一个让新生儿能从中获得一种自己（婴儿）制造了乳房之感的乳房。温尼科特创造了"主观性客体"这一术语来描述婴儿视角下的上述过程。婴儿在不存在分离*（separateness）的情况下体验乳房，并从中获得一种全能的体验。

我们可以清楚地看到，温尼科特的模型并不致力于重新定位原初自恋的存在，因为（对他而言）客体的存在以及所做的贡献是至关重要的。婴儿既需要营养，也需要错觉。作为上述两种需求的供给方，母亲

---

* 作者在此处所说的分离为 separateness 一词。虽然在中文里 separation 和 separateness 都被翻译为"分离"，但两者在含义上是有差别的。前者更多指向分离的举动或者分离的过程，分别；而后者更多指向一种与融合对立的分离的状态，即每个个体与他者都是分离的，彼此是具有各自的主体性且相互独立的存在。——译者注

的位置是天然且复杂的。同时,错觉的能力是通过母亲对婴儿的主动适应而产生的。起初,母亲不会有意识或无意识地对婴儿提出要求。相反,母亲会尊重婴儿的需求、情绪状态、节奏以及发育成熟的进程,以便婴儿可以根据自然发生在自己身上的变动来发现环境。

为此,婴儿需要一个在可预测性方面达到平均水平的母亲——既非不稳定、不连贯,也不会被过度的情绪波动所影响的母亲。在孕后期和婴儿生命最初的几周里,母亲必须能够忍受退行的状态以及复杂的身份认同——对婴儿阶段的自己的认同、对自己的母亲的认同以及对自己的孩子的认同。随着母亲不再那么适应婴儿的需求(这会带来一定程度的挫败与沮丧感),以及婴儿自己发现一个过渡性客体的事实,婴儿逐步建立了自身与外在现实的关系。要说明的是,过渡性客体具有特定且具体的功能和意义,将婴儿置于一个特定的现实与体验的场域中。

过渡性客体构成了婴儿识别客体外在属性的进程的开端。过渡性客体起到了纽带的作用——当母亲不在场的那些时刻,它是儿童与母亲之间的纽带;它是主观性客体与客观性客体之间的纽带;它是内在与外在之间的纽带。过渡性客体是第一个外在客体,它也代表了象征化的开始:在代表了母亲的同时,它也代表了儿童的自体。

对过渡性客体而言,至关重要的一点在于它的材质。儿童可以通过自己的感官去体验它。首先定义了过渡性客体"非我"性质的是其形状与变形、气味,以及新(发现的)微妙之处。但如果要让过渡性客体存在,环境必须确保它在心理层面的存在。就某种意义而言,观察者的凝视定义了过渡性客体的性质。母亲必须避免让孩子面对其现实是内在现实还是外在现实的两难境地,并允许孩子不去回答一个不应被提出的问题,即过渡性客体的来源为何(过渡性客体是被创造出的,还是被发现的)。

这将使过渡性客体能够持续待在一个悖论性空间里——一个迄今为止尚未被精神分析探索过的假想心理位置。这是体验的中间区域、错觉的区域、潜在空间所构成的区域（Fabozzi, 2006）。这个区域催生出了一系列的发展潜能。得益于（母婴间）分离（separateness）的构造，儿童可以引入一种体验，使自己能够象征性地与母亲建立新的联结，以填补两者之间因分离而出现的距离。于是，分离（separation）就变为一个纽带，连续性（continuity）变为连接感（contiguousness），疏远变为亲近。当心理和情感层面的先决条件都已达成的时候，就会导致发展性受挫，并能进一步引发一个创造性的姿态、一种游戏，以及一个指向构建象征的转变。这将"填充"空间并塑造其形状，而空间始终处于一个即将丧失"潜在性"和即将重获"潜在性"的节点上。

"潜在"一词在温尼科特语境下的独特语义

Giannakoulas 以及 Hernandez（2001）提出，潜在空间（potential space）的"限制（limit）"是由四种"辩证性动力"构成的：母亲在原初母性贯注中对自己的认同以及对新生儿的认同的转变；过渡性客体的悖论本质；引入了相似元素与不同元素的母性镜映功能；以及对客体的使用这一至关重要的体验，即儿童在客体变得真实的一刻毁掉客体，并在随后体验到客体的幸存。同时，还存在一种能将主体、客体和潜在空间联系到一起的循环。这一循环还能通过玩耍和创造力来实现分离与联结（union）之间的辩证性转化。

也许，宣称精神分析的进程发生在同一类型的过渡性空间里的说法，确实过于简单化了。在分析关系中产生的空间并不是固定的，而是经由分析师和患者相互的贡献被不断再创造的。从拓扑学的角度来说，这个空间既不具有可预测性，也不能以任何规范、抽象的方式被规定。分析师的人物角色（persona）在此开始发挥作用。如果他能够领会患者所提供的、处于萌芽阶段或具有潜在性的材料，那么他将推动并促成上述空间——存在于分析性场域中的一个未被预见且不可被预测的空间——的创建。

同样的构想也适用于分析师提供的类似于梦的功能——比昂的遐思（reverie），一种清醒时出现的梦一般的状态（1962，p. 35）；温尼科特的无尽的梦（CW 11:1）；博拉斯的分析师的做梦位置（dreaming position，1997，p. 12）；或是马苏德·汗的做梦自我（dreaming ego，1974，p. 36）。这并不是分析师有意选择出的一种姿态或立场。它是被未经预料地创造出来的某种存在——为了能够为分析双方之间的"游戏"赋予生命和形式，分析师必须有能力领会它且患者必须有能力接收它。这个不断被展示出的自发性空间是自体与客体，以及患者与他自己进行沟通性交流的场所。

这对于温尼科特提出的"在他者存在情况下的独处能力"而言，也是非常重要的（CW 5:3:20）。无论是在儿童发展的语境下，还是在分析性情境中，上文提及的"独处能力"都是一个将联结（union）与分离（separateness）、依赖与自主两两结合起来的概念。这一想法彻底改变了许多种不同的理论，包括与分离焦虑、惊恐发作以及恐怖症有关的全部理论。临床经验表明，"独处的能力"这一重要发展步骤的缺失是构成以上形式的精神病理状况的因素之一，而这些病理状况的表现形式多种多样。比如，在惊恐发作期间，患者在面对死亡的灾难性威胁时会感到孤身一人；他未能建立起在他人在场时独处的能力。同样地，无尽的空间会让幽闭-广场恐怖症的患者感觉迷失，就像是在不经意间切断了与宇宙飞船如脐带般的联结的宇航员一样，永远飘浮在虚空之中。

对温尼科特和克莱因来说，这些精神病理性倾向是对最早的焦虑的防御。与克莱因不同的是，温尼科特将这种"永恒的坠落"（CW 6:3:19）定义为，当环境没有提供足够好的抱持功能时，婴儿所经历的原初痛苦。不过，如果仅仅将环境所扮演的角色视为成功促进了成长或是在这一点上失败了，那将是对温尼科特思想的歪曲与误传。在理论-临床思考中，温尼科特在更深入的水平上和更复杂的范畴里对精神病理学进行了探索，而这些精神病理状况很可能是因为过度、入侵、不可预测性、渗透或侵占的特定形式所致。当环境特别是母亲的无意识将儿童置于上述体验之中的时候，儿童会使用温尼科特在多个层面上详述的、充分组织且复杂精密的防御来保护自己。

真实与虚假：一个统一的观点

尽管在《全集》第3卷中收录的文章各具特点，但它们被温尼科特工作中一个核心且独特的议题统一了起来。"修复母亲应对抑郁症的结构性防御（Reparation in Respect of Mother's Organized Defence Against Depression）"一文构成了上述思路的一个里程碑，并明确了温尼科特贡献的核心及其创新的领域。尽管文中描述的临床观察极富开创性，其中的各种重要特征引人注目，但即便在那些备受温尼科特启发的文献中，这篇文章也相对而言往往受到忽略，而这可能与其密度有关。

> 在我职业生涯的早期，一个小男孩独自来到医院对我说："拜托，医生，妈妈正在因为我肚子疼而抱怨。"这一事件有效地让我注意到了母亲可以起到的作用。（CW 3:3:1）

通过这个简单的逸事，温尼科特向读者展示了自己对儿童躯体疾病的全新构想，即将儿童躯体疾病看作是儿童与母亲正在构建中的关系的一部分。再往下看几行的话，我们就会发现一个具有革命性的陈述：

> 很可能是在儿科门诊的经历让我对这一问题有了极为清晰的认识，因为这样的科室在本质上是一个<u>应对母亲疑病症的诊所</u>……在抑郁母亲明显的疑病症与母亲对孩子真诚的担忧之间，并不存在泾渭分明的分界线。（CW 3:3:1）

从理论的角度来看，这一重大主张代表了一个具有决定性的明确转变。温尼科特在说的是心理学和精神病理学的重心可能并不在个体（儿童）自身范围内，而是在将儿童视为自身延伸的他者上。套用"自我无法为自己做主（the Ego is not master in its own house）"这一弗洛伊德名言的话，我们可以说温尼科特认为儿童的自体也无法为自己做主，因为儿童是被母亲的自体所占领并据为己用的。因此，儿童与母亲正在构建中的关系可以被视为儿童所处的环境，而这一环境既会影响儿童的正常发展，也会对儿童产生精神病理方面的影响。临床从业人员的作用在于对从正常到病理的转变做出判断。

与安娜·弗洛伊德一致，温尼科特观察到在客体内部化（interiorization*）的影响下，儿童与其环境间的关系的一个改变是如何组织为婴儿神经症的。安娜·弗洛伊德指出，在判断儿童的正常程度或病理问题的严重程度时，关键的一点在于查明是可以通过对环境的干预来转变儿童的"紊乱"，还是说这种紊乱已被吸收到了儿童的自我之中，成为自我的一个组成部分，尽管是一个自我不协调的组成部分。

安娜·弗洛伊德、克莱因和温尼科特所使用的理论模型和惯用术语可能不尽相同，但作为技艺高超的临床工作者，他们都以临床实践为指导，同时他们追求的想法在很多方面都是趋同的。不过，鉴于克莱因对病理学的看法趋于极端（比如，将婴儿看作是有点精神病性的），温尼科特在"儿科与精神病学"（CW 3:3:2）一文中以一种完全不同的方式重新阐述了这个议题。尽管他并没有直接地在文中指名道姓，但温尼科特带着对克莱因的敬意却又近乎顶撞地坚持道：

在这一点上，除非刻意避免，否则我已经对误解习以为常了。总有人跟我争辩说认为发疯的人像是婴儿或小孩子，这种想法就是

---

* 有时也被翻译为内化。为和惯常所用的内化（internalization）区分，文中选择了内部化的译法。——译者注

不正确的。我不知道是否能说清（我的观点）——我并不觉得精神失常之人的举止和婴儿一样，同样地，我也不认为神经症的人和大孩子一样。普通的健康儿童不是神经症（尽管他们可以是），而普通的婴儿也没有发疯。

实际上，这一思路早在1948年之前就已经出现了。比如，在"躁狂防御"（CW 1:4:6）一文中就有相关的暗示。温尼科特在文中将躁狂防御描述为对内在现实的否认，对关于抑郁和失去生机的感官体验的否认（即弗洛伊德所说的 Verleugnung*）。这意味着人格内部的一种基本解离。在10年后，即1945年的时候，温尼科特通过"整合与非-整合（non-integration）"的概念进一步发展了前述想法。同时，在"从真自体与假自体的角度看自我的扭曲"（CW 6:1:22）一文中，他得出了对"内在现实中的解离"的最终定义。人格中出现的一种基本解离的概念并不等同于压抑或分裂，因为后两者都表明自我是能够行使功能的。如果受环境推动和促进的整合无法达成或受到阻碍，儿童进一步的发展就会被阻止。只有"在整合（完成）之后，儿童才开始拥有自我"（CW 5:1:9）。

在"修复母亲应对抑郁症的结构性防御"（CW 3:3:1）一文中，温尼科特提到了我们会在临床实践中碰上的"虚假修复（false reparation）"。其之所以虚假，是因为这种修复的发生关乎外在的他者，而非患者的内疚。这一理论在克莱因思想盛行的时代是颠覆性的，并引起了他的一个临床发现，即与虚假自体有关的解离（CW 6:1:22）。不过，该构想（configuration）最为核心的部分具有更全面的意义。它能够在一个连续的维度上，同时解释早期自体结构中的原初精神病理学现象以及后来出现的分裂样现象。温尼科特所说的解离概念最初就是与分

---

* Verleugnung，德语词汇，指否认。——译者注

裂样现象相关联的。

在1948年的这篇论文的开头，温尼科特写道：

> 这种虚假修复是通过患者对母亲的认同而呈现出来的，同时其主导因素并非患者自身的内疚，而是母亲对抑郁和无意识内疚有组织的防御。……儿童的抑郁反映的可能是母亲的抑郁。儿童利用母亲的抑郁来逃避自己的抑郁；而这提供了一种涉及母亲的虚假补偿*（restitution）与修复，同时也阻碍了个人补偿[1]能力的发展……可以看出，在极端情况下，这些儿童有一项<u>永远都无法完成的任务</u>。他们的首要任务是<u>处理母亲的心境</u>。如果他们在直接且紧迫的任务中取得了成功，他们所做的也只不过是成功地创造出一个<u>让他们自己的生命得以开始</u>的氛围。（CW 3:3:1，重点部分已标注）

在这里，温尼科特开始描述个体通过认同，在自体之内为他者所做的心理工作。这一工作的程度各不相同，但在最极端的情况下，它可以达到自体被他者占有的程度[2]。

在自己的科学生涯接近尾声的时候，温尼科特结束了这场以"反移情中的恨"为起点的旅程。他在自己的情绪发展理论中指出"母亲适应婴儿需求的能力是通过她认同婴儿这一健康的能力而达成的"（CW

---

* 这里出现的补偿（restitution）一词也带有"偿还"的意味。——译者注

[1] 术语"补偿""修复"和"内疚"反映了当时克莱因概念的影响。在与这些概念进行对话的同时，温尼科特也试图寻找自己的习语，让自己能够用一种不同的方式对这些临床现象进行解释。术语"修复"和"内疚"是抑郁心位概念的一部分，但术语"补偿"，特别是"个人补偿"暗示了真实自体的发展过程，而不是虚假修复以及因此而来的虚假分析。

[2] 安德烈·格林在他的论文"死寂的母亲（The Dead Mother）"（1980）中讨论了抑郁的客体在自体内的"存在"：" [那个] '死寂的母亲'……是一位仍活着的母亲，但可以说，在她照顾的年幼孩子的眼中，她在心理层面上已经'死了'"（p.142）。CW

8:1:25）。在 1967 年，温尼科特讨论了自己在上述理论中提出的病因学因素：

> 似乎有必要在其中加入母亲对孩子的无意识（压抑）的恨的概念。父母对自己的孩子有着程度不同，但天然的爱与恨。这并不会造成伤害。在所有年龄段，特别是在婴儿期最早的阶段，被压抑的、指向婴儿的死亡愿望所带来的影响不仅是有害的，也超出了婴儿的应对能力。在比这里所关心的阶段更晚的一个阶段中，我们可以看到一个时时刻刻都在为了让自己到达起点而努力的孩子——换句话说，孩子在努力抵消（被反向形成所掩盖的）孩子应该死了这一来自父母的无意识愿望。

通过控制父母的无意识对潜在自体的占据，儿童努力让自己到达起点，但这一努力阻碍了个人能力的发展。这与抑郁的孩子所面临的任务相似。正如在"修复母亲应对抑郁症的结构性防御"（CW 3:3:1）一文中所首次描述的那样，抑郁的孩子需要应对母亲的情绪，以创造出一种让属于自己的生命的可以开启的氛围。

整合的成熟过程

在最开始的时候，个体就像个泡泡似的。如果来自外部的压力主动去适应泡泡内部的压力，那么泡泡就是重要的存在。而这里所说的泡泡指的就是婴儿自己。不过，如果环境压力要比泡泡内部的压力大或小，那么重要的就不是泡泡而是环境了。（此时）泡泡要去适应外部的压力（CW 3:4:8）。

以上这段话来自一位患者的分析。温尼科特向这位患者表达了自己的感激之情，感谢患者用如此形象的比喻描述了此前仍是雏形的一个有关心理生命的概念。他们强调了在情绪发展的成熟生理过程中环境压力所起到的妨碍、干涉或打断的作用。"反应（reaction）"这一概念所具有的核心地位贯穿了温尼科特的全部著作，并与"持续的存在（going on being）"、心理连续性以及连续性中断的后果等概念密切相关。

"出生的记忆、出生的创伤与焦虑（Birth Memories, Birth Trauma and Anxiety）"一文是温尼科特对心理生命的理论起源的阐述。在文中，他将"反应"的概念应用到了最早的生命阶段：

> 个体的情绪发展肯定在出生前就已经开始了，而且很可能在出生前个体就有能力在情绪发展中往错误和不健康的方向推进；在健康的状态下，一定程度的环境干扰是有价值的刺激，但当这些干扰超过特定程度后，它们就是无益的，因为它们会引起"反应"。在这个非常早期的发展阶段中，（个体还）没有足够的自我力量来做出一个不至丧失认同的反应。（CW 3:4:8）

意识到反应现象在出生前就已经存在了的直觉，这是一种精妙的温尼科特式观察。在这篇文章中，他还澄清了对他而言，"理论性的或理论上的（theoretical）"这一形容词多次出现的启发意义。比如，"理论上的首次喂养"这一概念是一个标准的虚构。这个概念的提出旨在建立一个潜在的参照系——如果没有干扰因素或环境影响，个体的情绪发展能够在其间以健康的状态发生的参照系。依照其强度的不同，上述阻碍可能会重新被吸收到泡泡中，或是迫使个体产生反应性的心理工作。

温尼科特是如何靠近心理生命的起源的呢？当然，他在儿科医生的工作中积累了极其大量的经验，而这些经验帮助他从胎儿阶段开始追踪心理体验的萌芽，但正是分析性情境构成了一个极为卓越的实验室——在这个实验室中，温尼科特可以通过在情感上同患者一起参与来验证自己假设的真实性。在这里，他从心理生命（psychic life）的角度出发，探索了生理创伤性反应和心理创伤性反应之间的中间区域的局限。一个必然会令人感到震惊和着迷的事实在于，许多当代产前心理学和新生儿心理学所关注的主题已经在当年被温尼科特处理了。该领域中存在着一种看似天真幼稚的缺乏抑制，但实际上，这种所谓的"缺乏抑制"反映的却是一个拥有大量可供支配的、观察性的以及精神分析性的临床材料者那内心的确定性。温尼科特正是在这些经验的基础上发展出了自体发展、对崩溃的恐惧、抱持、照料（handling）、客体–呈现（object-presenting）以及虚假自体的概念。

在"出生的记忆、出生的创伤与焦虑"一文中，他写道：

> 因此，在自然生产的情况下，<u>出生体验是一件婴儿已经知道的事情的夸张版本</u>。就目前而言，婴儿在出生的时候是一个反应器，同时（在这个过程中）重要的是环境；然后，在出生后又回到了一种以婴儿为重的状态，无论这意味着什么。在健康的情况下，婴儿在出生前就已经为某些来自环境的冲击做好了准备，并且也已经自然地从做出反应回归到了不必进行反应的状态，而后者是自体得以开始存在的唯一状态。（CW 3:4:8）

体验承担了成长的载体的作用。环境与胎儿之间的逐步交换，以及随后环境与婴儿之间的逐步交换，使人类的心理功能得以聚合。在《全集》第3卷中，这一思路伴随着"心智及其与心–身的关系"（CW 3:4:20）这篇卓越论文的出现而达到了顶峰。对温尼科特而言，心智永远都是一种有组织的防御——心智是婴儿对环境的反应经结构化沉淀后的产物，它允许了人格的基本解离。一旦心智形成，心–身就丧失了其自身的完整性，智力和情绪之间的解离就转入了行为的层面，而整个谱系的精神分裂性病理状况和解离性病理状况都源于这种人格层面的基本分裂。

这篇文章进一步发展了温尼科特最初在"原始情绪发展"一文中提

出的洞见，并为后续详尽阐述虚假自体的概念以及"身体中自体的基础（Basis for Self in Body）"（CW 9:2:12）一文的撰写奠定了基础。在此文中，温尼科特使用了"虚假的实体感（false entity）"以及"轻易地认同了所有关系中的环境维度"这两个表述，以此准确地引出了虚假自体发展的潜在过程，并首次提出了"真实自体"的说法。

1947—1951年这一时期的思想和洞见为未来几十年创造性的发展奠定了基础。

结 论

《全集》的第3卷汇集了很多温尼科特的主要文章，是思想、直觉、临床观察和潜在主线的宝库。这些理论的连接草图逐渐形成，变为了一个更加复杂的实体的一部分，并持续存在变化和修订的可能性。让读者——或者至少是让本章的两位作者——印象深刻的是温尼科特思想的内在连贯性、他宣扬自身见解的勇气以及他整个作品所体现出的理性诚实。

这里包含的文章构成了许多主题进一步萌芽的源泉。这些文章也刻画了那个在一些时候会有点儿混乱的、安静的天才，它们使得温尼科特在精神分析领域的独特工作方式有别于他人。由于篇幅所限，我们无法在此讨论一些会把我们带往各个方向的著作，但这些著作终究会以某种方式与我们强调的议题产生关联。

正如温尼科特本人在自己临床职业生涯结束时所说的那样，他遗留的问题尚未得到充分的理解。在"客体的使用"一文中，他写道：

> 我不能假设其他人已经遵循了我发展自身思想的方式，但我想要指出的是在这之中存在一个序列，而这个序列中可能存在的次序是我工作发展变化的一部分。（CW 8:2:28）

我们的目的不是引导或驱使我们的读者（温尼科特要是听到这个想法的话，肯定会皱起鼻子来），而是让读者们在自身个人化的感受与倾向的指引下，自由地找到属于他们自己的路。换言之，我们希望提供一个可以让他们随意创造和重构的客体。

参考文献

Bion, W. R. (1962). *Learning from experience.* London: Heinemann.

Bollas, C. (1997). *Cracking up: The work of unconscious experience.* London: Routledge.

Bonaminio, V. (2005). L'uso delle parole e la scrittura in Winnicott. *Rivista di Psicoanalisi, 50*, 259–274.

Fabozzi, P. (2006). Spazio potenziale tra vincolo e creatività. In Centro Italiano di Psicologia Analitica (Ed.), *Il vincolo* (pp. 213–226). Milan: Rafaello Cortina.

Fabozzi, P. (2012). A silent yet radical future revolution: Winnicott's innovative perspective. *Psychoanalytic Quarterly, 81*, 601–626.

Giannakoulas, A., & Hernandez, M. (2001). On the construction of potential space. In M. Bertolini, A. Giannakoulas, & M. Hernandez (Eds.), *Squiggles and spaces. Volume 1: Revisiting the work of D. W. Winnicott.* London/ Philadelphia: Whurr.

Green, A. (1980). The dead mother. In *Life narcissism, death narcissism.* London: Free Association Books, trans. Andrew Weller, 2001.

Heimann, P. (1950). On counter-transference. *International Journal of Psychoanalysis, 31*, 81–84.

Khan, M. M. R. (1974). *The privacy of the self.* London: Hogarth.

Klein, M. (1946). Notes on some schizoid mechanisms. *International Journal of Psychoanalysis, 27*, 99–110.

Ogden, T. (2001). Reading Winnicott. *Psychoanalytic Quarterly, 70*, 299–323.

Winnicott, D. W. (1945). Primitive emotional development. [CW 2 7.8]

Winnicott, D. W. (1948). Paediatrics and psychiatry. [CW 3 3.2]

Winnicott, D. W. (1949). Hate in the countertransference [1947]. [CW 3 2.1]

Winnicott, D. W. (1953). Transitional objects and transitional phenomena. [CW 4 2.21]

Winnicott, D. W. (1954). Mind and its relation to the psyche-soma [1949]. [CW 3 4.20]

Winnicott, D. W. (1958). The manic defence [1935]. [CW 1 4.6]

Winnicott, D. W. (1958). Aggression in relation to emotional development [1950]. [CW3 5.2]

Winnicott, D. W. (1958). Birth memories, birth trauma and anxiety [1949]. [CW 3 4.8]

Winnicott, D. W. (1958). The capacity to be alone. [CW 5 3:20]

Winnicott, D. W. (1958). Reparation in respect of mother's organized defence against depression [1948]. [CW 3 3.1]

Winnicott, D. W. (1965). Ego distortion in terms of true and false self [1960]. [CW6 1.22]

Winnicott, D. W. (1965). Ego integration in child development. [CW 6 3.19]

Winnicott, D. W. (1965). Group influences and the maladjusted child: The school aspect [1955]. [CW 5 1.9]

Winnicott, D. W. (1968). The aetiology of infantile schizophrenia in terms of adaptive failures [1967]. [CW 8 1.25]

Winnicott, D. W. (1969). The use of an object and relating through identifications [1968]. [CW 8 2. 28]

Winnicott, D. W. (1971). Basis for self in body [1970]. [CW 9 2.12]

Winnicott, D. W. (1972). Mother's madness appearing in the clinical material as an ego-alien factor [1969]. [CW 9 1.29]

Winnicott, D. W. (1988). *Human nature.* C. Bollas, M. Davis, & R. Shepherd (Eds.), London and New York: Routledge.

Winnicott, D. W. (1989). Development of the theme of the mother's unconscious as discovered in psycho-analytic practice [1969]. [CW 9 1.15]

图 4.1 1951 年 8 月,温尼科特出席了在阿姆斯特丹举行的国际精神分析协会第十七届大会。在这张与会者的合照中,温尼科特是最后一排从左数的第二位。

收录于唐纳德·伍兹·温尼科特档案室,由伦敦维康图书馆(Wellcome Library)保管,温尼科特信托基金会无偿提供。

多米尼克·斯卡尔弗内

第5篇

慢读温尼科特，1952—1955

阅读温尼科特有很多种方法，或者说，阅读任何优秀作者的方式都有很多种，但我在这里想到的是两种对比鲜明的方式。我认为，第一种也是更常见的方法——是探究他的作品，以了解他对某一特定主题的观点或立场，或找到某一特定概念的原始描述。我的脑海中立即浮现出很多例子——例如，过渡性客体和过渡性区域（transitional area）、对崩溃的恐惧、假自体组织、抱持、涂鸦，等等。当然，这是一种非常合理的查询方式，对于这种方式，书后的索引是最有用的。

我想到的另一种方法几乎用不上索引，而且开始时看似效率较低。它需要更多的时间，最重要的是，它需要对作者持有不同的态度。这种方法是为了温尼科特而阅读温尼科特；也就是说，它的目的主要不是为了寻找那些已经被认定为温尼科特式思想或概念的"金子"，而是为了捕捉温尼科特思想的模式、逻辑以及具体的演变。为此，故意用"稚拙"的方式进入他的作品是必要的，我的意思是，抛开之前对温尼科特的任何了解，然后再来阅读温尼科特。这也需要慢慢地阅读他，不要急于理解，因为，正如我们所知，我们倾向于理解已经熟悉的东西，而冒着抛弃真正的新东西、可能会颠覆以前的思维方式的风险。慢读有时意味着在一个段落甚至一个句子上停留足够长的时间，而不认为任何事情是理所当然的，不过早结束理解的完形过程。这并不等于宗教注释；它更关注的只是——一个真正的作者能教给我们什么。用"真正的作者"这个词，我指的是一个可以信赖的人：一个可以从原创的角度持续思考的人；一个不发现有意义的东西就决不放弃研究目标的人；这些东西既存在于用思维方法获得的知识元素中，也存在于这种思维方法本身。

在这方面，温尼科特是一个完美的范例，如果没有正确的阅读方法，我们很容易误解他。例如，人们经常会听到温尼科特对弗洛伊德或克莱因的忠诚问题，而怀疑他不忠或越轨的原因之一，就在于温尼科特不愿使用传统的精神分析词汇。这本身就是一件有意思的事，我稍后会再讨论它。但这只是问题的一部分。另一个重要的方面是，他的思想很容易被误解为只是在精神分析知识体系中添加了一些新的观点，但实际上，他一直在以不同的、独创的方式使用精神分析理论。我希望在下文中阐明这一点。

保持语言的活力

在《全集》第 4 卷所涵盖的时期，他非常关注精神病与情感发展的关系问题。在温尼科特写就这些重要文章的时候，他也觉得有必要给梅兰妮·克莱因写一封信，就是那封著名的写于 1952 年 11 月 17 日的信（CW 4:1:12），这显然是由一些本地事件引发的，但同时也是为了解决一个长期的问题，这可能并非巧合。这封信并没有涉及琐碎的机构政治问题，而是从整体上清楚地说明了温尼科特参与精神分析的本质。最有意思的是，他似乎特别关注语言问题。他并没有像拉康在海峡另一边开始提出的那样，将语言作为潜意识的基础，而是将语言作为创造性——包括心智的活力、自我的活力，甚至精神分析的活力的指示物：

> 我可以看到，我从自己的成长和我的分析经验中产生了一些东西，我想用我自己的语言来描述它们，这颇为令人烦恼，因为我认为每个人都想这样做，而在以科学为主导的社会中，我们的目标之一是找到一种共同的语言。然而，这种共同语言必须保持活力，因为没有什么比一种已死的语言更糟糕了。

在 15 个月后，温尼科特给安娜·弗洛伊德写了一封信（CW

4:3:7），在这封信中，表达了同样的议题，尽管这封信是从争论的对立面写的。在这封信中，温尼科特表达了一种恐惧——即，使用一种共同的元心理学语言，可能会"在共同的理解并不存在的情况下，给人一种共同理解的表象"。

这些都是具有挑战性的话。温尼科特很清楚，人们很容易认为，精神分析应该像任何科学一样，努力采用一套共同的概念和术语，由此产生一种共同的语言，从而促进从业者之间的交流。我们可以这样解释温尼科特的这句话，在1953年那个时候，他觉得对于相同的术语，人们并没有达成共同的理解。然而，在1952年6月20日写给H. Ezriel的一封信中，他旗帜鲜明地认为这不仅仅是一个词汇的问题。在Ezriel向英国精神分析学会呈报申请会员的论文后，温尼科特认为这篇论文极具原创性，但他觉得论文中的讨论并不令人满意，他写道：

> 我想发言者们可能感觉到了一些东西……但却不能真正去处理，这可能是一种真正的精神分析方法上的差异。我想说的是，问题在于，精神分析师们还不能清楚地说明这种区别，因为作为一个整体，他们还没有建立一个可以发表言论的平台。（CW 4:1:9，重点已标注）

因此，词汇并不是问题的核心。问题在于建立一个坚实的精神分析基础，在此基础上才能理解和充分讨论差异。共享的词汇表当然是有用的，但它不能消除不同分析师可能使用相同词汇来表示不同意思的问题。因此，温尼科特对这种精神分析基础平台的探索和贡献，并没有遵循标准词汇的道路。之所以这么做，可能有很多个人原因，而在他给安娜·弗洛伊德的信中（CW 4:3:7），他公开提到了原因之一，他是以提问的方式提出来的："这是因为我自己的某些东西吗？"答案可能是"是的"，但并不一定是因为温尼科特没有能力或个人倾向于反对使用元心理学这样不重要的原因。考虑到我们现在所知道的他的思维方式，以及在他给克莱因的信中优美的表达，相比于温尼科特本人有意识地宣称的困惑——"我自己的某些东西"，我们可以将其归因于背后更深刻的东西。这句话中的"我自己"确实不只是一个代词。它所包含的"自己"——不仅是温尼科特的自我，而且是每一个寻求用原创的方式来表达者的自我——自然地抵制使用标准化和非个人化的术语。在给克莱因的信中，他确实承认，他使用自己的语言的倾向是"在［他］自身的成长中，从［他的］内在发展出的"。

出于纯粹的忠诚，不是对传统的忠诚，而是对他自己及其内在成长过程的忠诚，温尼科特认为，个人化的语言是唯一可能的方式。

因此，他引发了我们的反思——精神分析理论须为作者的自尊付出怎样的代价。一个愤世嫉俗的评论家可能会采取"我早就告诉过你了"的态度，说他从一开始就知道精神分析不是一门科学，因为它甚至不能共享一套共同的术语，更不用说概念了。这又把我们带回我开头所说的阅读温尼科特的方法。如果你以实验主义者的方式来思考科学，那么你会发现温尼科特，或一般的精神分析，不符合它的标准。对于这样的失败，我要说感谢上帝！我无法想象一个精神分析师在咨询室里采用实验主义者的态度和心智状态去工作；再说，那又不是实验室。当然，温尼科特自己也指出，咨询室的重要作用，也可以说是主要作用——是让我们观察和收集关于人类状况的经验，但肯定不是以物理学家或化学家那样情感疏远的方式进行。尽管我们有时会将精神分析与量子物理进行比较，因为两者都承认观察者参与实验，但值得强调的是，精神分析师在分析情境中的参与要深刻得多。据我们所知，在量子物理中观察到的事实可能会被观察者改变，但在精神分析中，不仅观察到的事实，而且观察者自己也会被环境中发生的事情改变。如果我们真的想用科学这个名字来称呼我们的实践，那么精神分析就是一种非常特殊的科学。在咨询室的工作之后，观察者将会思考和书写他的经历，而他本人也受到了这种经历的影响，他无法用标准化的语言描述发生的事情而不遗漏其中的重要部分。温尼科特对自己的经验和自我的尊重和忠诚，使得一种个人化的语言不仅是得到允许的，更是被需要的。考虑到所要叙述的经历的独特性质，正因为这种语言的高度个人化，它就需要更为严谨。

具有讽刺意味的是，我们可以在弗洛伊德身上找到非常相似的态度，尽管是从不同的角度。的确，尽管温尼科特似乎在回避弗洛伊德的词汇，但他对待语言的态度和弗洛伊德相当一致。让我们来思考一下弗洛伊德的一句话，"一个人首先在语言上让步，然后在本质上也一点一点让步"（Freud，1921/1955，p. 91），这句话显然与温尼科特的立场相反。这句话挺出名的，它也很容易被误解为，对弗洛伊德来说，一个人应该培养一种严格的元心理学术语。然而，弗洛伊德肯定不是这么想的。这句话是为了强调他更喜欢明确地提及性方面的事务，而不是像弗洛伊德说的那样，"受过教育的人"更喜欢使用"更文雅的'爱神爱洛斯'和'情欲的'这种表达方式"。弗洛伊德坚持认为，有必要清晰而坦率地说出自己要说的话，而不必委婉。温尼科特和弗洛伊德的想法是一样的：关键并不在于坚持采用同一套标准的词汇，而是准确地说出自己想要表达的意思，坚持自己的想法，不妥协，以及使用感觉最符合眼前之事的词语。我们知道，这正是温尼科特一生所求，不仅在他的精神分析论文中，而且在他的私人信件和给报刊编辑的信件中都是如此，在第 4 卷中也可以找到许多例子。我们也知道，弗洛伊德大部分时间都采用平实的语言进行写作，使用日常用语。所以，尽管他的元心理学词汇的定义越来越严格，这是不可避免的，温尼科特自己也很清楚这么做的原因 ["在一个科学社会中，我们的目标之一是找到一种共同的语言"（给梅兰妮·克莱因的信，CW 4:1:12）]，最后，是温尼科特更接近弗洛伊德的精神——没有为了一套更合规的词汇表而在语言上"妥协让步"，"合规"的意思就是服从在精神分析圈内必然形成的群体心理。显然，弗洛伊德有其使用恰当的语词表述的理由，同样的原因支持着温尼科特不总是坚持使用共享的术语。这又是一个温尼科特悖论！

　　仔细阅读他的作品，最终会发现，与其说是词汇的问题，不如说是风格的问题。毕竟，温尼科特公开提到了本能和防御，或者俄狄浦斯和抑郁心位。但他显然避免了使用干巴巴的、公式化的方式写作，用公式化的写作方式可能意味着对精神分析圈内某些领军人物的尊敬，但也可能妨碍他思考自己的想法，重新思考精神分析的经验。这并不意味着温尼科特的术语不严格，恰恰相反：它们至少在概念上都是合理的，如果有人花时间仔细研究它们的话，并且，最重要的是，它们尽可能与他的个人风格和做精神分析的方式保持一致。

　　我们很容易想象，如果努力遵循标准词汇，可能会阻碍他的个人风格，而他的创造性和真正的贡献中很大一部分正是来源于其个人风格。我已经提示过他的精神比通常认为的更接近弗洛伊德的精神。尽管他以高度个人化的方式表达自己，但在运用理论时，温尼科特是一位坚定的弗洛伊德主义者。这里可能隐藏着温尼科特个人习语的秘密：他使用了弗洛伊德的理论成果，即使他并没有模仿弗洛伊德的写作或思考模式。我们知道"使用"这个词在他的理论中是很重要的，尽管他在1968年，在他生命的最后时期，才完成"对客体的使用和通过认同进行联结（The Use of an Object and Relating Through Identifications）"一文（CW 8:2:28），但显然他很早就开始思考在这篇重要的论文中所包含的思想了，就是在《全集》第4卷所涵盖的年代。

　　本文在开头提到了温尼科特的一些信件，我得再三强调，阅读他的信件和阅读他的主要论文一样重要。信件和文本呈现的时间顺序提供了一个丰富的机会，让我们得以观察他的想法如何在不同的情况下，以不同的形式实现。阅读这些信件有一个好处，就是能看到温尼科特的理论具体是如何形成的，看到他是如何始终如一地立足于那些年的理论研究和临床工作。在第4卷的信件中，他非常关心梅兰妮·克莱因的追随者们的态度，而非克莱因本人。这不是要在事实面前给温尼科特定个是非对错。但就他所捍卫的精神而言（例如，反对当时精神分析圈内经常遇到的教条主义的态度，不仅仅是在克莱因流派中），我只能称赞他在处理这个问题时的勇气和诚实。这不仅是一个政治问题，也不仅是英国精神分析学会内部组织统一的问题。很明显，温尼科特的干预是彻头彻尾的科学家的干预，他坚持保持研究领域开放的重要性，承认我们有很多不知道的东西，而不是对理论建构采取一种沾沾自喜的立场。在这段时间（1952—1955）的不止一封信件里，温尼科特真的很享受由那些未被充分理解的问题所带来的挑战。事实上，只要文章所提出的问题和作者的想法是有趣的，那么从同事的文章中发现他认为的错误则相对并没有那么重要。在这种情况下，分歧不是争吵的原因，而是一个重新思考并最终思考得更充分的机会。

从阅读第4卷所涵盖的那段时期的大量信件和论文中我们可以看到，温尼科特表现得极其活跃，动作不断：治疗病人、写论文、讨论别人的论文、给医学期刊和报纸写信，所有这一切都充斥着一种对通过充足的精神分析实践、严谨的思考而发现的真理的深刻的热爱之情。然而，他最重要的贡献还是在这一活跃时期写就的论文中得到最佳呈现。

精神病、退行以及抑郁心位

在那些年的作品中，"精神病与儿童照护（Psychosis and Child Care）"（CW 4:1:5）、"正常情绪发展中的抑郁心位（The Depressive Position in Normal Emotional Development）"（CW 4:3:5）、"精神分析设置内的退行的元心理学和临床问题（Metapsychological and Clinical Aspects of Regression within the Psychoanalytic Set-Up）"（CW 4:3:6），在我看来是最重要的几篇，而《抱持与诠释》（CW 4:4:1）提供了一个非凡的例证，让我们看到理论如何在面对实践时变得充满生机。温尼科特在这些作品中展示了复杂而微妙的过程，他能够理解这些过程，得益于他作为分析师和母婴关系的观察者的经验的结合。

从"精神病与儿童照护"的第一句开始,我们就被邀请去思考一个观点,这个观点虽然看起来很简单,但它在今日仍然很有争议性——即,精神病并不来自儿童"内部",而是与儿童所处的环境设置有关。这种设置本身,以一种非常不同的方式呈现出需要分析师注意的元素。事实上,乍一看,温尼科特似乎从第三人称的角度来描述这个设置,似乎他只是注意到,就如他的名言所说,"根本就没有(单独的)婴儿这回事"(即,没有母亲就没有孩子,因此,观察单位应该是母婴这个整体)。

在此背景下,温尼科特所使用的"环境"一词就是一个经常被误读的例子,温尼科特只是将环境嵌入弗洛伊德的追随者们所持的所谓的孤立或唯我论的精神分析理论之中,作为一种外部的但受欢迎的补充。而慢慢阅读温尼科特关于"精神病与儿童照护"的论文(CW 4:1:5),就会意识到他的贡献是多么丰富和复杂。读者很容易快速、匆忙地把"母亲"等同于"环境",把"环境"等同于"外部世界",显然,这种理所当然的想法也有其原因。但这恰恰需要慢慢地阅读温尼科特,而不是匆忙地认为只是常识而已。因为这样做,可能会忽略温尼科特提出的更为细致的辩证概念。事实上,虽然对于一个外部观察者来说,环境是由母亲或任何负责照顾孩子的人客观地提供的,但是温尼科特坚持认为,个体和环境不能分开来考虑:"一开始,个体还不是统一体(unit)。从外部来看,统一体是一个环境-个体组合。局外人知道,个体的心理只能在特定情境中展开。在这种情境下,个体可以逐渐创造出一个个人化的环境。"温尼科特同时从第三人称和第一人称的角度思考。更重要的是,他心目中的环境最终是由个体所创造的。

事实上,温尼科特是一个辩证主义者,他思考的是关系,而不仅仅是孤立的元素,这种关系甚至在关系中的搭档被明确区分之前(如果非要使用线性时间线的话)就开始起作用了。因此,个体-环境的组合

132

是一种关系，它先于个体和环境作为关系的两个不同的极点的诞生而存在。这并不意味着这种关系仅仅是潜在的。实际上它一直在运作，并将随着时间的推移产生更多的分化的元素，但如果认为这些元素需要"进入"一种关系，那就大错特错了。它们实际上是通过分化过程从这种关系中出现的，而出现的条件正是造成精神健康和精神疾病之间区别的原因。在这里，温尼科特的思维方式是最深刻的，让人联想到过去的大师和当代哲学家在考虑关系时所认为的真实状态。

理解关系的常识性方法确实是首先考虑独立元素或个体，然后在他们之间建立关系。但这种观点假定个体元素已经存在，就像魔法一样，于是我们就有权询问这些关系中的个体元素到底是从哪里产生的。这将导致观察者假设有一个预先存在的关系矩阵，那么就要反过来询问其中的个体元素的起源，等等，无限递推。唯一可行的解决办法是否定任何关系，这显然与事实相矛盾，或者，假设这种关系一直存在，它只是在逐步形成并变化外观：有时它的两极是隐性的，有时它们是清晰可辨的。我认为，这就是温尼科特的个体–环境组合的理念所引导的。如果有人试图严格假定一种客体关系理论的可能性，也就是说，如果有人试图解决我所说的"内化之谜"，这也是唯一的方法。虽然这种"内化的关系"的概念似乎不言自明，但我没有找到任何严谨的解释，告诉我心智如何"放入"（更不用说"放入什么"了）这样一个抽象的实体，来作为一种有效的关系结构元素。

如果从关系开始就存在（不是作为结果，而是作为起源本身）的角度来思考，显然简化了问题，更重要的是，将精神分析思维与最先进的当代科学相结合（Bitbol, 2010）。以这种方式看待关系，不需要晦涩的内化机制。孩子（和他的母亲）被要求只在关系中进化——在这个过程中，关系自身会变化和调整，以适应他们的个体进化。回到把个体–环境组合作为整体的观察单位的视角，从关系既已存在的角度思考，可以让我们理解，新生儿并不是进入与母亲的关系；更确切地说，婴儿是作为关系中的个体出生，未分化的母婴联合体在婴儿出生之前已开始运作。

我之前已经试图展现，在温尼科特的"对客体的使用和通过认同进行联结"一文（CW 8:2:28）中也可以找到，在处理这些问题时使用了同样的方法，这次是关于初级投射（primary projection）（Scarfone, 2005）。在那篇论文中，温尼科特谈到了那些有助于使用客体的能力的、不同水平的投射。例如，他指出，能被使用的客体必须是真实的，"而不是一堆投射"，然而，在客体联结（object-relating）的早期阶段（不要与真实客体关系混淆），"投射机制和认同已经在运作"（CW 8:2:28）。使用"投射"这个术语也可能会产生误导，温尼科特很清楚这一点。因此，他说了一句重要的话：

> 在我看来，我们熟悉的变化，即投射机制使主体能够认识到客体。这与声称客体因主体的投射机制而存在是不同的。<u>起初，观察者使用的词语似乎同时适用于两种想法，但仔细观察后，我们发现这两种想法绝不完全相同。正是这点指导着我们的研究。</u>（CW 8:2:28，重点已标注）

温尼科特的研究旨在区分两种完全不同的事态，即使观察者使用同一个词：投射。然而，真正的情况需要进一步的努力理解，当明确的关系尚未存在，就不可能有真正的投射（投射到某人或某事上，或是投射进某人或某事之中）。因此，我建议在客体联结阶段使用"初级投射"，与之相对的是，后面的阶段的"真正的投射"。因此，如果可以使用这样的术语，初级投射就是没有"投影仪"或"接收者"的"投影"。那么，剩下的是什么？为什么依然可以用"投射"这个词呢？因为，实际上的确存在着一种关系，但在那个阶段它采取了"一堆投射"的形式，回顾来看，它也可以被认为是一种投射的形式。然而，在那一刻，这是一种关系，在这个早期阶段，它的个体元素或两极尚未作为彼此分离的实体而存在。

　　同样的思维方式在第4卷的另一篇主要论文"精神分析设置内的退行的元心理学和临床问题"中得到了清晰而漂亮的体现，在这篇文章中，温尼科特写道："在原初自恋（primary narcissism）中，环境抱持着个体，而同时个体并不知道环境的存在，个体与环境是一体的状态"（CW 4:3:6）。温尼科特再次从个体－环境组合的两个方面——可观察的和尚不可思考的角度进行思考。而且，如果人们仍然试图将"环境"等同于"母亲"（停留在观察的经验层面），温尼科特在论文"正常情绪发展中的抑郁心位"（CW 4:3:5）中使用的语言则暗示着一种更为复杂的图景。在那篇论文中，抱持是一个主要特征，母亲抱持的不仅是孩子，而是抱持着整个情境。在我看来，其中最重要的区别是，情境中包含着婴儿、母亲以及任何支持母亲成为这个母亲角色的事物。因此，温尼科特很关注环境的失败，尽管从母亲的行为上最容易识别失败之处，但实际上要归因于整体的情境，这种情境被要求进化到"母亲抱持情境的体验成为自我的一部分，融入自我之中。这样，真正的母亲就变得越来越不需要了。个体获得了一个内在环境"。

　　在"精神分析设置内的退行的元心理学和临床问题"（CW 4:3:6）一文中，温尼科特展现了他流畅、严谨的思考能力，他以一种完全新颖的方式将理论与临床问题结合在一起，还使我们觉得不知何故地，就知道事情必定如此。他首先描述了三种主要的临床类别，其中的独特因素是患者是否作为一个完整的人，如果不是，个人的结构在多大程度上是安全的。我无法在这种简短的讨论中细述这种分类方法，但我想强调，他用一种简洁的方式为临床医生提供了很有帮助的指南，而无须将我们的患者所遇到的严格意义上的人类困难具体化。他所做的描述总是与他所发展的概念交织在一起；临床思维和理论思维之间从来没有分离。更重要的是，病理学似乎恢复了"痛苦"（来自希腊语的pathos）的原始和深层含义，即由于人在生命过程中遇到的困难而遭受痛苦，而不是出于目前精神病学分类中普遍倡导的异常或失调的角度。这对精神分析师的态度产生了深远影响，温尼科特在这方面承担了充分的责任，当他提到一个在关于退行的主题中他在思考的病人，他写道，"在这个分析开始之后，我情不自禁地变得和之前不同了"（p. 205）。对温尼科特来说，和这个病人工作的经历"检验了精神分析"，并引发了对"退行"一词的严肃的概念反思，这给了我们另一个例子证明他严谨的理论立场。然而对他来说，"退行这个词仅仅意味着前进的逆转"，这并不是故事的结束，因为"仔细检视，我们立即会发现，不可能有前进的简单逆转"（p. 206）。再一次，优秀的辩证学家开始工作，从根本上将退行区分为——仅仅是语言学上的前进的逆转和实际的退行过程。这种实际的逆转不可能是简单的，因为逆转要发生，个体内部必须已经有一个"能够使退行发生的组织"。换句话说，必须有一个足够结构化的心理组织才能经历退行。温尼科特立即澄清了他的想法，他说："当婴儿化的行为出现在病史中时，使用退行这个词是没有用的"（p. 206）。换句话说，退行不能仅仅从行为观察中推断出来。你仍然需要确定是"谁"表现出了这种行为，以及是从心理结构的什么水平开始的退行。有人可能会认为，"退行"这个词并不仅指显性的内容，而是涵盖一个相当复杂的过程，心理组织（将包括环境，我们将很快看到）通过这个过程被调动了。这一调动并不是简单地向回移动，而是向前推进，"这是解冻冻结情境的新机会，也是重新充分适应当前环境的新机会，尽管这种适应是迟来的"（p. 208）。这带来了重要的影响，因为它使温尼科特做出了一个大胆的声明："病人可以从精神病中自然康复，而神经症患者却不能自发地恢复，他们才需要精神分析师。换句话说，精神病与健康密切相关，在精神病的状况下，无数环境失败的状况被冻结了"（p. 209）。这再次说明了真正的精神分析构建的病理学概念，与描述性精神病学明显严肃的态度背道而驰，在描述性精神病学中，不用说，精神病比神经症离健康远得多。温尼科特深刻辩证的立场清楚地表明,与组织良好的神经症性结构相比,冻结的情况最终对改变的阻抗更弱。他当然是这方面的先锋,据我个人所知,只有一位主流分析师持类似观点,Michel de M'Uzan,他是法国最受尊敬的精神分析师之一,他认为边缘患者不仅适合精神分析治疗,而且他们实际上比神经症患者更容易通过精神分析产生心理变化[1]。

两位作者的共同之处在于,温尼科特使用的一个小词的重要性,如果不是慢速阅读,这个词可能会被忽略。这个词就是"流动的(fluid)"。当讨论退行的可能性时,温尼科特区分了退行到环境失败的状况,导致了需要分析的防御组织,以及退行到"更正常的早期成功状态",在这种情况下,个体就退行到了依赖状态,个体组织"就不那么明显了,因为它保持着流动性和较弱的防御性"(p. 208)。与精神病学的临床直觉所支持的相反,组织并不自动成为资产。这完全取决于心理组织是反应性的,并直接扮演防御角色,还是一个灵活的、流动的组织,产生于个体与环境之间同样流动的关系。说到这里,我们必须再次留意环境的真正含义:正如大家在前面所看到的,环境不仅仅是"周边环境",而是像生态位(ecological niche)一样的东西,正如生态学中众所周知的那样,居住在生态位上的有机体对于它的定义起着重要作用。在温尼科特的流动组织的概念中,存在一种来自原始关系"捆绑(bundle)"的结构,由此而产生的更为分化的关系则演变成一种灵活和相互丰富的方式,而不是创造出一个僵化的防御结构。显然,这总是一个剂量的问题,并没有纯粹的形式,但这一理念对于理解温尼科特的精神病理学方法,以及对于理解由退行提供的精神分析治疗机会来说,都是至关重要的。

在我看来,关于抑郁心位的这篇论文是最引人注目的论文之一,因

---

[1] Michel de M'Uzan,私人通讯。

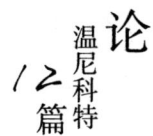

为它提供了实例，从而表现出温尼科特在工作中对他人思想的真正理解（本例中是梅兰妮·克莱因的思想）和在此基础上的创造性阐述。在描述克莱因在这一领域的发现的作品里，温尼科特不只是给出了我能想到的最丰富的描述之一，并且，他还展示出远远超出一般描述的理解，对概念进行了微调，使其不再是一个概念，而是一个关于人类发展的完整的、决定性的章节，是精神健康和精神疾病之间的分水岭、能否成为一个完整的人的分水岭。对于任何对人类发展感兴趣的人来说，这篇论文都应该是必读的，而对于任何想要从事精神分析治疗的人来说，更是如此。

文中不仅有这样的细节——温尼科特认为，"'抑郁心位'这个词对于一个正常过程来说不是一个好名字"，尽管他立即补充说"没有人能找到一个更好的"（p. 189）。但事实上，他提出了一个更好的术语：关切的阶段（the stage of concern）。关切确实是"抑郁心位"所描述的过程中真正的核心情感特征，以及正常功能，因为这是一种必须通过复杂动力而最终达到的能力，涉及本能经验、部分客体和丧失，而内疚和抑郁则证明了这种行为的失败。对抑郁心位的一个常见误解是——获得内疚的能力是其成就之一。当用在病理学上时，这可能是正确的。然而，温尼科特显然采取了不同的立场，他说："在正常发展中的抑郁心位的概念中，并不意味着婴儿通常会抑郁。抑郁，尽管常见，却是一种疾病症状，它代表着某种情绪，并意味着无意识情结可能成为有意识的。"在断言抑郁的病理性质及其潜意识成分之后，温尼科特才提到这些潜意识过程"与内疚感有关"（p. 290）。至此，我们发现自己面临的推理模式与关于心理组织的推理模式相同：问题是抑郁心位的发展是否会导致一种关切感，我会将其与前面提到的"流动性"联系起来，还是会在某种程度上被抑制，留下一种更僵硬的、防御性的、充满内疚感的结构。显然，在这里，这一过程将不可避免地充满不完善和未完成，但温尼科特谈到这一点是为了强调真正健康的成果是关切的阶段。因此，我们没有在迫害性焦虑和内疚之间做出半信半疑的选择:关切更像是成长过程中一种开放的态度,把内疚和焦虑留在防御性的、病理组织的一边。有一点是肯定的:正如抑郁心位与抑郁本身没有任何关系,关切绝不是一种内疚的形式。更确切地说,关切是孩子对他人真正关心和兴趣的开放,归属于一系列构成我们纯粹人性的品质:乐于助人、好客、仁慈。

至于温尼科特为什么没有正式提出修改术语,不难想象,他并不想卷入一场文字之争。我们在这里回到他与精神分析语言的关系。我们一眼就看出他很清楚词语的重要性——他确实质疑"抑郁心位"的用词不当——但他似乎仍然相信,语言的活力可以通过其他方式得到保证,尤其是在这种情况下,通过评论和对概念进行解剖的方式,防止它成为另一个僵化的口号。

同样重要的是,在"正常情绪发展中的抑郁心位"(CW 4:3:5)的开篇段落中,温尼科特建构了它与俄狄浦斯三角的关系。这里有一些东西明显地挑战了将他视为非弗洛伊德主义者(如果不是反弗洛伊德主义者的话)的观点。但是,如果需要更多的证据来证明温尼科特的弗洛伊德主义立场,还有什么是比在《抱持与诠释:一则精神分析的片段》(CW 4:4:1)中他的分析实践片段更好的证据呢?一篇文章所能分配的空间有限,不足以证明温尼科特根据经典弗洛伊德信条所做的工作(正如在他的信件中所坚持的那样)[1],但是让我们举一两个例子,不一定是最尖锐的例子,之所以选它们,是因为它们是普通工作的节选,而且两个片段相距 2 个月,有其关联。

第一个例子取自 2 月 28 日周一的一节治疗:

> **分析师**:我说,这些真实的事情并没有改变一个事实,那就是即将发生非常重要的幻想,以及与它相关的焦虑。有一种

---

[1] 参见他于 1953 年 11 月 27 日写给 Hannah Ries 的信(CW 4:2:15)。

幻想是女孩在青春期梦到拥有阴茎的人。也许现实情况是根据幻想来找到解决方案的，所以他的妻子有了阴茎，因而出现了一个问题，他的女朋友却被当作白日梦中的女孩，按说也是普普通通的女性。

病　人：现实中有一个困难。有一个和那个女孩玩儿的地方。我需要在真实的情况下玩。在这里，我们有一种专业的关系，唯一的游戏是通过梦和我们一起对梦做的工作而进行的。

分析师：是的，我看到了。你觉得我不愿意玩，就像你之前在其他情况下说过的。问题是，阴茎在哪里？因为还没有男性竞争对手，所以没有人拥有阴茎，而你希望女孩拥有它。在性交的梦中，母亲在某种程度上是那个女人，你几乎达成了成为一个男人 – 父亲的想法。（pp. 331–332）

第二个片段来自 5 月 5 日周四的材料：

病　人：关于平等，令人担忧的是，我们都是孩子，问题是，父亲在哪里？如果我们中有一个人是父亲，我们就知道我们在哪里了。

分析师：你徘徊在你和母亲一对一的关系，以及与你父母的三角关系之间。如果父亲是完美的，那么你只能变得同样完美，除此之外，你什么也做不了，这样你和父亲就彼此认同了。就不再有冲突。另一方面，如果你们是两个都喜欢妈妈的人，那么就会产生冲突。如果不是因为你有两个女儿，我想你会在你自己的家庭中发现这一点。如果是个男孩儿，他就会把他和他父亲在母亲关系上的这种对立表现出来。

病　人：我觉得你提出了一个很大的问题。我从未真正成为人。我错过了。（p. 382）

这些简短的摘录展示了温尼科特和他的病人如何处理自恋、认同、理想化、自我理想、生殖器的女性幻想、俄狄浦斯竞争、父亲的角色，以及最终真正成为人的问题——也就是达到关切的阶段，与完整的人打交道的抑郁心位。弗洛伊德、克莱因，可能还有其他人都在考虑这些，但这种整合是独一无二的温尼科特式的。这是将唐纳德·伍兹·温尼科特视为一个真正完整的人的又一个理由。

参考文献

Bitbol, M. (2010). *De l'intérieur du monde. Pour une philosophie et une science des relations*. Paris: Flammarion.

Freud, S. (1921/ 1955). Group psychology and the analysis of the ego. In *The standard edition of the complete psychological works of Sigmund Freud* (vol. XVIII, pp. 65–143). London: Hogarth and the Institute of Psychoanalysis.

Scarfone, D. (2005). Laplanche and Winnicott meet ... and survive! In L. Caldwell (Ed.), *Sex and sexuality. Winnicottian perspectives* (pp. 33–53). London: Karnac.

Winnicott, D. W. (1969). The use of an object and relating through identifications [1968]. [CW 8:2:28]

图 5.1　50 多岁的温尼科特

收录于唐纳德·伍兹·温尼科特档案室，由伦敦维康图书馆保管，温尼科特信托基金会无偿提供。

图 5.2　温尼科特与安娜·弗洛伊德和玛丽·波拿巴（Marie Bonaparte）公主，可能摄于在 1953 年伦敦举行的国际精神分析协会第十八次会议上。

收录于唐纳德·伍兹·温尼科特档案室，由伦敦维康图书馆保管，温尼科特信托基金会无偿提供。

詹妮弗·约翰斯
马库斯·约翰斯

第6篇

抵达他的巅峰，1955—1959

第 6 篇

JENNIFER JOHNS
MARCUS JOHNS

《全集第 5 卷囊括了 1955—1959 年编辑可收集到的未出版和已出版的作品、论文和信件，在这段时间里，唐纳德·温尼科特全身心地投入到他职业生涯的多项工作中，并以极大的热情传播他的想法。1957 年，他出版了《孩子与家庭》以及《孩子与外部世界》两本书，面向普通父母和对照顾儿童感兴趣的人。这两本书取材于他从第二次世界大战前就开始在 BBC 播出的节目。这些内容后来被合并为《妈妈的心灵课：孩子、家庭和大千世界》（The Child, the Family and the Outside World）。此外，他的第一本为精神分析读者准备的书——《论文集：从儿科到精神分析》（Collected Papers: Through pediatrics to Psychoanalysis）是在这一时期出版的，这本书的初版没有马苏德·汗在后续版本中增加的前言。书中包含了为不同类型读者撰写的论文，但几乎所有的论文都涉及个体在正常状态和偏离状态下的发展，这本书还描绘了温尼科特自己从儿科医生到精神分析师的发展历程。

1955 年，唐纳德·温尼科特 59 岁。他的双重身份，儿童精神病学家和精神分析师，二者都蒸蒸日上：从第 5 卷的一些作品中可以看出，他仍然上电台做广播节目，宣讲关于儿童发展和家庭动力的内容，并受邀为许多需要他的贡献的机构撰稿或发表演讲（见个别论文的附注）。他的文章展现出他乐于奉献的热情，而从他为读者量身定制写作风格和文章内容的才华中，显示出他对交流思想的强烈兴趣，在每个受众感兴趣的领域，他尽其所能向他的读者和听众解释——理解儿童发展的细微差别的重要性，以及他所面向的每一类受众的兴趣领域与此的相关性。他的信件也同样展示出他对于交流的热情，也呈现出他的坚持——关于理解自我整合最早期阶段的重要性，他最早在 1945 年的论文"原始情绪发展"（CW 2:7:8）中开始严肃地发展这个观点，后来他在不同方向上做了很多进一步的研究——他坚持认为,这些工作对于全面理解儿童发展的所有后期阶段以及各种形式的精神病理学都是至关重要的。在这篇论文中,他描述了生命之初的原初未整合(un-integration)状态,在这个阶段,如果有合适的环境,婴儿的心灵就能够开始整合(integrate)和个体化(individuate)。后来,他又从很多角度阐述了上述状态以及这一持续的成熟过程。

当温尼科特创作第5卷所囊括的作品时,到这个人生阶段,他经历了许多方面的冲突和变化——包括职业上的以及个人层面的。在他开始引入确保当今儿童生命安全的公共卫生措施之前,他曾于第一次世界大战期间在皇家海军服役,也在伦敦东区当过儿科医生。为了向全科医生介绍新兴儿科专业,他写了《有关儿童疾患的临床笔记》这本书,列举了一些令人痛苦的致命和致残疾病的例子,如结核性脑膜炎和风湿性心脏病。直到第二次世界大战结束后,他才看到抗生素的出现,使许多儿童免于这种命运,也看到了广泛的免疫接种。战争期间,橙汁、鱼肝油和学校牛奶的普遍供应防止了营养不良,而营养不良是儿童疾病的另一个主要原因。1955年,也即本文考虑的那段时间,在预防破伤风、百日咳、白喉和天花的基础上,对脊髓灰质炎的普遍免疫接种也加入了。不久之后,儿童医院就不再需要为百日咳后患有慢性肺病的儿童或依靠人工呼吸器生存的儿童设立病房了。儿科实践作为一个以身体为基础的医学专业(因此)被彻底改变了,但温尼科特在20世纪20年代为了专注于门诊工作,远离了住院儿童的工作,他也看到了儿科实践的其他变化,而他主张年幼婴儿和儿童的照料工作应该和孩子的母亲一起合作,这也是儿科实践的变化之一。在英国,纽卡斯尔(Newcastle)的詹姆斯·斯彭斯(James Spence)在1947年发表《英国医学杂志》论文的几年前,就认识到哺乳母亲的存在对住院婴儿的生存和随后健康的重要性;1945年,在纽约医院(New York Hospital),斯皮茨(Spitz)证明了可靠和持续的关系对婴儿的生理和心理生存的重要性。在这些研究发表之前，大家已经有了一些意识，当英国政府在第二次世界大战爆发时提出了一项疏散计划，将城市儿童从他们的家庭中转移出来，以保护他们免受预期的轰炸袭击时，温尼科特和约翰·鲍尔比、伊曼纽尔·米勒在1939年给《英国医学杂志》写文章谈及把孩子和母亲分开的风险，文中不仅提到了造成严重苦难的危险，而且还提到了童年时期的分离会增加青少年犯罪风险的统计数据事实。温尼科特后来在牛津的战时工作，是在一个收容被疏散孩子的青年旅社，这些孩子的行为是任何招待家庭都无法接受的，这使他进一步了解了分离的影响，并引发了他对反社会行为和青少年犯罪的思考。他的论文"反社会倾向"（CW 5:2:8）就写于1956年，也收录在第5卷。他将反社会倾向和已成形的犯罪行为区分开来，指出他所描述的孩子们仍然希望环境能带着理解而不是惩罚来回应他们，他说：

> 有反社会倾向，就有真正的被剥夺（deprivation）（不是简单的贫困匮乏）；也就是说，在孩子的经历中丧失了一些好的东西，这些东西在孩子经历的某一特定时期是积极的，然后被撤回了；这种撤回已经持续了很长一段时间，已经超过了孩子能够维持好体验的记忆的时间。

约翰·鲍尔比后来与詹姆斯·罗伯逊（James Robertson）和乔伊斯·罗伯逊（Joyce Robertson）合作，他们拍摄了与母亲分离的儿童在机构中接受我们检查时的反应，这在医院儿童护理方面引发了另一场战后革命，也说服了医院工作人员放宽父母探访，甚至允许"母婴同室（rooming in）"。在儿童照护方面出现了一股变化的浪潮，尽管负责人在面对变化时存在分歧［参见第5卷中温尼科特对鲍尔比著作的评论，"论分离焦虑（On Separation Anxiety）"（CW 5:4:18）和"对约翰·鲍尔比的'婴儿期的哀伤和哀悼'的讨论（Discussion: Grief and Mourning in

Infancy by John Bowlby）"（CW 5:5:17）]，温尼科特对儿童发展的理解和他所做的公共广播是这一变化的重要因素。

到1955年，第二次世界大战已经结束了10年。在英国，战后实行衣食配给的紧缩时期终于在1954年结束。成千上万的复员军人和被遣返的战俘，他们不是所有人都可以参加康复计划，也不是所有人都可以回去工作，英国社会不得不吸纳他们。许多婚姻因此破裂，许多家庭因此解体，社会因此出现了一波战后犯罪浪潮。此外，人们感知到的国际威胁并没有消失。虽然朝鲜战争在1953年结束，但冷战和对核攻击和毁灭的恐惧仍在持续。英国的年轻人在18岁时就被征召入伍，参加了对德国的三方占领，以及在马来西亚、非洲和其他地方的战斗。1956年，也就是我们正在讨论的那段时期，匈牙利事件和苏伊士运河危机提醒人们国际局势持续紧张。法国人最终离开了南越，美国军队开始训练当地军队。

在这种国际冲突的背景下，为了让儿童的健康和福利得到承认而进行斗争的同时，英国精神分析界（温尼科特是其中一员）也正在与自身冲突的后遗症做斗争。这些争端与英国精神分析学会的管理问题有关，但也与精神分析界对梅兰妮·克莱因关于婴儿早期内在精神生活的新理论的反应有关。克莱因深深影响了包括温尼科特在内的许多英国分析师；然而，也有一些人认为，她在儿童分析中把儿童的游戏等同于成人的自由联想，她的抑郁心位、内部部分客体和整体客体的概念，她把俄狄浦斯情结的时间提前，她对诠释负性移情的坚持，以及她强调先天因素对心理发展的影响，而非环境因素，这些都与弗洛伊德的思想相去甚远。她批评了安娜·弗洛伊德的工作，后者主张在诠释之前先获得孩子的信任，在儿童分析的开始阶段采取更具教育性的方法。在20世纪30年代，许多德国和奥地利分析师（包括后来的弗洛伊德家族）为了逃离纳粹迫害而来到英国，并受到了英国精神分析学会的欢迎，这些新来者发现克莱因对精神分析理论的发展及其给精神分析技术带来的影响，极大地背离了经典方法,他们开始担心精神分析的分裂。随着克莱因继续阐述她的观点,不同的派系形成了,并做出举行一系列讨论会议的决定(有关这些争议的描述,见 Lesley Caldwell & Helen Taylor Robinson,本书的第 1 篇)。

在第 5 卷中的文章发表的时候,英国精神分析学会出现了一种不稳定的稳定状态,形成了三个群体:安娜·弗洛伊德的追随者、克莱因学派以及中间学派(the Middle Group)〔后来被称为独立学派(the Independents)〕。各派根本的分歧在于如何理解人的发展。温尼科特认为婴儿刚出生时还不能作为一个单独的实体,或一个单独的统一体来研究,而只能作为包括养育因素(大多数情况下是母亲)在内的统一体的一部分——没有母亲的婴儿会死亡。这种基本立场有时被简写为"根本就没有(单独的)婴儿这回事",他的发展理论详尽描述了被细心照料和恰当抚养的婴儿如何逐渐发现自己的世界——内部和外部、我和非我、幻想和现实、母亲和他人的认可、关于依赖和需求的可怕事实,以及是否朝向整体状态发展。温尼科特在他的许多论文中从不同的角度反复重申和详尽阐述了这些议题。

英国精神分析学会的中间学派成员采纳了他的想法,并以极大的兴趣和热情加以发展,与此同时,似乎其他两个群体的成员则触及了大论战的酷烈——捍卫他们的团体认同和造成冲突的理论,显示出对探索另一方的观点的勉强,有时甚至到了连听听他人的观点都不愿意的程度。似乎每一方都可能拒绝承认对方观点有任何的有效性,甚至那些好朋友,即使享受彼此陪伴,也可能私下里认为对方"不是真正的精神分析师"。温尼科特似乎被这些根深蒂固的态度激怒了,甚至受到了伤害,他从未加入任何团体。

在更广泛的医疗实践领域也存在着冲突。1948 年 7 月成立的国家卫生服务系统(National Health Service,简称 NHS)彻底改变了医疗实践。尽管早在 1911 年,英国医学协会就经常提倡实行的中央资助的医疗服务受到了众人期待，甚至在1939年提出了这样的服务计划，但最终建立起来的医疗体系让很多医生感到失望，因为它在管理方面过于头重脚轻，过于集中，太容易受到政客反复无常的影响，有些医生甚至威胁不会加入。温尼科特在1946年给《泰晤士报》写过一篇文章（CW 3:1:5）——关于把医生从临床医生变成公务员的风险，他说"医疗实践现在不是服从于科学，而是屈从于政治"。尽管如此，直到1963年，他还是在新的NHS中担任儿科医生和儿童精神病学家，继续开展临床工作，也通过在帕丁顿格林的诊所为许多儿科医生、儿童精神病学家和精神分析同行提供教学服务。在他撰写第5卷中的文章期间（1955—1959），他是一位受人尊敬的儿童发展和照护方面的权威，并定期为教育学院和伦敦经济学院的学生授课。

值得注意的是，在某些方面，温尼科特的个人生活比以往任何时候都更加稳定和高产，尽管他至少遭受了三次心脏病发作。他在这方面的想法可能反映在他1957年提交给伦敦大学学院心身研究学会（Society for Psycho-Somatic Research）的重要论文中，该论文的笔记收录在第5卷（CW 5:3:29）。在这场演讲的笔记"兴奋在冠状动脉血栓形成中的病因学（Excitement in the Aetiology of Coronary Thrombosis）"中，他研究了兴奋的心理学和生理学，并以不断增加以致高潮的性兴奋为例，他假设当心理因素抑制了正常过程，会产生一种复杂心理生理状态，而这种状态有可能导致灾难。

从1955年开始，温尼科特和克莱尔一起生活，克莱尔是一个对他的工作和思考有着强烈兴趣的工作伙伴，她也有自己蒸蒸日上的事业。正如坎特（Kanter, 2004）指出的那样，在这段婚姻期间，他的专业和出版产出蓬勃发展，他对社会工作的兴趣——尤其是克莱尔的专业，即社会工作者的教育——在第5卷中显而易见。由于他的BBC广播节目，他获得了公众的认可，他的职业生涯达到了顶峰，他担任过皇家医学会儿科部和儿童心理学和精神病学协会（Association of Child Psychology and Psychiatry）的主席。自1945年以来，他一直是伦敦精神分析诊所儿童部的主任医生；1956年，他当选为英国精神分析学会的主席，并在1965年再次担任这一职务；他还作为一名演讲者，为国内和国际观众演讲和写作，大受欢迎。

此外，在研究思考的同时，温尼科特积极投入精神分析，尽管他继续坚持他关于早期关系的观点——这对于理解正常发展及其精神病理学变异是至关重要的，他也定期对同行的工作进行评论，包括对发表作品进行审稿和对宣读给英国精神分析学会的论文进行评论。第5卷中的许多信件都涉及与协会有关的问题，他对理论和学派差异的看法，以及对协会的知名人士和内部政治的看法，都很容易辨识。1946年，他给《泰晤士报》写了一封信，信中谈到政治影响对医学科学进步的威胁，他为此感到悲哀，协会中各团体的防御阻止了科学会议上充分的讨论，有时甚至影响到出席。

第5卷的信件语调各异。有对同行的鼓励性评论，也有批评，当温尼科特强烈反对某件事或某个人的时候，他会毫不留情地把自己的想法清晰地写下来，甚至带有对质的意味。这里包括他对同行提交的论文的评论，对英国精神分析学会科学会议中未来项目的建议，以及最激动人心的，对特别打动他的话题的评论，比如给《英国医学杂志》的关于白质切开术的信（CW 5:2:2）。我们应该记住的是，这本书中可供出版的信件大部分来自温尼科特1971年去世后的数年间，罗伯特·罗德曼（Robert Rodman）和克莱尔·温尼科特进行了长时间讨论后所选的信件。这些信件发表于1987年。其他在这里发表的信件可以在伦敦维康收藏馆的温尼科特档案馆找到，但大量信件目前存放在纽约医院的康奈尔档案馆（Cornell Archive）。

似乎在1955—1959年这个阶段的开端，温尼科特看来仍然希望英国精神分析学会不同学派成员之间能有一些卓有成效的沟通，他还特别希望自己的想法也许会被克莱因和她的追随者们所接纳。在"反社会倾向"（CW 5:2:8）的笔记中，温尼科特写道：

在用我自己的语言陈述克莱因的抑郁心位时，我试图弄清楚克莱因的概念与鲍尔比对剥夺的强调之间存在的密切关联。鲍尔比关于2岁孩子上医院临床反应三阶段（的归纳），可以提供一个理论范式，帮助我们理解因为内部客体的死亡或失去的外部客体的内摄，而逐渐丧失希望（的过程）。我们可以进一步讨论以下议题的重要性——内在客体的死亡（因愤怒以及接触内心中带有憎恨的"好客体"导致的），以及自我的成熟或不成熟对保持记忆的能力的影响。

鲍尔比需要克莱因围绕着对忧郁（melancholia）的理解而做出的复杂陈述，其源于弗洛伊德和亚伯拉罕的观点，但同样，如果精神分析接纳反社会倾向这一特殊主题，那么精神分析也需要鲍尔比所强调的剥夺理论。

第5卷的前两封信是写给克莱因学派分析师罗杰·莫尼-基尔的（CW 5:1:1；CW 5:1:6），它们似乎表明温尼科特仍然相信与克莱因学派的对话是可能的。尽管在1955年写给汉娜·西格尔的信中（CW 5:1:15），他确实预测到她可能会被说服，同意她所说的"第三区域（the 'third area'）"可能与温尼科特的"过渡性区域（transitional area）"的概念有关联，而在1956年写给琼·里维埃的信中（CW 5:2:3），他似乎已经接受了这个事实：克莱因对他的想法不屑一顾。

1957年，克莱因发表了她的专著《嫉羡与感恩》，并在一年前向英国精神分析学会提交了论文"一项关于嫉羡与感恩的研究"。温尼科特对这篇论文的评论以及后来对她的书的评论都收录在第5卷中。他发现自己与她的信念不一致，她认为"嫉羡是一种口腔施虐（oral-sadistic）和肛门施虐（anal-sadistic）的破坏性冲动的表达，从生命一开始就有了，它有原发性基础"。虽然温尼科特同意成人和儿童分析中嫉羡的普遍性和重要性，他似乎仍然无法调和克莱因的陈述与他自己的理解，他认为生命初期自我尚未整合，还没有足够的能力识别客体是外部的，也就无法构成嫉羡。对他来说，在咨询室的临床情境中所观察到的个体，无法直接追溯到婴儿期，因为在婴儿期个体还没有与环境分离，而母亲也是这个环境中的一部分。因此，我们无法将婴儿作为独立于关系之外的个体元素来进行研究。根据温尼科特的观点，成年人和孩子身上的嫉羡及其程度，是自我整合、个体化（individuation）和成熟过程的结果，也不可避免地传承于真实母亲的能力——在面对尚未形成的个体化的婴儿、分离尚不明显时，识别、适应、回应她的婴儿。因此，温尼科特认为嫉羡是一个复杂情境的结果，在这种情境中，如果母亲充分满足婴儿，开始支持婴儿自我整合的过程，足够好的母亲的照顾足以维持这一持续的过程，而不够好的母亲的支持是不够的，其结果是一种被剥夺的感觉——一个逗弄却不能让孩子满足的母亲。在克莱因第一次向英国精神分析学会提交论文后，温尼科特在评论中甚至提出，克莱因关于抑郁心位的概念被她自己的新想法破坏了。

第5卷的文章是为不同的事件和受众而写的，温尼科特会根据读者或听众的心理复杂度，变换他的写作风格。他对公众和普通听众讲话时，用的是大家都能理解的语言，但不带一种居高临下的态度，就像他跟诊所里的母亲们讲话时，一定是希望彼此都能理解对方一样。从他著作中的一些笔记和片段中可以看出，他写作也是为了记录自己的想法，可能是为了自己看，也可能是为了讲座、研讨会或未来论文所记的笔记。

温尼科特观察到，让一个孩子在一个正常健康的环境中成长，他将能够与那个环境的现实建立联结，这促使他研究孩子发现现实，与此同时发现自己的方式。内部与外部、幻想与现实、"我"与"非我"的存在被同时认识，并被认为是不同的、独立存在的。为了使这些不同的、独立的元素之间的关系得到发展并发挥作用，温尼科特在几篇论文和笔记中提出关于一个连接、桥接它们的方法的问题——通常是一个对婴儿很重要的客体，他给它加上了"过渡"这个词。这个客体既不属于内部世界，也不属于外部世界，而是充当桥梁或纽带，在连接它们的同时又使它们保持分离的状态。过渡性现象的思路在他的脑海里盘踞了至少20年，大概也是他最知名的，以及最被广大父母以及为父母提供建议的权威所接受的贡献。人们现在认为孩子需要一个泰迪熊或"安全毯"，在母亲缺席时替代母亲，也可在焦虑时刻安抚心灵。

虽然他是在1951年写"过渡性客体和过渡性现象"（CW 3:6:6）时，才第一次描写这种现象，并于当年5月提交给英国精神分析学会，他于1953年在《国际精神分析杂志》上发表了一篇类似的文章（CW 4:2:21），也收录在《论文集：从儿科到精神分析》之中（CW 5:4:24）。经过一些轻微的改动，它又在1971年的《游戏与现实》（CW 9:3:5）中重新出版。改动包括删除脚注12的第二段，其中包括他最初的想法——如果把母性（养育）技术添加到"乳房"这个概念中，那么它就可能在梅兰妮·克莱因和安娜·弗洛伊德对婴儿早期状态的理论之间架起一道桥梁。在后来的出版物中，温尼科特似乎已经放弃了这样的希望。在第5卷中还有对过渡性现象的进一步思考，比如题为"致《英国医学杂志》关于儿童抚慰者的信（Letter to the *British Medical Journal* on Children's Comforters）"的信件（CW 5:1:13）、题为"独立学派的首次实验（First Experiments in Independence）"的文章（CW 5:1:20）、题为"我们对婴儿吸吮衣服有什么了解？（What Do We Know About Babies as Cloth Suckers?）"的BBC（CW 5:2:1），以及1959年提交给儿童心理学和精神病学协会的一篇题为"过渡性客体的命运（The Fate of the Transitional Object）"的论文——温尼科特一再强调母婴联合体的重要性及其幸福状态对未来健康的影响，因此人们多次请求与分娩有关的人士提供相关的讲座和文章。1933年，随着格兰特·迪克－瑞德（Grantly

Dick-Read)的第一本书《自然分娩》(Natural Childbirth)的出版,自然分娩运动开始了,尽管当时已安身立命的医疗阶层持反对意见,但当他的第二本书《无惧分娩:自然分娩的原理和实践》(Childbirth Without Fear: The Principles and Practice of Natural Childbirth)于1942年出版时,自然分娩运动取得了巨大的进展。到第5卷中收录的文章发表的时候,(自然分娩的理念)引发了越来越多的助产士和部分产科医生的兴趣。1957年,英国成立了国家生育信托基金,以推进这一新的热点,从常规的麻醉和产钳辅助分娩过渡到更平静、更放松和更自然的分娩方法。这非常符合温尼科特的想法,即新妈妈的需要——需要有必要的时间和空间——以便于与她的孩子建立联结,成为一个"环境母亲"。环境母亲则意味着她对于孩子需求的敏感性能够支持孩子逐渐成熟,而免受不适当的入侵。这一卷中还包含了几篇直接与母亲本人有关的文章,其中有一些是写给专业同行的,如助产士、卫生员,还有一些是关于母亲的健康的,也还有1956年写给精神分析师的关于"原初母性贯注(Primary Maternal Preoccupation)"的论文(CW 5:2:16),这是为了回应《儿童的精神分析研究》(The Psychoanalytic Study of the Child)中关于婴儿神经症的讨论而写的。这个研究讲述了母亲在分娩前后和分娩后不久的心理和身体状态,可以被视为对温尼科特关于婴儿早期状态的研究的重要补充。婴儿需要细心、体贴的抱持和身体上的照护,母亲对婴儿需要的敏感调适为婴儿提供了环境,经由此环境,独立的个体会最终形成。温尼科特在探究(上述过程中)母亲的心理-生理状况时,特别关注了孕期和哺乳期的母亲那种特殊的全神贯注的状态,他意识到,母亲的这种贯注程度在其他情况下可能会被描述为一种疾病。

在1957年的文章"母亲对社会的贡献(The Mother's Contribution to Society)"中,温尼科特仔细考量了他对母亲(这一主题的)特别的兴趣。这是他在BBC的第一个系列演讲的后记,他在其中反思了包括他自己在内的每个人受到的母亲的恩惠,以及关于人类对依赖的恐惧的问题。他认为，这种恐惧是巨大的，大到经常被否认，他把这种否认的力量与群聚倾向联系在一起，和群体待在一起可以在被动和征服中找到明显的安全感。正如他的许多著作一样，这既包括对个体心理状态的仔细考察，也包括他对其更广泛的社会影响的推测。这种特殊的思路召唤出温尼科特在普通医学、儿科、精神病学、发展心理学、精神分析理论和实践、社会工作以及总体人性研究等方面的经验，并将它们加以综合。

除了对与他交谈的各类健康与社会福利领域专业人士的态度和影响进行反思和建议之外，温尼科特延续着他关于发展和个体化的思考。他在1957年提交给英国精神分析学会的论文"独处的能力"中（CW 5:3:20），从其后期阶段的视角阐述了成熟的过程。他把独处的能力描述为一种复杂的状态，（在文章中）他质疑一个不成熟的婴儿是否有可能独处，出于这样的原因：尚未形成的自我还没有达到作为一个统一体的有意识状态，因此也就无法欣赏孤独。温尼科特发现了一个悖论，即独处能力的基础是独自处在另一个人在场的情境下。另一个人的在场，通常是母亲，可能在一开始就会被母亲和任何观察者意识到，但婴儿还不能意识到——婴儿暂时受到保护，意识不到这种脆弱和依赖，也就免受它们所暗示的恐怖的威胁。正是这种对恐怖冲击的保护，允许了持续的自我发展，使自我力量最终足以支撑在现实中的独处。

在《全集》第5卷所涵盖的5年中，温尼科特涉及的主题之丰富，他的兴趣范围之宽广，以及他交流思想时所表现出来的热情，展现了一个在诸多层面上满怀热情地参与生活的人物形象，他坚信自己的观点，即从早期关系中理解人类个体的早期发展至关重要，虽然在早期它还不能被称为一种关系。他认为这种理解关系到人类生活的方方面面，从在精神分析关系中发生的亲密探索，到理解人类发展——这种理解对于那些对儿童健康、福利、教育感兴趣，甚至也包括对更广阔的社会和政治世界感兴趣的人（他自己对此就那么感兴趣）来说，都是至关重要的。

参考文献

Bowlby, E. J. M. (1960). Separation anxiety. *International Journal of Psychoanalysis, 41*, 89–113.

Bowlby, E. J. M. (1960). Grief and mourning in infancy. *Psychoanalytic Study of the Child, 15*, 3–39.

Bowlby, E. J. M., Miller, E., & Winnicott, D. W. W. (1939). Letter on evacuation. *British Medical Journal*, 2, 1202.

Dick-Read, G. (1933). *Natural childbirth*. London: Pinter & Martin.

Dick-Read, G. (1942). *Childbirth without fear: The principles and practice of natural childbirth*. London: Pinter & Martin.

Kanter, J. (2004). *Face to face with children: The life and work of Clare Winnicott*. London: Karnac.

Klein, M. (1957). *Envy and gratitude*. London: Tavistock.

Klein, M. (1975). *Envy and gratitude and other works*. London: Hogarth.

Klein, M. (1975). Notes on some schizoid mechanisms. In *Envy and gratitude and other works* (pp. 1–24). London: Hogarth.

Spence, J. C. (1947). Care of children in hospital. *British Medical Journal, 1*, 125–130.

Spitz, R. A. (1945). Hospitalism: An inquiry into the genesis of psychiatric conditions in early childhood. *Psychoanalytic Study of the Child, 1*, 53–74.

Winnicott, D. W. (1931). *Clinical notes on disorders of childhood*. London: Heinemann. [CW 1:3]

Winnicott, D. W. (1945). Primitive emotional development. [CW 2:7:8]

Winnicott, D. W. (1953). On transitional objects and transitional phenomena: A study of the first not-me possession. [CW 4:2:21]

Winnicott, D. W. (1955). Letter on children's comforters. [CW 5:1:13]

Winnicott, D. W. (1956). Letter on leucotomy. [CW 5:2:2]

Winnicott, D. W. (1957). *The child and the family*. London: Tavistock.

Winnicott, D. W. (1957). *The child and the outside world*. London: Tavistock.

Winnicott, D. W. (1957). First experiments in independence [1955]. [CW 5:1:20]

Winnicott, D. W. (1957). The mother's contribution to society. [CW 5:3:30]Winnicott, D. W. (1958). The antisocial tendency [1956]. [CW 5:2:8]

Winnicott, D. W. (1958). The capacity to be alone [1957]. [CW 5:3:20]Winnicott, D. W. (1958). *Collected papers: Through paediatrics to psychoanalysis*. London: Tavistock. Winnicott, D. W. (1958). Primary maternal preoccupation [1956]. [CW 5:2:16]

Winnicott, D. W. (1964). *The child, the family and the outside world*. London: Penguin.

Winnicott, D. W. (1971). *Playing and reality*. London: Tavistock.

Winnicott, D. W. (1987). Letter to *The Times* [not published], 6 November 1946. [CW 3:1:5] Winnicott, D. W. (1989). Discussion: Bowlby, J., "Grief and mourning in infancy" [1959]. [CW 5:5:17]

Winnicott, D. W. (1989). Excitement in the aetiology of coronary thrombosis [1957]. [CW 5:3:29]

Winnicott, D. W. (1989). The fate of the transitional object [1959]. [CW 5:5:22]

Winnicott, D. W. (1993). What do we know about babies as cloth suckers? [1956] [CW 5:2:1]

Winnicott, D. W. (2017). On *"Separation anxiety"* by J. Bowlby [1958]. [CW 5:4:18]

图 6.1　1955 年在日内瓦举行的国际精神分析协会第十九届大会上,温尼科特报告了"移情的临床种类"(CW 5:1:11)。温尼科特站在最右边,从前往后数第二排,面向右边。

收录于唐纳德·伍兹·温尼科特档案室,由伦敦维康图书馆保管,温尼科特信托基金会无偿提供。

安吉拉·乔伊斯

第7篇

健 康

从依赖到独立，1960—1963

《全集》第6卷包含了唐纳德·伍兹·温尼科特在公共卫生领域最后几年的工作。1961年，65岁的他从帕丁顿格林儿童医院退休。尽管退休了，他仍在国内、国际精神分析领域非常活跃，同时，他以一名分析师的身份传播了一系列的态度，包括对临床工作的态度、对日常生活的态度，以此来帮助专业人士和普通人群。这篇文章的目的是让读者对温尼科特在那个时期所写的作品有一个大致的了解，同时对那些日趋成熟的、催生出20世纪60年代末最后的那些论文的关键思想进行更仔细的品鉴。

家长-婴儿关系

这一时期始于他对爱丁堡举办的国际精神分析协会（IPA）大会的主要贡献——"家长-婴儿关系理论（The Theory of the Parent-Infant Relationship）"（CW 6:1:21），此文于1960年在国际精神分析协会杂志（*International Journal of the Psychoanalytic Association,* 简称 *IJPA*）上预先发表。温尼科特是一个既深受西格蒙德·弗洛伊德传统的影响，但也从根本上重塑了精神分析理论和实践的批判性特色的精神分析学家。那次大会之所以很重要，是因为它反映了温尼科特作为这样一名精神分析学家日益增长的声誉。这里提出的观点标志着他的理论系统发展的一个转折点——在他生命的最后10年里，带来了关于精神生活的本质和发展，以及关于临床实践含义的革命性主张。

在国际精神分析协会大会上，美国分析师菲利斯·格林纳克（Phyllis Greenacre, 1960, 1962）参与了小组讨论，他和温尼科特自20世纪50年代以来一直有一些联系（Thompson, 2012）。和温尼科特一样，格林纳克也是一名儿科医生，同时也是一名精神分析师，这在精神分析学界至今仍属罕见。该小组的主席是约翰·鲍尔比，他是英国精神分析学会的成员，他的著作《儿童照护与爱的成长》（*Child Care and Growth of Love*）于1953年一出版，就立即成为经典著作。后来，他被誉为"依恋理论"的创始人。当时精神分析运动的主要人物（安娜·弗洛伊德、马苏德·汗、Serge Lebovici、Daniel Lagache、Angel Garma）参与了讨论，他们的报告后来发表在1962年的 *IJPA* 上。

温尼科特在一开始就说这篇文章是关于婴儿的，而不是关于精神分析的。他的目的是解决他所认为的"个人和环境的影响在个体发展中的相对重要性的困惑"（p. 139）。这可以说是他关注的核心：在婴儿期——也就是语言出现之前——婴儿自身带来的东西，和他/她在环境中遇到的东西，对其影响有何不同？以及这些答案对精神分析实践有什么影响？他的观点是，在西格蒙德·弗洛伊德的经典理论和梅兰妮·克莱因的贡献中，都认为婴儿对母亲的"双重依赖（double dependency）"是理所当然的。尽管他承认他自己的格言〔"不考虑母性照顾，就根本没有（单独的）婴儿这回事"〕可能起源于弗洛伊德的论文"关于心理功能两个原则的表述（Formulations on the Two Principles of Mental Functioning）"（Freud，1911，p. 220），以及克莱因以一种革命性的方式打开了前俄狄浦斯发展的整个领域（Klein，1945）。他俩都假设新生儿最初的情境已经足够好了，但在他看来，这两种假设都是错误的。阅读他的论文时，你可能会把它视为温尼科特在写作中与克莱因持续对话的一部分；这本书于1960年9月出版时，她去世了。本文将考虑说明这一点，因为它对温尼科特这一职业生涯阶段的表现是有影响的。

尽管在不断阐述精神分析取向的过程中，它对旧的和（相对）新的观点都提出了挑战，但温尼科特立即表明，他的观点是多么令人不安，甚至可能对他自己来说也是如此。在开始讨论手头的任务之前，他不得不告诉听众，他不会推卸个体自身对身陷困境所应担负的责任："如果分析师说，'你的妈妈不够好'……'你爸爸诱惑了你'……'你姑姑把你摔下去了'，病人是得不到帮助的"（p. 139）。他说，"在婴儿期，好事和坏事都会发生"，由此开始阐述他的理论，即在一个人的生命之初，母性的抱持具有核心意义。然而，要把这些东西汇总在一起既不简单也不明显，事实上，他对诸如全能、投射等概念的使用有时会令人困惑，因为他用它们来指代他自己的理论命题，而温尼科特对这些概念的理解并不总是与其他分析师的理解相一致。当他写道，在健康发展的必要性中，一切对婴儿来说都应该是一种投射——这是他在暗指（婴儿应该维持）"全能幻觉"状态，他认为这是健康发展的基础。这能否顺利发生，取决于在生命开始时，母亲是否能够适应她的婴儿，使婴儿能够维持这种体验。从婴儿的角度来看，这是好事和坏事发生的根源。当她不能充分适应时，也就是"不够好"时，婴儿就不得不过早考虑外部现实，就不会处于错觉状态，而温尼科特坚信这种错觉状态对建立原始情绪发展过程来说是至关重要的。这里使用的投射概念并不意味着婴儿已经意识到母亲是一个分离独立的客体。相反，它指的是婴儿，出于原初的创造性，创造了世界，也创造了全能幻想中的母亲。当这种识别外部现实的能力随着时间和足够好的环境而发展时，母亲将在稍后被"发现"。尽管温尼科特没有引用费伦齐，但他的想法与费伦齐的想法惊人地相似（Caldwell & Joyce，2011；Tonnesmann，2002）。费伦齐对被他称为"幻觉魔法全能（hallucinatory magic omnipotence）"阶段的兴趣，以及对母亲通过适应婴儿的需求来维持全能感的强调（Ferenczi，1913），都在温尼科特这里得到了呼应。温尼科特认为，发展源于对双人关系（two-body relationship）的需求［后来他还考虑到第三人（父亲）和更多他人］，这种观点需要被纳入精神分析理论的传统框架中。

本文阐述了他这一基本概念——在依赖阶段，母亲对婴儿的抱持使婴儿的新生自我得以开始发展。环境设置最初是与婴儿纠缠在一起的，正是因为这种必要的环境设置，所以，如果不将母性照护纳入考量，就没办法考虑婴儿了（参见斯卡尔弗内的文章，本书的第5篇，以详细阐述温尼科特对环境的理解）。温尼科特指出，弗洛伊德意识到了这一点，但没有在他的初级过程（primary process）理论（幻觉的愿望实现）中进一步研究：从婴儿的角度来看，奶的出现似乎是出于他想喝奶的需要；但在现实中，这是假定"（婴儿出现这种幻觉的前提）是他/她从母亲那里得到了照料"（Freud, 1911）。

温尼科特提出，在婴儿的早期生活进程中，母亲的抱持功能促进了统一体状态（unit status）的建立［其中，在自我的统一体中，身与心被心智增强了；参见 Winnicott（CW 3:4:20）］。在母亲的抱持功能中，她不仅在身体上照顾孩子的需要，而且在她的头脑中富于想象力地阐述加工孩子的体验。这需要她处于温尼科特在1956年所写的那种心理状态，即"原初母性贯注"状态（CW 5:2:16），一种支持母亲并使母亲能够适应她的婴儿的特异性的状态。这个观点后来在他关于母亲的镜映角色的著作（CW 8:1:38）中得到扩展，在母亲与婴儿的相遇中，婴儿会感到被了解和被识别。

温尼科特引用了他的第二任妻子克莱尔写的一篇论文，克莱尔在她1954年的论文"儿童照护服务的个案工作技术（Casework Techniques in the Child Care Services）"（C. Winnicott, 1954）中使用了抱持的概念。乔尔·坎特（Joel Kanter）描述了关于克莱尔的工作和她对温尼科特的影响（Kanter, 2004），声称这个概念其实来自克莱尔。克莱尔·温尼科特是一名社工，后来又成为一名精神分析师，她明确地聚焦于工作者/父母对被抱持者做了些什么，也就是说，是如何通过心理和身体的过程（内部工作）来接纳另一个人的。温尼科特的解答是母亲（以及分析师）对她的婴儿的"富有想象力的阐述加工"。

温尼科特在这篇论文中提出的发展轨迹是有趣的，因为他提到了父亲，经常被忽视的父亲。这可能是因为，他主要感兴趣的是建立和研究母婴统一体的最早期过程（以及"婴儿在抱持阶段的发展"），将之作为精神分析研究的焦点。然后，把焦点扩展到"母亲和婴儿生活在一起"，接着是"父亲、母亲和婴儿，三人一起生活"（p. 144）。婴儿不知道父亲的存在，也许只把父亲看作是一个辅助的母亲，直到母亲和婴儿之间形成了分离，父亲与母亲不同的那部分功能才能被了解。重要的是要认识到温尼科特指的是母性和父性的功能，例如母亲的"抱持功能"。在很久以后的一篇论文——"《摩西与一神论》文本中的客体使用（The Use of an Object in the Context of Moses and Monotheism）"（CW 9:1:4）中，温尼科特描写了父亲如何在分离的节点被婴儿感知为一个整体客体（whole object）："当婴儿刚刚成为一个整体时，他/她很可能利用父亲作为自己整合的蓝图。"然而，之前和在这篇论文中，他是否认为父亲在形成分离的过程中起了作用，或者父亲是否只能因为婴儿和母亲之间的分离而为婴儿所知，都是不清楚的。清晰的是，父亲被赋予了（婴儿发展中的）结构性角色，此角色也与"父亲"在母亲心中的位置有关：不仅是婴儿的父亲，也是她自己的父亲。在"客体的使用"（CW 8:2:28）中，温尼科特竭力传达他的理论——婴儿和母亲之间的分离是如何形成的，但他并没有提到父亲或父性功能。在精神分析理论中，父亲分离功能的描述源自拉康对弗洛伊德在《图腾与禁忌》（Totem and Taboo）中对于神话般的、象征性父亲的阐述的发展。拉康在《精神分析的四个基本概念》（The Four Fundamental Concepts of Psychoanalysis，1978）中引入了"以父之名（Le nom du Père）"这一概念；也就是说，父亲是母亲欲望的客体，这也发生于母亲和婴儿之间。温尼科特熟悉拉康的思想（事实上，他曾是1953年去巴黎的IPA访问委员会的一员，这最终导致拉康在1963年离开了IPA）。在温尼科特的论文"母亲和家庭在儿童发展中的镜映作用（The Mirror-Role of Mother and Family in Child Development）"（CW 8:1:38）中，他提到了拉康的著名论文，只是为了区分他自己和拉康的立场。在这个发展轨迹中，父亲的位置似乎既是必要的，也是出奇被动的：他必须在现实中存在，但（对于）他必须做什么却非常不清楚。这与对母亲地位的丰富描述形成了鲜明对比：她当然不是被动的，而是在回应孩子的成熟过程中，她以小剂量的方式，非常积极主动地适应、想象和呈现着这个世界，打碎着孩子的幻想。

与此同时，这种从母婴联合体到父亲、母亲和婴儿共同生活的转变，也就是温尼科特所描述的从"绝对依赖"到"相对依赖"，再到"走向独立"的类似转变过程。尽管他认为他所谓的中心自体的核心在健康状态下是孤立的［在他后来的"沟通与不沟通引发的对特定对立面的研究"的论文中进行了阐述（CW 6:4:8）；参见后面的讨论］，但他仍坚持认为，我们没有人是真正独立的；在健康状态下，我们只是"走向独立"。矛盾的是，如果自我核心的孤立性遭受冲击，那么这个人（最初是婴儿）就会暴露在最极端的湮灭焦虑中，这完全是存在的对立面。母亲的抱持功能是保护婴儿不受此伤害，在时间和空间上抱持，以便婴儿最初的自我得以建立。正是在分析（边缘精神病患者）中呈现的这些状态的精神病理学中，温尼科特声称，我们得以"重构婴儿和婴儿式依赖的动力，以及满足这种依赖的母性照护"（p. 154）。

尽管一开始他坚持认为他写的是关于婴儿期的东西而不是精神分析，但他提到了会体现在临床上的后果，即有这样的成长史会导致严重的精神病理，他们可能会成为来到分析中的患者；也就是说，他们带有被标记为"发生了不好的事情"的历史。他主张用一种不同的方法对这类患者进行临床治疗，他认为这些患者（精神分裂症和精神病）对于经典精神分析来说是"糟糕的选择"。在这些情况下，他坚持认为，（移情）诠释不如分析师的特质重要，尤其分析师的可靠性。他直率地呼吁，我们应该意识到，在某些个案中，分析中的患者可能是第一次体验到迄今为止在精神分析思维中被视为理所当然的关系：这样一段关系以环境的可靠性为标志，而现在（在分析中），环境的可靠性由分析师来代表。这与他关于退行的论文［"退缩与退行"（CW 4:3:29）］相呼应，在这篇论文中，他指出，当生命的最早阶段在移情中重现时，当患者退行至依赖时，应优先考虑分析师的一致性和可靠性。对温尼科特来说，西格蒙德·弗洛伊德和梅兰妮·克莱因都没有充分考虑到母婴组合早期的统一体，他认为这影响到他们在依赖领域的精神分析临床工作的方法。

在 IPA 大会的讨论中，安娜·弗洛伊德特别反对温尼科特的断言——即精神分析忽略了前俄狄浦斯期阶段的发展，并引用了她父亲的论文"抑制、症状和焦虑（Inhibitions, Symptoms and Anxiety）"（Freud, S., 1926）作为证据。她不同意这些患者需要不同的技术，相反，她认为他们不能用精神分析来治疗："尚未战胜依赖阶段，尚未实现独立就又失去了，这种依赖状态无法在分析中治愈"（Freud, A., 1962）。这并不是说她认为依赖的问题不会在精神分析中出现，也不是说它们不能被处理（诠释），但是，它们只能通过后面的发展来调节，只有当自我发展到俄狄浦斯情结水平，具备维持治疗联盟的合作性的时候，它们才能被处理。对于温尼科特来说，病人的功能应该要达到一个完整的人的水平，而正是病人早期生活中的那些因素阻止了这种发展，这就需要一些不同于传统的技术。

"家长－婴儿关系理论"是面向专业人士的，但温尼科特的名气并不仅仅局限于精神分析的专业世界和健康服务领域。在当时的英国，他通过广播的形式广泛传播了他关于孩子及其父母，尤其是母亲的思想，并因此闻名遐迩。在《全集》第 6 卷中，囊括了 5 期他在 BBC 的讲话，其中还包含他和一些母亲之间的对话，以及他后来对这些对话的点评。在谈到母性（motherhood）问题时，他的评论显然证明了任何认为他是一个感伤主义者的观点都是错误的。这里并没有对母亲的理想化，而且他坚定地认为，做母亲有时候是无聊、令人厌烦的："无论母亲有多么爱孩子，有多渴望孩子，照顾小孩子可能就是令人厌烦的"["什么让人厌烦？（What Irks?）"（CW 6:1:7）]。从 20 世纪 70 年代起，才有大量的母亲外出工作，这些谈话在当时，还处于那个时代之前；然而，温尼科特选择探讨的"什么让人厌烦"远不止父母意识层面所抱怨的常见内容。他深入而简洁地探讨了这样一个事实：为了能让孩子受到照顾，母亲必须有一段时间作为"免费的房子"（p. 77）；她的任何东西都不是神圣不可侵犯的，她的私隐会被入侵（最初，是在她怀孕的时候，婴儿是真的在她的身体里）；她无法成功地保护自己免于入侵，除非同时剥夺她孩子的一些基本需要——妈妈触手可及的感觉。这个时间段是有限期的，但绝对是必要的。而谁会成为母亲："除了孩子的亲生母亲之外，谁是真正的母亲"（p. 77）？当母亲的隐私被她的孩子掠夺之后，她的任务就变成了如何恢复自己的个体身份。温尼科特声称，表现最好的母亲是那些一开始就能屈服的人：在这些条件下失去了一切，但她们后来能很快恢复过来。虽然温尼科特的重点是母亲，他也经常提到父亲，但有时给人一种事后才想起他们的印象。但在这里，他强调父亲只有扎根于"友好相处的氛围"之中，他们对孩子说"不！"的权力才会有效行使（p. 84），这表明他们的功能再次依赖于日常生活的现实。

抱持失败的后果

这一时期（1960—1963）温尼科特的许多论文都反映了他对"家长－婴儿关系理论"中描述的最初的亲子关系的进一步阐述。在他从卫生服务机构退休后的行医过程中，越来越少接触真正的婴儿和母亲，而是转向成年人的分析治疗，而他对发展早期阶段失败的后果一直都很感兴趣。初期的发展进程仍然取决于父母为幼儿提供的照护的质量。这一时期末的一篇论文"从依赖走向独立（From Dependence Towards Independence）"（CW 6:4:11）描绘了他自己的历程，从20世纪30年代受本能理论主导的精神分析，到认识到人类的成熟过程是在完全依赖环境供给的背景下发展起来的。这将自我置于发展阶段的中心，尽管自我心理学在美国出现并主导了那里的精神分析数十年，但温尼科特的版本略显不同。在认识到认同过程的出现具有重要意义的同时，温尼科特对养育婴儿的人所做出的"高度复杂"的适应更感兴趣，"自我关联（ego relatedness）"将母亲强大的自我赋予婴儿，包括她逐渐的"失败"，一点一点地向婴儿呈现世界，这是婴儿自身强大自我出现的先决条件。这个渐变过程的必然结果是——随着"我"和"非我"世界的分化，在走向独立的成熟过程中，婴儿逐渐意识到自己的依赖，并开始注意到、感受到真实的外部母亲，这是必要的。这个过程永远不会全部完成，但在健康方面，（这个过程）会使个体在社会中找到自己满意的位置。个体会认同父母，但温尼科特也断言，个体会"大胆反抗，建立属于个人的身份认同"（p. 481）。

"从真自体与假自体的角度看自我的扭曲"一文（CW 6:1:22）与"家长 – 婴儿关系理论"是在同一年写的，在前者中，温尼科特再次提到了格林纳克，他们曾在爱丁堡国际精神分析（IPA）大会上一起发言。这篇论文包含了一组与它的标题密切相关的概念，此文呈现出相比于直接观察婴儿，温尼科特更多地从治疗边缘成年患者的经验中了解了早期发展过程。这反映了他的作品中一种有趣的张力，一方面是他从与成千上万的母亲和婴儿的工作中学到的东西，另一方面是他对所谓的"研究"病人所进行的开创性精神分析工作，在这些工作中，"临床上的婴儿"的重建是重点。在这些案例中，他直接接触到被他视作早期没有获得足够好的环境的后果——婴儿不得不忍受真自体生活连续性的中断，导致了他或她必须适应种种冲击。个体本质上是妥协地、虚假地生活着，被引诱屈服，以此作为解决方案。这是假自体的病因，在病理学上是一种严重的分裂，一种人格分裂，其功能是保护真自体。在最严重的情况下，假自体表现为把精神病理性碎片包裹在一起的外壳。或许自相矛盾的是，在这种保护性的环境中，真自体枯萎了，无法茁壮成长。与这种衰变相关的影响是无意义感和绝望，而自杀可能是对真自体的再度主张（1959—1964）。虚假的生活意味着通过模仿生活，而在足够好的早期环境中，真自体会活跃起来。温尼科特提出了一个连续体，它容纳了健康中的某种虚假，更多的是一种公众假面，其中妥协的能力成为一种成就———种假自体的某一面的健康表达，是它促成群居的社会生活。他将这些观点与临床联系起来，并告诫人们不要无休止地分析假自体，在这种情况下，这种防御永远不会被突破，最初的失败情境也不会通过对精神分析师移情而得到缓解。

他关于健康成熟的观点是对这些论点的补充，正如他所强调的，他认为个体不应过早成熟，健康是"符合年龄的成熟"["家庭和情感成熟（The Family and Emotional Maturity）"（CW 6:1:17）]。这个缓慢的人类发展过程不仅仅是一个社会化的理论，也是一个允许打破传统的"破坏"和重生的过程，这样每个人都可以，而且必须，在发现外部世界独立存在之前，创造他或她自己的世界；这是真实自我的繁荣，原始创造力的最初表达。

健　康

1962年10月，他在美国巡回演讲时，首次发表了一篇重要论文——"沟通与不沟通引发的对特定对立面的研究"（CW 6:4:8），后来才在英国精神分析学会发表，此文传达了一种熟悉的、与众不同的，但也必然复杂的视角，来看待健康地活着的特殊的一面。在一篇非常个人化的引言中，他主张"不沟通的权利"，并继续论证真自体不被发现的绝对必要性；自体的核心是真正的孤立分离。由此得出的推论是，对主体有任何用处的客体，必须是出于需要而主观创造出来的，但必须"被"发现，这样创造才能被实现。这是一个无法解决的悖论。那么问题变成了如何过一种充实但内在孤立（isolated）的、真实的生活，而不会变得绝缘（insulated）。文中没有提及，但在他后来的文章"镜子角色（Mirror-Role）"（CW 8:1:38）中有所提及并做了进一步拓展的一种观点是，萌芽期的真自体仍然必须被母亲看到和识别，才能茁壮成长。孤立的新生自体需要他者的识别（以及不被识别为其他），以启动自我与新生自体、与主观创造的现象之间的沟通过程，这个悖论也无法得到解决。这些过程与"独处的能力"一文（CW 5:3:20）中所探讨的想法紧密相关，在这个过程中，年幼的孩子在必须有他人（母亲）在场的情况下，依然可以愉快地处于一种不沟通的状态，这种状态与因沟通失败而产生的痛苦截然不同。有一种深刻的沟通能够允许孤立（isolation），但是沟通失败会导致绝缘（insulation）。

"健康"成为一个日益重要的概念。一个人的健康世界不是平淡无奇的，而是丰富和充实的，它阐述了心智和心灵在内部和外部基础上可以做出的各种可能性。在"原始情绪发展"一文（CW 2:7:8）中最早提出的思想，在"儿童发展中的自我整合（Ego Integration in Child Development）"（CW 6:3:19）一文中再次出现，这证实了温尼科特是那种能够将内外现实的无尽复杂性结合在一起，而不去偏袒或牺牲其中任何一面的分析师。作为人，就是同时生活在两者之中。在良好的健康发展中，一方不能为另一方而牺牲。健康的真自体有助于抱持这种内在与外在现实的分离。他将自我发展置于中心地位，提出了他对弗洛伊德主义发展性理论的独特观点。本我（驱力，在弗洛伊德的理论中，是驱动发展的引擎）只有通过自我发展的整合过程才具有个人化的意义。温尼科特认为自我整合更重要，他将本我置于自我之下；否则，本能的生命可能只是一声"雷鸣"。本我将游离于自体之外，无法贡献力量，并有可能成为一个破坏性的、不稳定的存在。他再次非常清楚地指出，"无论对婴儿早期阶段怎样描述，如果不与母亲的功能建立联系，就没有任何价值"（p. 394）。母亲足够好的功能可以使婴儿不至于从悬崖边缘陷入难以想象的焦虑之中。

这就提出了一个关于整合的问题，在这里，温尼科特挑战了克莱因关于新生儿早期功能的描述——她认为焦虑源于死本能。在克莱因的描述中，母亲充满了婴儿破坏性的投射元素，婴儿的内心世界是由投射和内摄过程的振荡建立起来的。比昂对克莱因理论进行了拓展，他特别重视母亲对这些投射性认同的遐思（reverie），将这些投射性认同进行解毒；婴儿因此能够承受它们，继而心理结构得以建构。[比昂在他的容器 - 被容纳者理论（theory of the container-contained）中没有提到温尼科特，但是，温尼科特在一封回复 J. 威兹德姆（J. Wisdom）对评价比昂贡献的信中（1964 年 10 月 26 日；CW 7:1:11）抱怨说，他自己关于母亲对婴儿状态的积极贡献的观察和想法没有得到（比昂的）承认。]在温尼科特的观点中，婴儿的身体状态是心灵得以诞生之处，可以想象，是关于存在的最原始的表现形式。在时间和空间上，养育者抱持着这些过程，在健康状态下，这对婴儿来说是非常个人化的。婴儿存在的连续性以这些方式被确认，然后能建立他 / 她个人化的方式。"我是（I Am）"出现了，失整合（disintegration）的可能性随之出现，（失整合）被定义为混乱的产物，是一种对母性支持缺失的表达和防御。在健康状态，"未整合（unintegration）"状态仍然是一种资源，是回归最原始的条件——完全依赖于环境的可靠性，可能成为远离"非我世界"的避风港。这种来回的过程允许一种发展和退行的动态关系，也允许回到更早期状态的可能性，如果没有这种可能性，持续存在的发展拉动力可能会对孩子来说引起焦虑。能够回到"原始情绪发展"（CW 2:7:8）中首次描述的未整合状态，即使是暂时回去，也将最终促进和支持孩子在"非我"客体的世界中以一种真实的方式生活。

温尼科特是一位健康理论学家，他的关注点可以说是对生活、存在和感受真实的延伸思考，但他是以关注那些干扰发展和健康内在趋势的因素的微妙之处而闻名的。尽管他小心翼翼地不去责怪父母的缺点["精神病对家庭生活的影响（The Effect of Psychosis on Family Life）"（CW 6:1:6）]，他说孩子的疾病通常是由父母造成的，但"伤害既不是故意的，也不是肆意的：它就是这么发生了"（p. 66）——他仍然冷静地关注，从婴儿的角度来看，什么可能会妨碍他们充实享受生活的能力。要么是母亲的原初母性贯注中存在着潜在的病理，或者母亲可能永远不会让自己进入温尼科特所认为的"正常的疾病"状态［"母婴最初的关系（The Relationship of a Mother to Her Baby at the Beginning）"（CW 6:1:8）］。在描述过程中，他抓住了怀孕后期的女性会发展出一种的特别的内部焦点状态，这种状态一直持续到产后的头几周／几个月——如果不是怀孕或作为母亲，这种状态会被视为疾病。如果她不能进入这种状态，婴儿可能会陷入灾难性的焦虑中："崩溃的感觉，无尽下坠的感觉，外部现实无法安慰的感觉，以及其他通常被描述为'精神病性'的焦虑"。为了防御这种焦虑，婴儿必须过早适应外部现实；一个可能的结果是，正如我们之前看到的，是假自体的外壳，以保护真自体不受侮辱。

在 BBC 上所做的关于"嫉妒"的讲话（CW 6:1:4），让温尼科特有机会再次强调他的观点，即什么是健康的发展，（他认为）符合年龄的成熟才是健康。能够嫉妒是一种发展成就——婴儿逐渐认识到他所拥有的母亲（在一个可靠的环境中），还有其他人要占据她。这种感觉表明孩子有能力在爱与恨之间处于一种激烈的冲突状态，这在生命之初是不可能自然而然地发生的，只有当自我充分整合后才有可能。这意味着孩子意识到他的爱被破坏性想法变复杂了，并且潜在地，带来了健康的悲伤和关切的感觉。这一结果与关系性环境（父母）对孩子体验的反应方式密切相关。温尼科特说，当嫉妒变得不正常时，它会转入地下，扭曲孩子的人格。孩子没有真正的机会在他的嫉妒中生气和攻击，所以嫉妒转向内部；这会导致一种对外在某种事物的执着追求，以应对内在那种丧失的感受。一个持续的主题是，健康的出现需要在一开始就有足够好的条件，环境具有高度可预测性，并能适应儿童的个体需求：这是道德的基础［"儿童是非意识的发展（The Development of the Child's Sense of

Right and Wrong)"（CW 6:3:4）]，然后，"真自体"才会发展出来。在正确的环境条件下，在慈爱的父母背景下，"道德规范环绕四周"["道德与教育（Morals and Education）"（CW 6:3:18）]，普通的"足够好"的是非感会为孩子提供便利。内疚和道德并不是父母被赋予的教导孩子的任务，而是被视为一个足够好的环境下可预见的结果。事实上，在他看来，从婴儿的角度来看，顺从是构成不道德的基础（"道德与教育"）。

温尼科特不但持续关注健康和充实生活的议题，他还反复提到婴幼儿在早年的各种体验，在他对心理健康和疾病病因学的理解中，他着重强调了发展性的观点["从婴儿成熟过程的角度看精神疾病（Psychiatric Disorder in Terms of Infantile Maturational Processes）"（CW 6:4:12）；"儿童期的神经症（Psycho-neurosis in Childhood）"（CW 6:2:17）；"你的案例中的精神疾病（The Mentally Ill in Your Caseload）"（CW 6:4:5）；"人格障碍的心理治疗（The Psychotherapy of Character Disorders）"（CW 6:4:9）]。他绘制了发展阶段（相对于年龄）的图表，这些阶段的困难可能会导致特定的精神病理：在生命早期，整合、人格化（personalization）和现实化（realization）的过程中若出现困难，就会导致精神病；在断奶阶段，丧失必须得到支持，否则就会导致抑郁或反社会倾向；在学步儿期及之后，成为一个完整的人，这个阶段的困难会导致神经症。他给人的印象是，他不仅是在与精神分析领域的听众交谈，这些听众熟悉精神分析思想，而且，他还会和医学和精神病学机构沟通，他们倾向于以一种简单的、以生物学为基础的现象学范式理解精神病理学。尽管他敏锐地注意到精神病的"环境"（早期关系）原因，以及对个体和家庭所造成的痛苦，但他对这些人类体验的多样性的价值有着明确的个人观点。"如果我们只有理智，就真的很可怜"["精神病对家庭生活的影响"（CW 6:1:6）]，总结了他的非传统观察。这种态度回荡在他的许多作品中，在"分类（Classification）"（CW 5:5:5）一文中，他指出，"艺术家有能力和勇气触碰神经症所无法忍受的原始过程，而健康的人可能会由于自身的匮乏而错过那些精彩"。

在"儿童期的神经症"（CW 6:2:17）一文中，温尼科特异乎寻常地关注古典精神分析的典型研究领域：神经症，即与整体客体（whole object）相关的整体的人（whole person）的精神病理学。这些人没有经历过他所详细描述的那种冲击。在这里，最严重的心理内部冲突与（被认为是自我一部分的）本能生活有关，尽管神经症的防御可能被用来否认这种驱力。在青春期，年轻人可能会选择恐惧、痴迷、抑制这些方式，而不是采用温尼科特所说的"虚假的解决方案"。他指出，这些神经症症状缺乏更原始的精神病理（如精神病或反社会倾向）中明显表现出来的探索感，就像他在文章中所描述的那样。他似乎对这个领域感到厌烦，也许这反映了他很少探究心智健全的领域，尽管他承认这样的孩子有活力，也承认他们正在遭受冲突。他关注的是神经症和神经症疾病的条件，但这就好像他必须让自己远离，告诉自己他并不关注那些可能会混淆疾病分类学特征的其他状态。在论文的最后，他提出了一个主张，为他早期的非正统观点提供了依据："临床上真正健康的个体更接近抑郁，更近疯狂，而非更接近神经症，神经症很无聊。当一个人能够（体验）疯狂，能够玩转精神病症状，这是一种解脱"（p. 263）。他仿佛在说，一个人越接近"正常"，就离创造力和活力越远。精神病可以说是创造性的病理学，而神经症是"安全第一原则"（存在）的重要证明。

温尼科特的作品中充满了对从众、顺从、心智健全、虚假、生活得好和健康的态度，或直白，或隐晦。但这些也根植于他对内在现实的潜在丰富性或其他方面的欣赏。在他对约瑟夫·桑德勒（Joseph Sandler）向英国精神分析学会提交的题为"超我（Superego）"的论文的讨论中，他指责桑德勒过于关注有意识的生活，而没有对幻想和心理现实给予足够的关注。在此处，他还提请人们注意他对心智（mind）和心灵（psyche）的区分，这是他在早期的论文"心智及其与心－身的关系"中首次提出的（CW 3:4:20）。心灵是想象和躯体过程的表征浮现的场所。而心智的产生是为了应对外部现实的迫切需要，而正是在这里，假自体可能会被引诱屈从于现实。温尼科特呼吁对精神分析的概念领域采取更全面的方法，以区别于自在之物（a thing in itself）。概念可以被玩弄，甚至被污染，被用来做梦，被用来游戏。他指责桑德勒挪走了弗洛伊德对无意识生活的概念化的丰富多样，而无意识生活根植于非语言化的内部现实，以及梦境世界的核心。然而，即使在此，温尼科特也引入了人际关系和依赖的事实，以及"从依赖到独立的渐进旅程"。无论父母是在场或是缺席——在依赖需求满足或是未满足的现实中，孩子对父母形象的体验的主观质量都在为超我的结构化过程着色。在温尼科特看来，它将我们带回前生殖器期的本能生活，也将我们带回梅兰妮·克莱因所描绘的领域。他断言，只有当个体生命早期的情感发展令人满意时，才能在渡过俄狄浦斯情结后，观察到弗洛伊德所说的超我。他声称"大量的孩子"没有这种经历，他们的超我"永远不会获得人性化"（pp. 129–130）。他还断言，他一直是"认识到满足需求比满足愿望更早期、更重要的运动中的领军人物"（p. 130）。他在英国精神分析学会的一次科学会议上做了直率的讨论，他反对古典精神分析理论的提出方式——在他看来，这是对复杂过程的过度简化，也并不符合弗洛伊德的本意。此外，桑德勒认为内摄、认同、模仿这些心理机制是超我结构化的重要组成部分，但温尼科特却认为桑德勒对早期婴儿对母亲的依赖关系特征的判断过于武断。他严厉批评桑德勒似乎在鼓励发展中的服从和认同，在他看来，这都是屈从。他引入了违抗，他强调，这种违抗能让孩子坚持自己的个性，感受真实。

温尼科特对"抑郁的价值（The Value of Depression）"（CW 6:4:10）的反直觉评价，反映了他对人类能够达到的复杂心理状态的欣赏，同时也反映了一个悖论：尽管一个人遭受痛苦，但抑郁的能力是有价值的。能够抑郁意味着一定程度的健康和发展，也伴随着以前被认为是理所当然的东西会丧失的风险。在温尼科特与克莱因的持续对话中，抑郁是个重要议题。他欣赏她关于抑郁心位的概念（Klein，1935），这一概念在他还是她亲密圈子中的一员时就开始发展了，它在精神分析的经典著作中的重要性堪比弗洛伊德的俄狄浦斯情结［"对于克莱因贡献的个人观点"（CW 6:3:8）］。然而，他的赞赏并没有阻止他在许多方面与她争论，例如，她用"抑郁"一词来描述他所认为的健康的发展（即关切的能力）。事实上，他的主要贡献之一就是改写了克莱因抑郁心位的概念，用他自己的术语"关切的阶段（stage of concern）"来取代。

在"关切能力的发展（The Development of the Capacity for Concern）"（CW 6:3:11）这篇论文中，他探讨了婴儿逐渐能够区分内部现实和外部现实的过程，这些想法在他生命的最后10年里形成了"客体的使用"（CW 8:2:28）一文。他描述了婴儿早期对母亲的感知，将所谓的环境母亲，即抱持和照料婴儿的母亲，与客体母亲区分开来，客体母亲将接受婴儿原始爱的全部力量，是他的驱力指向的客体。这和克莱因对婴儿在这个世界上的初始体验的描述完全不同，也是对两种不同的爱的描述。婴儿对环境母亲（温柔地照顾着婴儿的身体需求的母亲）的爱，正是鲍尔比在"情感纽带的形成与破裂（The Making and Breaking of Affectional Bonds，1979）"一文中描述的情感纽带，Bethelard 和 Young-Bruehl 在《珍爱》（Cherishment，2002）一书中也描述了这种情感纽带。正是这种非性的、非升华的爱，将友谊、父母和孩子联系在一起。性欲之爱的驱力指向主观体验到的"客体母亲"——她不恐惧，实际上渴望成为前-同情期婴儿攻击性的客体，希望被（婴儿）吞食并乐在其中。关切阶段的任务是让这两种分离的主观体验中的母亲，在婴儿的心目中合并成为一个客体，从而将温柔的、深情的爱与热情的爱结合在一起，最终达到关切的能力。

这与克莱因的分裂理论不同。克莱因的分裂理论认为，婴儿将其死本能导致的"坏"投射到母亲的乳房中，然后感觉乳房是坏的，并与好的、理想的乳房形成对比。这种分裂对温尼科特来说太早了，因为它假定的是基于一种已经建立起来的区分内在和外在现实的能力，并基于一种完全不同的攻击性和破坏性的概念。意识到"他者"和利用外部现实的能力是发展的基础，这成为温尼科特想探讨的一个根本问题。它复杂的演变过程源起于主体最初创造现实的错觉，悖论般的是，这种现实总是在那里等待着"被发现"；此外，演变过程也依赖于由足够好的母亲提供的环境的连续性和可靠性。

他在"关切能力的发展"一文中详细阐述了他对攻击性这个主题不断变化发展的看法。尽管他在20世纪30年代就首次写过关于攻击性的文章（CW 2:1:8），而在60年代早期，他将这些观点整合在一起。他的叙述与众不同，不同于（后期的）弗洛伊德和克莱因学派的发展，后者更重视死本能的变迁（Freud, S., 1920; Klein, 1948）。他将攻击性定位在生本能的范围内，最初与肌肉运动的活力相同，并与爱有关：肌肉性欲（muscle erotism）。这可以与弗洛伊德最初的驱力理论相类比，在该理论中，自我保存的本能包括活动和运动（Freud, S., 1915）。在温尼科特的描述中，爱本质上包含攻击性［一种现象，如同普利尼（Pliny）对火的描述一样，就是说，没有办法说爱本质上是建设性的还是破坏性的；参见"对我的论文'客体的使用'的评论（Comments on My Paper 'The Use of an Object'）"（CW 8:2:38）］。为爱的破坏性方面承担全部责任这种能力是在早期发展过程中不断获得的。他对克莱因"抑郁心位"概念的修正，不仅强调"关切"的正常性，而且把关切能力的发展定位于与母亲真实的外部关系中，母亲在婴儿前－同情期原始破坏性中存活下来是这种能力建立的基础。这与恨无关；而且又一次与克莱因截然不同，克莱因认为将爱与恨的冲突完全呈现在生命之初，表现了生本能与死本能之间的冲突。温尼科特所做的描述中，关键是母亲与婴儿自发地朝向"非我"世界（即母亲自身）的探索相遇，并对其进行识别。外部环境对（婴儿探索）的回应的性质，深刻标记了婴儿内在现实的特征，无论是在温尼科特关于健康发展的概念形成中，还是在他关于精神分析情境的概念形成中，"存活下来的客体"都占有越来越重要的地位［"客体的使用"（CW 8:2:28）］。他认为，关切和内疚能力的发展是健康方面的成就，也是幼儿生活的特点。

"关切能力的发展"的主题（CW 6:3:11），以及他在各种不同地点发表的演讲，都与他对反社会倾向的兴趣有关，这种兴趣是由他在牛津郡疏散计划中的战时经历所激发的。尽管在这一时期，温尼科特对攻击性和破坏性的观点得到了整合，但他关于反社会倾向的大部分作品都是在更早之前完成的（见第 1 卷和第 5 卷）。但是，在第 6 卷的信件、评论、讣告和谈话中，所有这些都显示出温尼科特对生活的持久兴趣，因为生活中有无数的错综复杂，这其中有一篇 1961 年的"关于监狱和教养院惩罚委员会报告的评论（Comments on the Report of the Committee on Punishment in Prisons and Borstals）"（CW 6:2:22）。这篇短文浓缩了他对这些现象的很多思考：反社会倾向是一种疾病，因此需要治疗，而不仅仅是用惩罚去处理；这种疾病通常是对疯狂的一种复杂的防御，因为对疯狂的恐惧一直存在着；希望之所以被防范，是因为害怕再次失去曾经丧失的东西；在按照军国主义原则组织的机构中，要维持一个能够触及疾病深度的系统是不可能的；惩罚的无意识动力之一是报复，社会需要保护，但惩罚是一种实施报复的方式，会塑造个体受虐性反应；对诸如青少年犯罪或潜逃等行为背后的复杂原因的深刻理解，可能会导致监狱和教养院里的人受到截然不同的对待。他的观点既激进又极具人情味。

在第 6 卷中有两篇关于青春期的论文："青春期：在消沉中挣扎（Adolescence: Struggling Through the Doldrums）"（CW 6:2:4）和"医院护理对青春期高频心理治疗的补充（Hospital Care Supplementing Intensive Psychotherapy in Adolescence）"（CW 6:4:13）。在这两篇文章中，他都强调年轻人如何努力挣扎想要感受真实，不愿接受虚假解决方案，这样一来，或可将疾病感知为一种选择。他的解决方法是"时间的流逝",这可能看起来过于简单,但是,就像婴儿时期一样,它不仅仅是时间的流逝,而且随着时间的推移,整合和重组的过程逐渐发生,这将为成为一个成熟的成年人这一极其困难的任务做好准备。

温尼科特与梅兰妮·克莱因的关系

温尼科特一直在与主流精神分析进行对话,特别是与克莱因以及她在这个领域带来的激进发展对话。值得注意的是,这里引述的许多与她的立场明显不同的文章,都是在英国精神分析学会以外的地方提出的,至少最初是这样。克莱因在这一时期之初(1960)去世,有人可能会想,在学会悼念其最具创造性的理论家之一时,他去大本营以外的地方发表这些论文,是否表达了他对于在大本营"反叛"克莱因的犹豫。1962年,在美国巡回演讲期间,他在一次演讲中说,"无论如何,我发现她没有把我纳入克莱因学派的行列。这对我来说并不重要,因为我永远无法跟随别人,甚至弗洛伊德。但是弗洛伊德很容易被批评,因为他总是在批评自己"["对于克莱因贡献的个人观点"(CW 6:3:8)]。这是一个很复杂的表述。毫无疑问,他并不是任何人的追随者,但也许这也反映了他被克莱因排除在她的圈子之外,他感到受伤,又将其淡化。他认为克莱因"只是嘴上说说环境供给"(p. 335),"从本心上并没有能力"认识到它的重要性,但这并不妨碍他承认她将精神分析的兴趣扩展到前生殖器期的巨大意义。他赞赏她是一位慷慨的老师,但他也批评她的偏执-分裂心位理论,他认为它的时间假设是错误的,因为温尼科特假设自我功能的发展需要时间和经验。他强烈反对克莱因后来提出的原始嫉羡理论,"对克莱因的嫉羡理论的赏析和批评形成之始"(CW 6:3:7)一文,就是对她忽视环境因素的尖锐批评。

临 床

在这一时期，温尼科特充分建立起他作为精神分析师的独特方式。这并不仅是做传统的躺椅上的、每周5次的分析。在"各种各样的心理疗法（Varieties of Psychotherapy）"（CW 6:2:5）和"精神分析性治疗的目标（The Aims of Psycho-analytical Treatment）"（CW 6:3:2）两篇文章中，他提出，相较于奢华的精神分析咨询室、那么多可做的事情，公立诊所受制于变幻莫测的预算和等候名单，能够满足的需要相当之少。那一切就有赖于以个人分析为核心的彻底的精神分析训练，让这样一名训练有素的分析师可以在充分考虑到人类生活复杂性的情况下，（在有限的条件下）"做一些有意义的事情"。亲子关系模板是临床工作的原始模板，而这可能导致简单化和误导性的考虑因素。他非常清楚，成功的工作根植于病人所拥有的任何足够好的早期体验。历史和历史提取是这种临床工作的核心，无论是像治疗性咨询这样的简短接触，还是全面的分析："精神分析是一种时间很长的、很久的历史提取"["各种各样的心理疗法"（CW 6:2:5）]。他最关心的是临床工作者的心理状态，以及他们需要承受这种深度工作的"巨大压力"。他的观点是，临床工作者必须有比私人生活更高的职业标准，守时、正直、保持活力和清醒，但从根本上说，要做自己而不逾矩（p. 289）。温尼科特一直关注诊断区分，他明确指出，不同类型的病人需要不同的分析方法，而这一观点并不总是受到精神分析学界的欢迎。

尽管这些年间温尼科特发挥出了巨大的创造力，他在这段时间却步入暮年了，从医疗服务实践中退休的事实也是这种现实的反映。他的健康状况比20世纪40年代末（他离婚、父亲去世、与克莱尔·布里顿结婚那段时间）以来的任何时候都要好，但离开帕丁顿格林儿童医院无疑是一件痛苦的事。虽然他声称自己并不担心他对医院儿童精神科的影响会随着他的退休而消失，但在1961年2月的备忘录（CW 6:2:3）中，他显然对精神病学、儿童和青少年精神病学以及儿科学成为彼此独立的学科而感到遗憾，他认为这样做具有很高的分裂和碎片化的风险。他的临床工作比20世纪30年代开始的儿童指导服务更早（他于1923年任职），在备忘录中，他强调了医学和心理学结合的好处。他描述了他任职后几十年里多学科团队建设的过程，比起强调员工的资质，他更强调他们的个人素质，虽然他确实提到在1930年代聘用的社工都做了个体精神分析。尽管温尼科特将他的医学和精神分析的敏感性融合在一起，这一点很明确并且贯穿于他所有的作品中，然而这份备忘录暗示了这个团队并不稳定，它与医院医疗团队的融合也不稳定。他在这一时期写了几篇论文强调精神病学，特别是儿童和青少年精神病学，与儿科学联系在一起并根植于治疗事业的必要性。在他看来，这赋予了将精神分析知识和训练作为精神病学训练的核心部分的必要性。

在第6卷的信件和其他短篇中，还有一首诗，"树（The Tree）"（CW 6:4:14），这首诗是温尼科特在1963年11月写的，据亚当·菲利普斯（Adam Phillips, 1988，私人通讯）说，这首诗是他写给他的内弟詹姆斯·布里顿（James Britton）的。树的比喻来源于十字架上的基督俯视着在下面哭泣的母亲的画面。这首诗被认为是在描述温尼科特关于母亲患抑郁症的经历。例如，罗德曼（Rodman, 1987）将其视为一首深刻的传记诗，并借鉴了玛丽昂·米尔纳的观点。菲利普斯（1988）也认为这首诗讲的是温尼科特和他母亲的关系。在他看来，"这棵树"是温尼科特家里花园中的一棵，在他被送去寄宿学校之前的几年里，他就在树下写作业，这是他对故地的深深思念。温尼科特的母亲是否真的患有抑郁症还不确定。克莱尔·温尼科特认为这个家庭是幸福的，没有任何迹象表明他的母亲曾经抑郁过。实际上，对于这首诗，还有另一种不同的解读——抑郁暗示着所有母亲对失去孩子的预想，在这里，儿子被钉在十字架上，离开母亲，践行着自己的命运。在我看来，这不仅仅是一首有关他个人的诗，也是一首关于母亲本身的诗，同样，这首诗也是关于母子的结局。温尼科特一生中大部分时间都和母亲们在一起，他特别关注孩子的困境，在那样的困境里，孩子的创造力和关切能力可能会被抑郁的母亲所劫持。这种对生命发展活力的侵蚀和破坏一直是他的兴趣所在，而他个人化的解决方式——真实地面对自己的生活——始终渗透在他作为一名精神分析学家的写作和生活中。值得应允的是，这源自他的个人历史，而精神分析世界和它之外的世界又因为他所创造的一切而变得更加丰富。

总 结

温尼科特是个与众不同的精神分析师，他热情投入国内和国际的精神分析构建，并在更广阔的社会中传播精神分析，包括他在健康服务部门的工作，这一点也在他为各种对社会、心理问题感兴趣的组织和团体所做的许多演讲中得到了明显体现。第6卷中的论文反映的是他对于自己的许多开创性观点的加固，对这些观点的详细阐述横跨了他的职业生涯：亲子关系的永恒主题，从依赖到独立的演变；攻击性的本质及其在感到真实地活着这种状态中的作用；孤立分离地生活，与此同时，以对自己内心真诚为出发点，从而对他人产生关切、建立联结，这种生活方式的必要性；什么构成了健康。他经常诉诸悖论，反映了以这种方式生活的必然复杂性。生活最终不是一个需要解决的问题，而是要以尽可能真实的方式去生活。这里有矛盾和看似不可调和的实体——作为一个分离孤立的人，但又要和世界相连，以一种不与外界隔绝的方式在这个世界上生活，或者说，要成功地生活在世界上，我们首先需要生活在幻觉中，并从中创造出我们真实的自体——这确实是个巨大的挑战。在温尼科特生命的最后10年里，这些思想以各种方式不断丰富，这些不仅继续挑战着精神分析学派所持有的关于生命和生活的观点，也挑战着更广泛的公众所持有的观点。它们依然是较为激进的主张，颠覆一切简单化的思维倾向。

参考文献

Bethelard, F., & Young-Bruehl, E. (2002). *Cherishment*. New York: Free Press.

Bowlby, J. (1953). *Child care and growth of love*. Harmondsworth: Penguin.

Bowlby, J. (1979). *The making and breaking of affectional bonds*. London: Tavistock.

Caldwell, L., & Joyce, A. (2011). *Reading Winnicott*. London: New Library of Psychoanalysis/Routledge.

Ferenczi, S. (1913/1952). Stages in the development of the sense of reality. In *First contributions to psycho-analysis*. London: Hogarth.

Freud, A. (1962). The theory of the parent–infant relationship—Contributions to discussion. *International Journal of Psycho-Analysis, 43*, 224.

Freud, S. (1911). Formulations on the two principles of mental functioning. In *Standard edition* (vol. 12, pp. 213–226).

Freud, S. (1913). Totem and taboo. In *Standard edition* (vol. 13, pp. 1–161).

Freud, S. (1915). Instincts and their vicissitudes. In *Standard edition* (vol. 14).

Freud, S. (1920). Beyond the pleasure principle. In *Standard edition* (vol. 18).

Freud, S. (1926). Inhibitions, symptoms and anxiety. In *Standard edition* (vol. 20).

Greenacre, P. (1960). Considerations regarding the parent–infant relationship. *International Journal of Psycho-Analysis, 41*, 571.

Greenacre, P. (1962). The theory of the parent–infant relationship—Further remarks. *International Journal of Psycho-Analysis, 43*, 235–237.

Kanter, J. (2004). *Face to face with children: The life and work of Clare Winnicott*. London: Karnac.

Klein, M. (1935). A contribution to the psychogenesis of manic-depressive states.

In *Contributions to psycho-analysis 1921–1945*. London: Hogarth/ Institute of Psychoanalysis.

Klein, M. (1945). The Oedipus complex in the light of early anxieties. *International Journal of Psycho-Analysis*, 26, 11–33.

Klein, M. (1948/ 1970). The theory of anxiety and guilt. In *Developments in psycho-analysis*. London: Hogarth/ Institute of Psychoanalysis.

Lacan, J. (1978). *The four fundamental concepts of psychoanalysis*. London: Penguin.

Phillips, A. (1988). *Winnicott*. Modern Masters Series. London: Fontana.

Rodman, R. (1987). *The spontaneous gesture*. London: Karnac.

Thompson, N. (2012). Winnicott and American analysts. In J. Abram (Ed.), *Donald Winnicott today* (pp. 386–417). London: New Library of Psychoanalysis/ Routledge.

Tonnesmann, M. (2002). Early emotional development. In L. Caldwell (Ed.), *The elusive child* (pp. 45–58). London: Karnac.

Winnicott, C. (1954/ 1964). Casework techniques in the child care services. In *Child care and social work*. Hertfordshire: Codicote.

Winnicott, D. W. (1945). Primitive emotional development. [CW 2:7:8]

Winnicott, D. W. (1954). Mind and its relation to psyche-soma [1949]. [CW 3:4:20]

Winnicott, D. W. (1955). Metapsychological and clinical aspects of regression within the psychoanalytical set-up [1954]. [CW 4:3:6]

Winnicott, D. W. (1955). Withdrawal and regression [1954]. [CW 4:3:29]

Winnicott, D. W. (1957). Aggression [ca. 1939]. [CW 2:1:8]

Winnicott, D. W. (1958). The capacity to be alone [1957]. [CW 5:3:20]

Winnicott, D. W. (1958). *Collected papers: Through paediatrics to psycho-analysis*. London: Tavistock. [Not reprinted in this form in the *Collected Works*]

Winnicott, D. W. (1958). Primary maternal pre-occupation [1956]. [CW 5:2:16]

Winnicott, D. W. (1960). The theory of the parent–infant relationship. [CW 6:1:21]

Winnicott, D. W. (1962). Adolescence: Struggling through the doldrums [1961]. [CW

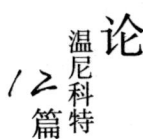

6:2:4]

Winnicott, D. W. (1963). The development of the capacity for concern [1962]. [CW 6:3:11]

Winnicott, D. W. (1963). The mentally ill in your caseload. [CW 6:4:5]

Winnicott, D. W. (1963). Morals and education [1962]. [CW 6:3:18]Winnicott, D. W. (1963). The psychotherapy of character disorders [1963]. [CW 6:4:9]

Winnicott, D. W. (1964). The value of depression [1963]. [CW 6:4:10]

Winnicott, D. W. (1965). The aims of psycho-analytical treatment [1962]. [CW 6:3:2]

Winnicott D. W. (1965). Classification: Is there a psycho-analytical contribution to psychiatric classification? [1959, 1964] [CW 5:5:5]

Winnicott, D. W. (1965). Communicating and not communicating leading to a study of certain opposites [1963]. [CW 6:4:8]

Winnicott, D. W. (1965). The effect of psychosis on family life [1960]. [CW 6:1:6]

Winnicott, D. W. (1965). Ego distortion in terms of true and false self [1960]. [CW 6:1:22]

Winnicott, D. W. (1965). Ego integration in child development [1962]. [CW 6:3:19]

Winnicott, D. W. (1965). The family and emotional maturity [1960]. [CW 6:1:17]

Winnicott, D. W. (1965). *The family and individual development.* London: Tavistock. [Not reprinted in this form in the *Collected Works*]

Winnicott, D. W. (1965). From dependence towards independence in the development of the individual [1963]. [CW 6:4:11]

Winnicott, D. W. (1965). Hospital care supplementing intensive psychotherapy in adolescence [1963]. [CW 6:4:13]

Winnicott, D. W. (1965). *The maturational processes and the facilitating environment.* London: Hogarth and the Institute of Psychoanalysis. [Not reprinted in this form in the *Collected Works*]

Winnicott, D. W. (1965). A personal view of the Kleinian contribution [1962]. [CW 6:3:8]

Winnicott, D. W. (1965). Psychiatric disorder in terms of infantile maturational processes [1963]. [CW 6:4:12]

Winnicott, D. W. (1965). The relationship of a mother to her baby at the beginning [1960]. [CW 6:1:8]

Winnicott, D. W. (1967). Mirror-role of mother and family in child development. [CW 8:1:38]

Winnicott, D. W. (1969). The use of an object and relating through identifications [1968]. [CW 8:2:28]

Winnicott, D. W. (1984). Comments on the report of the committee on punishment in prisons and borstals [1961]. [CW 6:2:22]

Winnicott, D. W. (1984). *Deprivation and delinquency*. Winnicott, C., Shepherd, R., & Davies, M. (Eds.). London: Tavistock. [Not reprinted in this form in the *Collected Works*]

Winnicott, D. W. (1984). Varieties of psychotherapy [1961]. [CW 6:2:5]

Winnicott, D. W. (1989). The beginnings of a formulation of an appreciation and criticism of Klein's envy statement [1962]. [CW 6:3:7]

Winnicott, D. W. (1989). Comments on J. Sandler's "On the concept of the superego." [CW 6:1:19]

Winnicott, D. W. (1989). Comments on my paper "The use of an object" [1968]. [CW 8:2:38]

Winnicott, D. W. (1989). Psycho-neurosis in childhood. [CW 6:2:17]

Winnicott, D. W. (1989). The use of an object in the context of *Moses and Monotheism*. [CW 9:1:4]

Winnicott, D. W. (1993). The development of a child's sense of right and wrong [1962]. [CW 6:3:4]

Winnicott, D. W. (1993). Jealousy [1960]. [CW 6:1:4]

Winnicott, D. W. (1993). *Talking to parents*. Reading, MA: Addison-Wesley. [Not reprinted in this form in the *Collected Works*]

Winnicott, D. W. (1993). What irks? [1960] [CW 6:1:7]

Winnicott, D. W. (2003). The tree [1963]. [CW 6:4:14]

Winnicott, D. W. (2017). Memorandum on organizational aspects of child care at Paddington Green Hospital [1961]. [CW 6:2:3]

Winnicott, D. W., Winnicott, C., Shepherd, R., & Davis, M. (1989). *Psychoanalytic explorations*. London: Karnac.

图 7.1　温尼科特对话哈佛医学院院长 George Packer Berry。在温尼科特为期一个月的美国之旅中,他前往波士顿,在波士顿精神分析学会(Boston Psychoanalytic Society)呈报了"婴幼儿照护和精神分析设置下的依赖(Dependence in Infant-Care, in Child-Care, and in the Psycho-Analytic Setting)"(CW 6:3:9),在贝斯以色列医院(Beth Israel Hospital),哈佛医学院的教学医院之一,做了两场研讨会。5 年后,他又重访了波士顿。

　　收录于唐纳德·伍兹·温尼科特档案室,由伦敦维康图书馆保管,温尼科特信托基金会无偿提供。

安娜·费鲁塔

第8篇

心理发展中的客体在场与缺席，1964—1966

"我的最新构想"

温尼科特思想中的重要主题，无论是在英国，还是在国际上；无论是在精神分析领域，还是在社会和医学背景下，都是广为人知并备受赞赏的，而这个时期的作品多收录在第7卷中。然而，在他生命中的这个成熟阶段，他没有就此坐享其成，却更自在、更热情地投身于探索那些他认为被误解或轻视的想法，以及加深他对心理生活早期阶段的心智工作的理解。

第7卷的特点是主题丰富多彩，以辩证的、甚至常常是辩论性地来处理各种议题，并将新的研究大胆地扩展到心智更原始的领域："我的最新构想（My latest brain-child）"——也就是他的最新发现。在大论战时期（1942—1944），温尼科特害怕他会被同化进入冲突中的某个立场，因而失去自己的特异性，他更喜欢聆听英国精神分析学会中的辩论，然后写信表达自己的观点。然而，在他的成熟期，他更自由和公开地面对精神分析辩论中的争议，并以清晰和详细的方式构建自己的新思想。

虽然要引导读者进入一种复杂的思维方式并不容易，这种思维方式不断地从个人走向大众，从正常走向病理，从碎片元素的整合走向新的创造性结构，我选择了这三个主要领域来进行评论：理论著作、技术著作，以及体现温尼科特的个性、其才能和局限性的著作。

理论维度："发展是我的研究重点"

温尼科特一直认为，弗洛伊德之后，精神分析可以继续发展，可以在理解心智功能方面拓展新的领域。在这一时期的作品中，他研究了未整合状态下心灵崩溃的情况，这种崩溃源于环境无法抱持和支持自我意识的连续性；这种情况可能发生在幼儿或精神病和边缘患者身上。

值得注意的是，温尼科特在他的论文"疯狂心理学（The Psychology of Madness）"（CW 7:2:18）（于1965年提交给英国精神分析协会）的开头写道："35年的精神分析实践不免留下它的印记。对我来说，我的理论体系已经发生了变化，这些变化在我的头脑中得到了整合，我一直在努力地阐明这些变化。我发现的东西，往往已经被弗洛伊德本人、其他精神分析学家，抑或诗人和哲学家发现并更好地阐述过了。但这并不妨碍我继续写下我最新的构想（公众需要时即可阅读）。"

他认为自己在那个时期的科学工作与个体的心理出生（psychic birth）这个议题有关："我正努力接近出生的日子"["新生儿和他的母亲（The Neonate and His Mother）"（CW 7:1:4）]。他最重要的新兴趣之一就是最原始的痛苦（primitive agonies）。在写给儿科医生的文章"新生儿和他的母亲"一文中，他谈到了未整合的感觉，想象医生在进行莫罗反射/惊跳反射测试时，新生儿垂下头时的想法："突然发生了两件可怕的事情：我持续存在的连续性（the continuity of my going on being）（这是我目前个人整合的全部）被打破了，而且它的中断是因为我不得不被分成了两部分：感觉身体和头部分离了。"令人惊讶的是，在这篇文章中，温尼科特还提到了一个边缘患者的分析性治疗，这个患者需要长期退行至依赖，他也对这个患者进行了同样的测试。"我让她做个测试——垂下头，看看惊跳反射是否会出现。我当然知道会发生什么。患者随即遭受了非常严重的精神痛苦。她情感发展的延续性中断，陷入了一种未整合的状态。"对温尼科特来说，对这个患者的分析性治疗"给我提供了一个独特的机会来观察婴儿状态，出现在成人身上的婴儿状态"。

在"崩溃的恐惧（Fear of Breakdown）"一文中，他从理论上描述了一系列极大的痛苦（他坚持认为那不仅仅是焦虑），当孩子的自我组织过于脆弱而无法面对那些痛苦时，这些痛苦会打断存在的连续性（continuity of being）。这些极大的痛苦被经受过去了，却没有留下情感上的体验或记忆。在他看来，唯一的治疗方法就是在分析设置中重新体验疯狂。"在这种情况下，如果分析师这方尝试获取理智或追求逻辑，都会摧毁患者重回疯狂的唯一途径，患者只能通过体验恢复，而无法通过记忆恢复。在这种情况下，分析师必须能够忍受整节分析，甚至是分析的某一个阶段，无法用逻辑来描述移情"["疯狂心理学"（CW 7:2:18）]。

接下来，我想引用以下这两篇文章——"新生儿和他的母亲"和"疯狂心理学"，而不是更著名的"崩溃的恐惧"，来举例论述温尼科特在这个阶段的思想。他跟儿科医生讲边缘患者，也和精神分析师探讨新生儿发展的早期阶段，这个阶段要早于他们有能力从心理上体验自己的阶段。这样的阶段对精神分析治疗来说可能是陌生的，精神分析是一种"谈话疗法"，它面对这个问题的方式显然是反直觉的。温尼科特正在寻找一种理论上的、能够阐明的方式，来澄清一些重要的概念，首先，是心－身连续的概念，即心－身实质上是个统一性、连续体，"心理学是生理学的渐进延伸"（"新生儿和他的母亲"）。他对个体发展统一性的深刻信念，促使他使用非技术术语，这些术语足以敏锐地把握他想要处理的心理成长现象的动力和关系属性。每一次思想结晶形成新的术语，他都要竭力避免术语可能会带来的障碍["我故意使用'崩溃'这个术语，因为它相当模糊，而且它可能意味着各种各样的东西"（"崩溃的恐惧"）]。他的目的既是把自己与将疾病客观化并且不关注整个病人的医学话语区分开来，又是理解那些阻碍心灵朝向自体逐步整合的方向成长的现象的特异性。正是这一点可以在精神分析中找到治疗方法："发展是我的研究重点"["这种女性主义（This Feminism）"（CW 7:1:14）]。

在这些作品中，温尼科特强调发展维度是一个结构性元素。在他看来，正常和病态之间的区别不仅在于防御机制的质量，也在于是否有适当的资源支持儿童的自我，以面对压倒性的体验。母亲的心智会为孩子提供这样的资源，母亲需要准备好完全认同她孩子的需要。但温尼科特也指出，母亲完全采择孩子的视角的这种能力是暂时性的，在孩子出生头几个月，母亲的这种能力是必要的，之后孩子开始走向相对依赖，最终走向独立。关于青春期，温尼科特认为，对时间维度的认识是任何治疗干预的基础："青春期是通过情感发展而成为成年人的阶段……我曾在其他地方提到过青春期的忧郁，在这段时间里，任何问题都无法立即得到解决"["从一个青少年的心理治疗访谈得出的推论（Deductions Drawn from a Psychotherapeutic Interview with an Adolescent）"（CW 7:1:5）]。

至于精神病，温尼科特认为它是一种对原始痛苦的防御："一切学习（以及进食）的基础是空虚。但是，如果一开始没有体验过空虚，那么它就会变成一种令人恐惧、但又不得不追寻的状态"（"崩溃的恐惧"）。因而，分析可以成为一种患者重新获得活力的适当的治疗方法，在精神分析师的帮助下，患者重新体验那些崩溃的情绪状态，这些状态需要一个允许绝对依赖的环境，才能在心理上重新体验它们。

温尼科特在研究"刚出生的一段时期"时，他关注到了另一个议题——在研究人类主体可观的动力和发展的统一性时，正常和病理状态之间是具有连续性的。温尼科特对这一事实印象深刻，当他还是剑桥大学的一名年轻学生时，他了解到了达尔文的工作。达尔文是一位对自组织个体和环境之间的持续交流很感兴趣的科学家，他的研究对象是处于持续发展状态中的生命世界。温尼科特在这一阶段的独创性思想，在于他以富于启发性和激进的方式描述了儿童非整合状态的形成，以及从最早期形成心理-情绪和心灵-身体相互整合的可能性，这是通过孩子与一个允许他探索试验的环境的互动，通过他自己的全能感，与此同时，感到毫无保留地扎根于他的个人生活经验之中而实现的。对温尼科特来说，母亲的作用是为孩子提供一个情感环境，让他在原初自恋阶段，强烈地体验到一种个体的全能感；这不是对失败的弥补性或安慰性补偿。他说,"一开始,婴儿的自我既软弱又强大"["在精神分析中遇到退行时设置的重要性(The Importance of the Setting in Meeting Regression in Psychoanalysis)"(CW 7:1:9)]。对个人全能体验的积极评价,是温尼科特对精神病和边缘患者治疗最重要的贡献之一。这是整合过程中必不可少的一步,在这个过程中,孩子有可能体验到有些属于他的东西,不必投射到客体身上,丢掉它,从自身剥夺它,或毁灭自己。整合过程从出生就开始了,甚至当孩子仍然处于完全依赖状态时——它们是原初认同中的自恋元素。它们的对立面是整合的失败,或失整合。

温尼科特明确区分了退缩(withdrawal)和退行(regression)的心理状态["为精神分析研讨会准备的个案笔记:退缩、退行、男性认同(Case Notes for a Psychoanalytic Seminar: Withdrawal, Regression, Male Identification)"(CW 7:2:19)]。在退缩状态中,预期环境是迫害性的,(婴儿)寻求一种病态的独立;然而,在退行状态中,如果母亲适应孩子的需要,主体将体验到积极的依赖,作为通向独立的途径。在温尼科特专门针对孤独症的研究工作中["孤独症(Autism)"(CW 7:3:8)],他强调"谈论一种叫孤独症的疾病是非常做作的"。对他来说,孤独症不能被轻视,也不能被归为其他疾病之一;更确切地说,这是一种普遍现象的极端表现——与他人的关系困难,无法忍受不止一个人在同一环境中呼吸。他说,"所有这些中最困难的,就是简单的共存(除非它自然发生):两个人在一起呼吸,什么都不做,因为做点什么就不是一种休息的状态了"。就是在母子关系中,以及在分析性治疗中,温尼科特发现了恢复人格整合能力的工具,即,通过给另一个人提供心理空间,对他的存在感兴趣,而不仅仅关注他的行为或动作。

这一整合过程得以发展的原因是"平凡而奉献的母亲",温尼科特在其早期作品中充分阐述了这一概念。在这些作品中很明显的一方面是,对于如何表述母亲所表现出来的心灵成长功能,他还没有找到满意的呈现方式。这个功能允许孩子拥有个人体验,并开始"零零碎碎"地

整合他自己的身份认同,能说出"我是(谁)":

> 我们可以给这些东西起个名字。"整合"一词涵盖了主要内容。所有这些零零碎碎的活动和感觉(是它们形成了我们现在所知道的这个特殊的婴儿)有时可以形成凝聚状态,从而有了一些整合的时刻,使婴儿成为一个整体、一个统一体,当然他依然处于高度依赖状态。我们说,母亲自我的支持作用促进了婴儿的自我组织。最终,婴儿能够维护他或她自己的个体性,甚至感到一种身份认同感。["平凡而奉献的母亲"(CW 7:3:3)]

温尼科特从理论上很关注这一领域,他在必要之处明确了平凡而奉献的母亲在培养孩子独立思考能力方面的作用:"像母亲的替代者或保姆一样思考"["促进儿童思维发展(New Light on Children's Thinking)"(CW 7:2:1)]。母亲、父亲和家庭,作为通常情况下促进儿童健康发展的人,他们所发挥的作用是非凡的。他没有批评母亲或家庭,而是尽力支持她们。然而,当一种理论被提出时,它的含义经常会被扭曲,被与整个社会有关的问题转化为它的对立面:

> 如果我们的社会迟迟不愿承认这种依赖——它是每个人发展初始阶段的历史性事实——就必然会阻碍自在的状态和完全的健康,这个阻碍源于恐惧。如果没有真正认识到母亲的作用,那么一定会有一种对于依赖的模糊恐惧。这种恐惧有时表现为对一般女性的恐惧或对某个特定女性的恐惧,有时则表现为不那么容易被识别的形式,(这些形式中)总是包含着被支配的恐惧(的成分)。[《孩子、家庭和外部世界》(The Child, the Family, and the Outside World)的导论(CW 7:1:17)]

失整合和解离

在这一时期，温尼科特关注的一方面是深化他对整合功能的理解，整合功能是心理发展的一个转折点，需要照顾者的帮助来促进整合的过程，使婴儿能把碎片化的主观体验结合在一起，从而成为一个可以说出"我是（I am）"的独特的个体。另一方面，他还特别关注心身问题和边缘性病理所特有的解离现象，以及精神病患者在分析中表现出来的失整合状态。一些相当常见的疾病，包括躯体表现（"脖子抽筋可能是由严重失整合的威胁所致"）都呈现出一种分裂，温尼科特对此进行了大量的讨论，并且，他认为心身疾病就是整合的反面〔"心身疾病的积极与消极面（Psycho-Somatic Illness in Its Positive and Negative Aspects）"（CW 7:1:6）〕。他认为，将某些疾病归类为心身疾病，只表明某些患者试图让医生远离他们的情感。在这些案例中，他警告分析师，不要过早做出可能会被患者认为是诱惑性干预的诠释，"这将会导致放弃对心身的关注，陷入理智化的共谋"。在治疗心身症状的患者时，温尼科特也强调分析是一种与梦类似的真实体验，这种体验使患者能够"活现"特定的情绪，而不仅仅是叙述它们。分析师的干预必须源于真正的情感参与。如果它们停留在解释性评论的层面上，那么它们只是加强了身和心之间的解离，只是附和了患者理智化的部分。

这种与整合过程有关的思路发展，使他意识到严重解离通常与他所说的男性和女性元素的分裂有关。他的文章"在男性和女性身上发现的分裂出的男性和女性元素（The Split-Off Male and Female Elements to Be Found in Men and Women）"（CW 7:3:2）中有一个男性病人的案例，温尼科特对他说"我在听一个女孩说话"，这个例子太出名了，就不详细引用了，我提这个重点在于温尼科特在这两年的文章中所体现出的思想的延续性，因为他觉得有必要更深入一些，从而理解构成心理现实基础的元素，以及形成他自己的精神分析方法。"我需要经历一次深刻的个人经历，才能达到我觉得我现在已经达到的理解。"分析是一种必须由分析师共享的情感体验。如果分析师愿意共享这样的体验并"航行到深水中"，那么自体被解离的部分就可以重新聚合，就像男性和女性元素分裂的那个案例一样。这里启发式的一面关系到女性元素的本质，温尼科特将其定义为存在感的基础："[孩子]需要的是乳房其所是，而非乳房其所做"（p. 328）。"对纯粹蒸馏而未受污染的女性元素的研究将我们引向'存在'，而这形成了自我发现和存在感的唯一基础，然后是发展内在的能力，成为一个容器，有能力利用投射和内摄机制，并以投射和内摄的方式与世界连接"（p. 329）。

温尼科特的这项工作导向了关于原始认同和解离机制的研究新视角，当一些作者越来越多地开始探讨严重病理、原始心理状态和非语言沟通的问题时，他们也在研究温尼科特所带来的这一议题。在心理层面的存在感的形成过程中，攻击性作为"个体能量的两大主要来源之一"起着根本性的作用。在"攻击性的根源（Roots of Aggression）"一文（CW 7:1:18）中，温尼科特指出，在个人情感发展的框架内，攻击性的维度对于同时获得自我意识和现实意识来说是至关重要的。他观察到，在发展之初，孩子会同时产生爱和恨，并接纳这种矛盾。然而，在这个早期阶段，"创造和毁灭似乎都是通过魔法发生的"。温尼科特探讨了儿童的思维功能，他注意到，当儿童闭上眼睛，他可能会体验那种魔法创造和毁灭的全能感："在婴儿式的魔法中，世界可以因闭上眼睛而湮灭，再一睁眼、有新的需要时，就创造了新的世界"（p. 134）。魔法创造与毁灭之间的这种摆荡，与孩子眼中的"我"客体转变为"非我"客体的时刻之间的交替相对应；也就是说，从主观现象到被客观感知的转变。温尼科特强调了这种攻击性的维度在建立身份认同和存在感方面所具有的价值。他对这种行为的任何评估都不感兴趣；相反，他坚持认为，婴儿对攻击性的体验是情感发展的一个基本步骤。通过他天生的攻击性，婴儿意识到自己是强大的，但不是破坏性的，正是因为"非我"客体在他"踢出去"的世界中存活了下来。

在对情感发展阶段的详细分析中，我们可以充分理解温尼科特的精神自由，他对细节的达尔文式的兴趣，以及他与孩子或患者维持关系的能力，他会带着情感去观察和参与正在发生的事，将之作为一个体验性的事件：

> 如果允许婴儿有时间逐步经历成熟过程，那么它就会变得具有破坏性，会憎恨，会踢，会尖叫，而不是用魔法毁灭世界。这样一来，<u>实际的攻击性行为就被视为一种成就</u>。与魔法的破坏性相比，攻击性的想法和行为具有积极的价值，当我们牢记个人情感发展的整个过程，尤其是早期阶段时，仇恨就成为文明的标志。

还是在"攻击性的根源"一文中，温尼科特做了一个有趣的评论，这个评论先于后来的比昂学派关于白日梦的想法，因为他看到，在夜间的梦中，一种体验实际发生了，它允许主体在自我防御休息的状态下以一种创造性和探索性的方式运作：

> 在这里，我必须把做梦和白日梦区分清楚。我指的并不是醒着的生活中一连串的幻想。与白日梦相反，做梦的本质是做梦者处于睡眠状态，并且可以被唤醒。梦也许会被遗忘，但曾经梦过，就有意义。（在孩子醒着的时候，也有真实的梦，但那是另一回事。）

温尼科特认为，梦是攻击性行为的另一种选择：在梦中，攻击性和暴力都被体验，伴随着身体的兴奋，这是一种真实的体验，而不仅仅是一种智力练习。"如果这个梦包含太多的破坏性，或者对神圣的客体有太严重的威胁，或者出现混乱，那么孩子就会尖叫着醒来。"温尼科特认为梦的活动作为一种体验,会让做梦者能够触碰那些不能被表征的东西(因为做梦时疲软的自我防御),这早于比昂关于梦的功能的理论——梦可以将尚未表征的 β 元素转化为 α 元素,然后成为做梦者心理生活的一部分。

技术维度:"咨询:是患者的野餐"

《全集》第 7 卷囊括了很多临床咨询案例,这些案例很有趣,因为其中详述了温尼科特和他的病人们之间不同的关系,也因为这些案例描述经常伴随着图画、评论和理论反思。温尼科特越来越相信,与精神分析师进行咨询可以发挥深远的治疗作用,哪怕是在它被限制于仅有一次单独面谈的时候。"如果有一类个案,可以通过和分析师的一两次访谈获得帮助,这可以大大扩展分析师的社会价值,也能帮助来访确认他是否需要做全面的分析,也可以了解下分析师的技术"["治疗性咨询的价值(The Value of the Therapeutic Consultation)"(CW 7:2:22)]。然后他详细解释了原因。大家都知道,分析的第一次访谈可能包含一些材料,这些材料将在接下来的几个月甚至几年后涌现。温尼科特想知道第一次相遇时的无意识密度和深度,他发现其中有一种精巧的精神分析元素,只有精神分析师才能充分利用。"病人带来了一定程度的信念,或相信的能力,相信分析师是一个能提供帮助和理解的人。"他注意到了这个关键因素,并进行了拓展:在一个来咨询的病人身上,带着一种期望,希望见到一个能够接纳他"想要被接纳的需要"的人,这就是这种相遇可能具有潜在治疗作用的原因。温尼科特还指出,这和见精神科医生的面谈不同,精神科医生会写下病人的病史或先见家属。他想和病人信任有人可以帮自己的潜意识建立联结;分析师的存在就是以身体和声音的形式提供这种感觉,这比任何关于他的生活史的详细信息都更重要。这种方法包含了重要的元素,可以评估患者的整合程度和应对紧张和冲突的能力。

其中有这样一个个案，帕特里克（Patrick），一个11岁的男孩，经历了丧失——他的父亲溺水身亡［"儿童精神病学案例——说明丧失的延迟反应（A Child Psychiatry Case Illustrating Delayed Reaction to Loss）"（CW 7:2:23）］，这是一个间隔被拉长的咨询，在一年中和孩子做了10次咨询，和母亲见了4次。温尼科特说，为了使这些简短的咨询起到治疗效果，必须有一个能提供足够支持的家庭作为背景，使家庭可以承担主要的工作；分析师的工作是激活孩子的变化，让家庭重新开始运作。帕特里克的母亲，被社会服务机构认为能力不够，所发生的事确实能证明这一点；但温尼科特不顾他们的判断，依然决定把帕特里克托付给她，让他休学，允许他获得一个退行的必要条件。他的母亲同意了，并自愿接受了这一短暂的治疗，让帕特里克获得了一个退行的情境，在他父亲去世前，他已经很久没有体验到和母亲的这种关系了。"主要的治疗措施是让男孩的母亲帮助他重新体验退行至依赖，除此之外，我还根据需要提供了特殊的帮助。"这个案例特别有趣，因为它强调了两件事：在咨询中，温尼科特的首要任务是倾听孩子的痛苦，而不是关注他的行为恢复（重返学校）；更重要的是，他认为把孩子的疾病归咎于家庭是完全跑偏的。对他来说，家庭是重要的治疗资源。

还有一个案例，8岁的小女孩艾达（Ada），她因为偷东西而被带来咨询，用画画的方式做一次访谈，就足以解决她所要解决的问题［"治疗性咨询中揭示的解离（Dissociation Revealed in a Therapeutic Consultation）"（CW 7:2:21）］。温尼科特描述了他用的技术，这种技术本来就是精神分析的技术，即，利用患者所做的关于分析师的梦。"分析师在做这种非分析性治疗时，可以利用第一次接触前一晚，患者可能做的关于分析师的梦，也就是说，有赖于患者相信一个能理解他、能给他提供帮助的人物的能力。"通过这些观察和临床案例，温尼科特提供了一种技术工具，可以将精神分析扩展至更广泛的工作中，这正是基于其方法的支柱之一：倾听一个正在受苦的患者的无意识交流，他正在向一个经过分析训练的大脑寻求帮助,这个大脑能够激活一种关系,打破冻结的防御状态,激活一种动力性的互动。温尼科特并没有要求提供精确、详细的信息,但他会让自己处于一个能够利用和发展移情的位置。"我没见母亲,就先见了孩子。这样做的原因是,在这个阶段,我关注的并不是采集准确的历史;我关注的是让患者把自己交给我,慢慢地,因为她对我有了信心,当她发现她可以冒这个险,她对我的信任就更深了。"艾达开始画画。"从现在起,我说什么或不说什么都不重要了,重要的是我必须适应孩子的需要,而不是要求孩子适应我自己的需要。"在某一时刻,"我们一起的工作停滞不前。"换句话说,在一个安全的环境中,两个潜意识之间的交流被激活了。然而,温尼科特并没有做出诠释;相反,他等待着被激活的过程扩展开来,等待着艾达的解离部分(通过偷窃来表现)开始与他交流——她的小妹妹出生时,她的一部分与母亲失去了亲密联结。温尼科特没有诉诸对内容的诠释;恰恰相反,他通过为孩子提供一个符合她需要的关系性的环境,并允许艾达重新获得一种整合式的功能,不是理智层面的,而是通过咨询中的情感体验,来使解离的部分获得整合的过程得以发生。"在工作的更深层次上,访谈有可能会产生一种结果,不是有意识的洞察,也不是坦白,而是真正治愈解离。"这确实是一种精神分析性的干预。

咨询的临床案例是如此之多、如此有趣,以至于同一时期的一个案例没有囊括在(这一卷)也不遗憾。这个案例是《小猪猪的故事:一个小女孩的精神分析治疗过程记录》(1964—1966),由于这些笔记是别人"写"进书里的,而不是温尼科特本人写的,所以编辑们把它作为他去世后的出版著作,和《人类本性》一起放在了最后一卷(第11卷)里。咨询方法本身是精神分析方法的一个非常有趣的延伸,而不是精神分析应用的一部分,温尼科特实践了它,即使他没有以非常明确的方式将之理论化:"主要原则是提供一个人性化的设置,当治疗师可以自由地做自己时,他不会因为自己的焦虑或内疚,或自己对成功的需求而做或不做某事，从而扭曲事件的进程。它是病人的野餐，甚至天气也是病人的天气"（"治疗性咨询的价值"）。在他所描述的个案中，可以明显看到精神分析的品质，以及在第 7 卷所涵盖的其他作品中，也能看到精神分析性关键技术的使用。

在精神分析中遇到退行时设置的重要性

在本文发表时，精神分析学院三年级学生讨论的话题就是设置["在精神分析中遇到退行时设置的重要性"（CW 7:1:9）]。温尼科特观察到，在分析中，退行条件的激活是一个表面上很简单的元素。这对母亲来说要容易得多，因为她被要求在相对较短的时间内适应孩子的需要——在几个月的时间里——这也是她所希望的，因为随着时间的推移，她会恢复自己的独立。相反，分析师必须在一段无法预见时长的时期内，为病人提供一个专门的环境，一个适应病人基本情感需求的环境。"在我谈论的这类个案中，绝不是一个以屈服于诱惑的常见方式给予满足的问题。"温尼科特给出了"一个非常粗糙的例子"，在这个案例中，他自己并没有为他的病人的退行维持必要的设置："对于某些具有特定诊断的患者，提供和维持设置比诠释工作更重要"（p. 86）。

这类工作的另一个方面涉及分析师的反移情，这个问题导致温尼科特表现出他对精神分析式语言的不耐受，他觉得这种语言倾向于和病人拉开距离，有些专制。这是温尼科特性格特点之一，在他的生活和工作中始终保持不变的一个因素是——他受不了所有形式的技术语言，他认为这些语言在表面上过于统一，以至于隐藏了深层的个体差异。这以一种特别生动的方式出现在第 7 卷的书评和信件中，其中，在他写给梅兰妮·克莱因的一封著名信件中 [1952 年 11 月 17 日（CW 4:1:12）]，他陈述了一些他的观点。他挑战了克莱因，请她不要把这封信中的想法仅仅当作"温尼科特的毛病"而不予理会。克莱因曾请他为她正在编撰的一本书写一个章节。温尼科特拒绝了她的邀请，他解释了原因：他觉得自己面临着一个基本的个人困难，和他人分享外界现实的这种关系，是他一直难以适应的东西。然而，同样的"困难"也让他能够理解年幼儿童和分裂患者，并能详细阐述有关心理功能、过渡性现象和分裂的男性和女性因素的基本理论。

温尼科特其人

第 7 卷中的很多作品都是温尼科特受到非精神分析机构和协会的邀请而写的。他对与非专业观众交流的兴趣，在第二次世界大战结束后仍在继续，当时他积极参与并就伦敦爆炸事件导致儿童与家庭分离的情况发起倡议。在这些为儿科医生、社工、心身医学等相关领域的研究人员和民间协会（进步联盟、全国心理健康协会、幼儿园协会）撰写的文章中，我们可以观察到，温尼科特希望重申他对孩子自然发展的信任，将家庭作为首要团体，他对自然倾向的依赖，以及他理解那些害怕被治疗师取代的父母的想法的能力。与此同时，除了这些广受欢迎的实用观点，他还不断强调无意识因素的核心作用 ["无意识"（CW 7:3:29）]，并反对所有坚持要求教授指导方针的做法，因为这些指导方针会阻碍与既定主体的实时互动。在所有这些作品中，我们可以感受到温尼科特真诚的热情，他以一种清晰而深刻的方式传达精神分析思维，并没有稀释或减少它。事实上，在"无意识"一文中，他指出，一些精神分析概念被广泛接受的同时，伴随着"无意识概念的淡化"。阅读这些作品的字里行间，我们可以不断地感受到温尼科特对一种个人化的"我是（怎样的）"的骄傲肯定，因为他有能力参与开放的对话，而又不失他所传达的概念的特殊性或个性化。

在第 7 卷和其他书中的许多评论和信件中，温尼科特需要在他的思考中感到自身的独立性，这种需要表现得更加明显和复杂了，甚至在回答不可避免的请求时,一如在评论安娜·弗洛伊德的最后一本书时、澄清一个模糊的概念时、回答一个痛苦的母亲的问题时,或者在参加官方仪式,比如为完成《西格蒙德·弗洛伊德心理学著作标准版》而举行的庆祝晚宴时,他都需要维持自身思考的独立性。如果我们在这些不同的(并不总是特别的)干预中寻找一个共同的特征,那可能就是温尼科特希望保持他的独立思考方式,同时尽量避免看起来不宽容或超然脱节。举一些例子,比如他对荣格《回忆、梦和反思》(*Memories, Dreams, and Reflections*)的评论(CW 7:1:16),它揭示了温尼科特深刻的动摇和矛盾心理。一方面,他从弗洛伊德的观点出发,他希望避免任何可能出现意识形态和片面性的有偏见的批评性评价。另一方面,他不得不承认荣格存在分裂,他对自我核心的长期研究也存在分裂。他把重点放在第一章——荣格早年生活的自传,并对一个梦进行了评论,这个梦反映了一个孩子与一位患有抑郁症的母亲的互动,而这位母亲必须启动防御以抵御她的精神病。最后,他将弗洛伊德和荣格做了比较,发现他们俩是互补的,作为神经症和精神病性组织的两个例子:"他们是一枚硬币的正反两面……荣格和弗洛伊德分道扬镳,我们应该为此而感到高兴,他们俩都保持了自己的完整性,并以不同寻常的方式丰富了这个世界。"现在的荣格学派和弗洛伊德学派,在看待无意识和自我这两个术语时,存在着根本差异,温尼科特也不得不补充了自己的评论。最后,他重申了一个基本概念,这个概念贯穿在他这一思想阶段的所有著作中:"更重要的是获得个体生活的基本力量。对我来说,可以肯定的是,如果真正的基础是创造性,那么接下来就是破坏性。"这篇评论是个很好的例子,从中可以看到温尼科特如何不断挣扎于开放地倾听他人与保持自己独立的需要之间,这一元素明确出现在这篇评论的最后几行,他觉得这本书翻译得很好,但他反对将术语"erreichten"[*]翻译成"attained",他建议

---

[*] 德语"达到"的意思。——译者注

改为"reached",他认为"attained"似乎意味着同化。这显示了温尼科特对于自体因客体影响而变化的高度敏感。

类似的事情发生在他对安娜·弗洛伊德的《正常与病理学》(Normality and Pathology)的评论中,这一次他的感觉更尴尬,但可以理解。开始,他对她的贡献和教学技巧表示赞赏,但后来他无法掩饰,带着批评表达了他的惊讶:"在谈论直接观察时,她居然没有提到苏珊·艾萨克斯,我感到很震惊。"然后,他对书中的6章进行了描述并给出清晰的评论,强调了很有趣和有争议的地方。然而,他再次提出了术语使用的问题,他强调他需要表达他的个人观点,而不需要冒被任何形式的自满所改变的风险。他在"前阶段(prestage)"这个词上徘徊不去,这个词对英语读者来说是无法理解的,除非它有连字符,"pre-stage",他批评了用"照料者(caretaker)"来代表孩子对于一个母性形象的需要:"问题是,与照顾孩子的母亲相比,照料者显得遥不可及,缺乏亲密感。"在这些评论中,我们可以强烈地感受到,词语是抽象的象征,当它们将自己与个人的情感体验拉开距离,趋向于脱离身体和去个性化的时候,温尼科特对它们的敏感。他认为,过渡性现象的区域是一个安全的锚,与象征和创造力的个人过程有关,它给了主观性客体一个存在的位置,也给了能够与他人联系的主体一个存在的位置。主体意识到具有可被感知特征的客体的存在,但与此同时,并没有被话语的权威削弱或掏空。

温尼科特的许多信件往往源于他维护个人真实性的需要,遇到不可避免的泄露和部分扭曲他思想的现象,他就要发声。例如,雷纳塔·加迪尼(Renata Gaddini)把温尼科特作品译成意大利语的过程遇到了很多问题,不知道怎么翻译他的一些术语,所以温尼科特对这些问题进行了认真而饶有兴趣的回答。雷纳塔·加迪尼与欧金尼奥·加迪尼(Eugenio Gaddini)共同负责温尼科特作品在意大利的出版和传播。正如这些信件所展现的那样,他与他们建立了深厚而热情的友谊与合作关系。在其他场合，他警告对谈方，不要把他对环境在儿童情感发展中的重要性的指点，仅仅理解为一种用爱照顾孩子的感性邀请，认为他不够关注内部世界［"致《新社会》的信（Letter to New Society）"（CW 7:1:3）］；还有一些时候，他声称母亲必须把全部的注意力放在孩子身上——与母亲聪明与否无关，因为他指的并不是女性的智力："绝大多数职业女性确实会需要短时间内中断自己的职业生涯，这样会让每个刚出生的婴儿拥有自己是独生子女的体验，即使事实上还有其他孩子"［"致《观察者》的信（Letter to The Observer）"（CW 7:1:10）］。最后，他还对一位女性读者发了脾气，这位读者要求明确的教学指导，而不是关于母子关系功能的关系性理论："如果你想要直接的指导，你可以从本杰明·斯波克（Benjamin Spock）的《婴儿和儿童照护》（Baby and Child Care）一书中得到帮助"［"给 B. 克诺夫夫人的信（Letter to Mrs. B. Knopf）"（CW 7:1:15）］。

在他给约翰·O. 威兹德姆（John O. Wisdom）的信（CW 7:1:11）中，温尼科特谈到了他未能参加的比昂会议。他欣赏比昂超越克莱因的想法："我喜欢他按照自己的方式前进，我也是那些对他寄予厚望的人之一。"然而，他也渴望强调他自己为了"反对那些激烈地站在梅兰妮的对立面的人"而做的工作。尤其是温尼科特认为比昂的遐思（rêverie）概念，和他自己的概念——关于孩子的创造力、关于母亲"让婴儿知道正在被创造的东西"——有某种相似之处，但令他恼火的是，比昂用了一个属于他的词"逗弄（tantalise）"，却没有提到他："我拒绝被轻视。"还有一些词引起了温尼科特的注意，他觉得需要为自己声明自己的立场、用词的特定内涵——对于这些词，他并不是完全拒绝那些过于抽象、缺乏体验的词，比如"照料者"这个词，而是要澄清一些在他的思想背景下产生的词，这些词总是处于过渡性之中；即，在感受到的与被象征的二者之间。

他在写给迈克尔·福德姆（Michael Fordham）的信中再次明确了

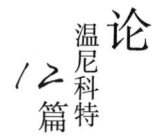

自己的观点。这封信是在一次临床会议后写的,他在信中对儿童的一个重复行为——"转笔"——发表了评论。他认为这与退缩的动力学有关:"在这个地方,可以从钟摆运动的角度来看待它的动力。即使在静止中,也有一个潜在的钟摆运动,所以静止是交替的,向右或向左。如果没有钟摆运动,就会有死亡。"温尼科特在处理自己与他人思想的关系中所采取的接近与偏离,就是这种钟摆运动,一种寻找"他自己"的节奏/时期。但是,这种概念之间的摇摆不定,似乎不允许温尼科特在写书时,能以一种更有组织的方式汇集他的思想,这也许是因为他从未觉得自己对生活世界的动力性细节有足够的了解。也许这和达尔文有些相似之处,达尔文决定出版《物种起源》(*Origin of Species*),是因为他的追随者之一阿尔弗雷德·华莱士(Alfred Wallace)写信给他,在一定程度上预见了他的研究会产生的更为普遍的理论结论。由于达尔文担心他关于生命世界的伟大科学发现可能会被夺走,于是他把他的研究集中起来,迅速发表,尽管他原本还想再做进一步的研究,更好地了解生命世界的动态。后来,他的后继者们继续了这项工作,比如斯蒂芬·J. 古尔德(Stephen J. Gould),提出了"间断平衡"理论,只是修改了达尔文不喜欢的那些方面,这些方面(以过于抽象和静态的方式)具体化了生活世界及其环境之间关系的变化现象。

温尼科特很清楚这一点:1966年10月8日,在康诺特会议室(Connaught Rooms)举行了一场宴会,是为了纪念《西格蒙德·弗洛伊德心理学著作标准版》出版,温尼科特作为英国精神分析学会主席,庄严而正式地发表了演讲。他说弗洛伊德"给内在的心理现实赋予了新的价值,并由此为实际的、真实的外在事物带来了新价值"。换句话说,他重申了内在世界和外在世界之间不可分割的联系,内在世界在弗洛伊德看来是科学存在的,而外在世界只有通过内在世界才能变得真实而可及。然后,温尼科特赞扬了弗洛伊德作品的英文版,这些作品对科学和文化做出了根本性的贡献,他本人也是这些作品的使用者和受益者。但

208

他忍不住就自己的立场做了一些评论，他谈到自己在处理与心理功能有关的抽象建构方面的困难，谈到了出生日期的问题："在我自己的阅读中，我很自豪我已经读到了第2卷。（笑声）我想你们在笑是因为没有第1卷。（笑声）但是，当然，我是从结尾开始读的。我很开心地了解到，在1896年，就在我出生的时候，弗洛伊德第一次使用了'烦恼（angst）'这个词，指出了这个词中暗示的那条'笔直而狭窄的路径'，通过它，我们被抛入了我们个人存在的草率世界。"

温尼科特无法明确地给出自己丰富的思想的地位，这些思想远远超出了"让我们被抛入个人存在的草率世界的那条笔直而狭窄的路径"，为了解决这个问题，《全集》的编辑们动员起来，作为他愿望的容器，使温尼科特的作品公开可读。毫无疑问，我们对它们履行了温尼科特式的功能感到十分感激。

由 Aldo Grassi 翻译成英文

参考文献

Winnicott, D. W. (1964). Deductions drawn from a psychotherapeutic interview with an adolescent. [CW 7:1:5]

Winnicott, D. W. (1964). Introduction to *The child, the family, and the outside world*. [CW 7:1:17]

Winnicott, D. W. (1964, April 2). Letter to *New Society*. [CW 7:1:3]

Winnicott, D. W. (1964, October 25). Letter to *The Observer*. [CW 7:1:10]

Winnicott, D. W. (1964). The neonate and his mother. [CW 7:1:4]

Winnicott, D. W. (1964). Review: C. G. Jung, *Memories, dreams and reflections*. [CW 7:1:16]

Winnicott, D. W. (1964). Roots of aggression. [CW 7:1:18]

Winnicott, D. W. (1965). A child psychiatry case illustrating delayed reaction to loss. [CW 7:2:23]

Winnicott, D. W. (1966). Dissociation revealed in a therapeutic consultation. [CW 7:2:21]

Winnicott, D. W. (1966). Psycho-somatic illness in its positive and negative aspects. [CW 7:1:6]

Winnicott, D. W. (1968). The value of the therapeutic consultation [1965]. [CW 7:2:22]

Winnicott, D. W. (1971). The split-off male and female elements to be found in men and women. (Published here as part of "Creativity and its origins.") [CW 9:3:7]

Winnicott, D. W. (1974). Fear of breakdown [c. 1963–1964]. [CW 6:4:21]

Winnicott, D. W. (1986). This feminism [1964]. [CW 7:1:14]

Winnicott, D. W. (1987). The ordinary devoted mother [1966]. [CW 7:3:3]

Winnicott, D. W. (1989). The importance of the setting in meeting regression in psychoanalysis [1964]. [CW 7:1:9]

Winnicott, D. W. (1989). New light on children's thinking [1965]. [CW 7:2:1]

Winnicott, D. W. (1989). Notes on withdrawal and regression [1965]. [CW 7:2:19]

Winnicott, D. W. (1989). The psychology of madness [1965]. [CW 7:2:18]

Winnicott, D. W. (1996). Autism [1966]. [CW 7:3:8]

Winnicott, D. W. (2003). Preface to Renata Gaddini's Italian translation of *The family and individual development* [1966]. [CW 7:2:27]

Winnicott, D. W. (2017). Answers to comments on "The split-off elements male and female elements" [1968–1969]. [CW 9:1:30]

Winnicott, D. W. (2017). On the occasion of the publication of the *Standard edition* of Freud [1966]. [CW 7:3:23]

Winnicott, D. W. (2017). Review of Anna Freud: *Normality and pathology in childhood* [1965]. [CW 7:2:16]

Winnicott, D. W. (2017). The unconscious [1966]. [CW 7:3:29]

图 8.1　温尼科特和他的妻子克莱尔·温尼科特（中）

收录于唐纳德·伍兹·温尼科特档案室，由伦敦维康图书馆保管，温尼科特信托基金会无偿提供。

图 8.2　玩耍中的温尼科特

收录于唐纳德·伍兹·温尼科特档案室，由伦敦维康图书馆保管，温尼科特信托基金会无偿提供。

安·霍恩

第9篇

婴儿与母亲、病人与分析师之间的交流

巩固的岁月，1967—1968

1967年1月，温尼科特在1952俱乐部[1]（1952 Club）发表讲话，以此开启了1967年（CW 8:1:2）；1968年，他在纽约精神分析学会和研究所（New York Psychoanalytic Society and Institute）发表了题为"对客体的使用和通过认同进行联结"的演讲，以此结束了1968年。他认为这两件事都进展不顺。在后者结束之后，他得了重病，并在纽约住院，直到圣诞节前几天，他和妻子克莱尔才被允许回到伦敦。在这两场活动之间的这段时间，以及在他生命晚期产出的作品中，他发表了关于真自体的出现、青少年犯罪[2]以及对文化和游戏而言至关重要的人格发展领域的重要论文。在准备《游戏与现实》的过程中，他继续进行着游戏方面的工作，但重要的是，他所写的有关游戏的论文和笔记（参阅第8卷）阐释了他对分析师角色以及技术的思考，尤其是他关注到了分析性相遇与足够好的母亲和婴儿之间互动的相似之处。事实上，这种双重目的性（This duality of purpose）在他这一阶段的许多其他论文中都很突出，而这一时期开始于他在1952俱乐部发表的讲话"唐纳德·W.温尼科特论唐纳德·W.温尼科特"。

---

[1] 1952俱乐部是由珀尔·金（Pearl King）、查尔斯·克罗夫特（Charles Rycroft）、阿姆斯特朗·哈里斯（Armstrong Harris）和马苏德·汗（Hood, 1996）于当年成立，作为英国精神分析学会临床会议之外，供独立学派分析师们进行讨论的论坛。克罗夫特的名言是这样形容的：这些临床会议更多是碰撞而非讨论（Rycroft, 1993）。论坛每月进行一次，轮流在各个成员的家中进行。成员资格当时是（现在仍然是）通过邀请获得的。

[2] "作为希望信号的青少年犯罪（Delinquency as a Sign of Hope）"（CW 8:1:8）详尽阐述了"反社会倾向"一文（CW 5:2:8）中的观点，即，将偷窃视为一个人满怀希望地找寻曾经拥有但已失去的客体——此外，客体所带来的创造的能力也随之丧失。

温尼科特论其理论与影响

在1952俱乐部发表讲话并不总是一帆风顺的——参阅他在次年写给亚当·利蒙塔尼（Adam Limentani）的信（CW 8:2:23），署名日期是1968年9月27日：

亲爱的利蒙塔尼：

我猜，那天晚上在1952俱乐部你觉得很浪费时间。在我看来，中场休息之后，我确实在后半段学到了些东西。当我在1952俱乐部发表讲话时，我似乎无法圆满完成，这很遗憾，因为它为畅所欲言提供了很好的机会。

早在1967年1月，温尼科特就曾受邀就其发展理论，尤其是他的理论与其他理论家的关系发表演讲。他这样做了：按照他的思想及其影响的时间顺序进行演讲，在标题页面留了很大的空白，以鼓励听众通过标题推断可能影响过他的同事，并记下他们的名字——这些名字以往被习惯性地忽略。这样，笔记就变得更加完整，即使是缩写的形式，也比他实际演讲的文字稿更能反映出他自己的发展。

他首先声明，他无法将自己的工作与其他人的工作联系起来——不是致歉，而是表达他在这部分的不足和缺失。在一个半小时之内，他表达了对弗洛伊德的感激之情、对传统精神分析理论否认婴儿内心生活的担心[1]、与安娜·弗洛伊德的交往（在安娜·弗洛伊德到达伦敦之前，他对她一无所知）、非精神分析的重要影响、在内在心理现实和婴儿内在生活方面对克莱因的感激，以及他对克莱因的追随者将她的理论制度化

---

[1] "我心想，我要指出婴儿很早就会生病，如果理论不符合它，那理论就要进行调整。就是这样。"

的反对。他在对环境的关注这一点上与克莱因派产生了分歧，这显然是令人痛苦的；后来作为一名儿童精神分析师和教师，无法被他们和安娜·弗洛伊德接受，这也同样令人痛苦。他对反社会倾向和希望进行了很好的论述，并愉快地总结："我认为那是一个贡献。"当他谈到适应和原初母性贯注时，他明确提到了对他产生影响的人：他对费尔贝恩"超越了本能的满足和挫折，提出客体寻求（object-seeking）的想法"以及对"感到真实和感到不真实（on feeling real and feeling unreal）"的思想感到震惊。克莱因对他而言也很重要——尽管他们在将母亲作为主观性客体和早期环境的重要性上看法不一，以及他拒绝基于死本能和嫉羡的理论，他仍然非常钦佩克莱因对分析理论做出的贡献，他写道：

> 在我看来，人们通过弗洛伊德了解了内在心理现实，他们也了解了幻想和梦。但是，是克莱因指出了从进食到排便之间变动的位态（localization）的重要性，并指出这与身体的内部有关。我觉得，这些都是她教给我的，如果没有这些，我根本无法对孩子进行精神分析。

他承认自己从玛格丽特·利特尔那窃取了"妄想性移情概念（delusional transference concept）"[1]，随后阐述了呈现在肌肉力量和主体性（agency）中的攻击性的起源。他最后的话也许能告诉我们，为什么这对他来说不是一个令人满意的夜晚：

> 我不知道你们是否愿意讨论这些问题，或者愿意写信来帮助我做出尝试与修正，并与世界各地做着这些工作的人联合起来，他们正在做的工作要么被我窃取了，要么就是被我忽视了。我不能保证

---

[1] "所以这就是我生活中的一小部分，我确实从别人那里得到了一些东西，就好像我从我母亲的手提包里偷来的一样。"

会一直跟进下去，因为我知道我只是在继续提出一个我当下时刻产生的想法，我对此也很无奈。

想要被纠正的愿望中蕴含的潜在问题是："到底有什么需要被纠正？"这可能是指从母亲的手提包里偷东西：温尼科特，一个抑郁母亲的孩子，寻找着失去的客体。

镜映和变得真实

当婴儿看着母亲的脸时，他或她看到了什么？我的意思是，通常情况下，婴儿看到的是自己。换句话说，母亲正在看着婴儿，<u>而她的模样就是关于她在那所看到的东西的</u>。["母亲和家庭在儿童发展中的镜映作用"（CW 8:1:38）]

呼吁婴儿从统觉（apperception）状态发展到一种具体的感知（perception）——婴儿先是被看见，这使得婴儿可以作为一个真实、独立的存在去看见和感知——这就是温尼科特关于身体-凝视-心灵连续体的最终陈述。[后来，他在"客体的使用"中谈到，客体是如何变得真实的（CW 8:2:28）。] 母亲就像一面镜子，将她看到婴儿时的感知反映给婴儿，"将婴儿的自体反映给婴儿"。他在母亲脸上看到的就是自己的映像。如果缺失了这个过程，婴儿凝视母亲时看到的则是她的感觉，而不是他自己的感受和存在。事实上，在此我们可以看到，这可能会发展出假自体人格，并必然发展出顺从的自体。因此，在这种二元的、互惠的关系中，一切都很顺利的情况下，婴儿的真实感在生命伊始就已出现。然而，同样重要的是——我相信，对于那些与儿童和照顾者工作的人来说很重要——我们要能将这一点与温尼科特早期关于心与身的理论相结合，以使我们能够看到儿童从抱持（holding）、照料（handling）和客体联结（object relating）的经验中得以发展。除了抱持和照料，母亲还应该用凝视的方式去抱持婴儿和使之真实（authenticate）。重要的是，我们要牢记，造成不良后果的不止有肯定凝视（affirming gaze）的匮乏，还有破坏性凝视的出现——这可能预示着婴儿会被作为涵容成年人不合理投射（perverse projections）的客体（在如今的诊所中这并不罕见）——这会导致婴儿"身体优先"，因为身体成为自体确认的唯一有效来源。

最后，温尼科特也谈到了分析师的任务：

> 婴儿和儿童最初在母亲的脸上以及随后在镜子中看到自己，这提供了一种看待精神分析和心理治疗任务的方式。心理治疗不是给出聪明而恰当的诠释；大体上，心理治疗是持续将病人带到治疗中的东西返还给他/她。

这个平行的主题——足够好的分析师如何与病人建立良好的关系，与足够好的母亲对婴儿起到的作用很相似——是温尼科特在这个时期的论文和演讲中所强调的内容。温尼科特于1968年底在纽约发表"客体的使用"时，这也成为一个争论的要点。

在此之前，另有两篇论文探讨过早期关系的失败，一篇侧重心灵，另一篇则侧重详述躯体的交流。"思考与象征形成"一文（CW 8:2:48）似乎是对比昂的思考理论的回应。在谈及这个话题时，温尼科特提及了他1949年的论文"心智及其与心–身的关系"（CW 3:4:20）。在适应的过程中，思考有助于婴儿去应对母亲细心中的失败情境；但在病理的状态下，思考也许会被高估、被分裂，并取代部分母亲的角色——"对心智和思考的依赖（dependence）已经取代了对足够好的母亲的依靠（reliance）"["思考与象征形成"（CW 8:2:48）]。这可能造成的后果是理智化以及形成假自体人格结构；其根源在于非适应性的照料。

"婴儿和母亲、母亲和婴儿之间的交流，比较和对比（Communication Between Infant and Mother, and Mother and Infant, Compared and Contrasted)"（CW 8:2:2）是冬季讲座（1968年1月，关于精神分析的公开系列讲座）中的第二场。这场讲座动人而细致地描述了母婴之间生动的非言语交流包含了哪些内容。"交流在于身体体验的相互性（mutuality）"，有母亲的动作、呼吸、温暖的气息、气味、摇晃，还有她心跳的声音；有游戏以及共享空间（"无人之地便是每人之地"）和过渡性空间；凝视的使用；母亲给婴儿提供了可预期的适应，使婴儿获得全能感的体验。

于是，这与精神分析实践的联系就建立起来了——"但实质上，我们是从母亲和婴儿那里了解到了精神病病人或处于精神病阶段病人的需求"，以及可靠的抱持及照料的重要性：

> 随着发展的进行，婴儿形成了一个内部世界和外部世界，随后婴儿会信任环境是可靠的，这是因为婴儿内摄了<u>可靠的体验</u>（人性的，而非机械般完美的）……婴儿无法听见或参与交流，他们只会受到可靠性的影响。

这不是一个完美的母亲——婴儿体验到了日常照料的失败，而这会被足够可靠的母亲修复和改进。当分析师和病人经历了最初的崩溃状态并共同幸存下来，便会形成一种"崩溃-恢复的节奏"（Eigen, 2012, p. 1456）——这是艾根（Eigen）在将温尼科特描述为临床创新者时提出的观点之一。母亲照料中的微小失败和从中恢复形成了一种节奏，这种节奏会被婴儿内化，在他变得真实和面对现实时起到保护性的功能。

这是一篇令人愉快且重要的论文。它的文笔也很优美。散文家温尼科特值得在万神殿中占有一席之地，但是这篇论文——也许是因为要公开发表——并不像他许多论文一样让人疑惑："他在这里是（或者可能是）什么意思？"对于理解力强的非专业人士而言，这篇论文清晰且诗意地阐释了"言语无意义之地",这很引人注目;这篇论文还清晰地阐述了在照料、可靠性、适应婴儿这些方面,他用"严重失败"这个术语所要表达的含义:

抱持的巨大失败会让婴儿产生无法思考的焦虑(unthinkable anxiety)——这种焦虑的内容是:

- 支离破碎
- 永远坠落
- 由于没有办法交流而完全孤立
- 心灵和躯体不统一

这是匮乏(privation)、环境失败从根本上未被修复的结果。

对于与前–表征阶段的婴儿交流,这篇论文给出了最清晰的表述,也呼吁同道们要关注病人们这些原始的发展需求——这些都对技术有所启发。

1967年7月,哥本哈根,第二十五届国际精神分析协会大会

温尼科特担任英国精神分析学会主席的第二个任期即将结束。在哥本哈根,国际精神分析协会(IPA)第三次主题大会的主题是"论见诸行动及其在精神分析过程中的作用"。然而,当时还有另一场与温尼科特的思想非常接近的研讨会——"论儿童分析和儿科"。在研讨会中,他报告了伊罗(Iiro)的案例,这后来成为"治疗性咨询"(CW 10:1:1)的一部分。这个案例是通过分析师和儿童之间使用涂鸦画画来进行阐释的[1]。《国际精神分析杂志》上对这篇报告的评论相当干瘪,开篇如下:

---

[1] 第8卷中的"涂鸦游戏"(CW 8:2:47)完整地概述了这种让小病人投入其中的流动而自由的工作方式。

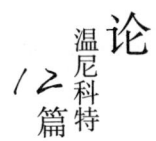

"温尼科特医生在被他称作治疗性咨询的工作中,通过交替画画的方式和病人进行交流。"

在研讨会上报告伊罗的案例肯定让温尼科特很高兴。1964 年,芬兰精神分析学会被 IPA 授予研究小组(Study Group)的地位。温尼科特时任 IPA 赞助委员会主席,珀尔·金(Pearl King)担任秘书,他们两人经常前往芬兰。因此,温尼科特遇到了快 10 岁的伊罗,他不会英语,而温尼科特不会芬兰语。涂鸦游戏加上一名口译,为论坛展示了温尼科特对认同和对被接纳的需要所进行的一次强有力的探索。在哥本哈根大会上,芬兰研究小组被提升为临时学会[1](Provisional Society)。1972 年,温尼科特去世一年后,我们发现温尼科特的妻子克莱尔·温尼科特在给《国际精神分析杂志》的信中写道:"我仍然会收到父母和孩子们的来信,他们并不知道他的死讯,他们会讲述他们自己的情况和进步。这个名叫伊罗的芬兰孩子,最近寄来了一张和他的新狗狗的照片。"

阿尔伯特·索尔尼特(Albert Solnit)在研讨会上(Solnit, 1968)概述了耶鲁儿童研究中心一位分析师与儿科医生之间的长期合作,内容涉及对儿童病人及其家属的联合访谈、讨论和评估,并提到,一项由 8~10 名儿科医生组成的更大规模的研究小组接下来使用了这些材料。温尼科特一定很羡慕他们的这些成就并为之庆祝,这是他努力奋斗想在英国做,但没做成的事。索尔尼特对参与者们主观评估的总结很重要:

> 我们达成的共识是,合作使得每个人都能更切合实际地与少数有复杂心理问题的病人工作。然而,他们认为,合作影响最大的是……提高了他们在照料大多数病人方面的有效性和满意度。(Solnit, 1968, p.282)

---

[1] 在两年后的罗马大会上,芬兰精神分析学会成为 IPA 的成员学会。

出席大会的还有雷纳塔·加迪尼教授，和温尼科特一样，她也是儿科医生和精神分析师，她长期和温尼科特通信，是温尼科特长期的朋友，她的研究包括过渡性客体的初期形式。她当时正忙于将温尼科特的《家庭与个人发展》(The Family and Individual Development)翻译成意大利语——尽管困难重重。她说："当人们问他是儿科医生还是精神分析师时，我听到他说：'我只是一个试图帮助儿童变得更好的医生。'"(Gaddini, 2004)。

关于观察和科学的记录

在温尼科特1968年写的信件中，有一封是3月6日写给同事唐纳德·高夫（Donald Gough）医生的信（CW 8:2:7），他是塔维斯托克诊所的儿童精神病学家。温尼科特写道：

> 望你知悉，你做了一些于我而言非常重要的事，让我关注到在婴儿刚初生几周的哺乳时，母婴通过眼睛所进行的互动……我想找时间用这种方式来使用你向我们呈现的内容，也就是在使用乳房（或奶瓶）的过程中，婴儿正在尝试将客体具象化（exteriorizing），这干扰了原初的、与母亲的融合状态。在我看来，通过眼睛互动似乎可以保持这种融合的状态——这很可能会促进婴儿对客体具象化的尝试。

温尼科特称赞高夫拍摄婴儿时观察详尽而精细，这是他所重视的感知和学习的一个方面。他告诉高夫，在他自己与成年病人的工作中，高夫对凝视的观察和评论是多么重要。这种近距离的观察对于他理解儿童的心理发展也有很大的影响，在向威利·霍弗（Willi Hoffer）70岁生日致敬时，也就是霍弗过世前几个月［1967年6月13日（CW 8:1:11）］，

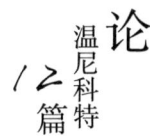

他很明显地提及了这一点。他挑选出霍弗发表过的两篇文章"嘴、手以及自我-整合（Mouth, Hand, and Ego-Integration，1949）"和"身体自我的发展（Development of the Body Ego，1950）"：

> 在文中，霍弗用到了他与安娜·弗洛伊德及其同事在汉普斯特德战时托儿所（Hampstead War Nursery）观察到的微小细节。
>
> 对我来说，重要的是一个总体事实，即霍弗将这些观察作为理论的可靠依据。如果观察结果与理论不符，那么理论就必须改变。此外，霍弗的两篇文章也标志着精神分析师的一个变化，即精神分析师走过了一个漫长的初始阶段，在此阶段，人们曾认为可以通过分析成年人或儿童看到婴儿期的发展，但事实上，我们只有在分析中，透过婴儿期之后所形成防御的扭曲透镜，才能真正看到婴儿期的发展。

随后：

> 这必然为世界各地所做的许多工作确立了一个标准。我们从此得知，我们必须将我们的想法——关于客体寻求、与客体联结、兴奋及不兴奋的感官满足、利用满足感来防御焦虑、控制的开端（与全能感对比，甚至是通过成功地适应需要来体验全能感）以及许多其他重要之事——建立在这种细致的观察之上。

在温尼科特1968年3月为罗伯特·托德的《精神障碍儿童》（*Disturbed Children*）（CW 8:2:8）一书所写的前言中，这个主题再次出现。他指出，与儿童工作的人"需要的不仅仅是直觉、理解和常识，这些基础品质很有价值，但他们还需要能够观察、旁观、把事情想清楚，并且为他们发现的内容寻找到理论的支持"。

这是一种可以被称为科学的方法——温尼科特学派的主题；缺乏科学性是他对克莱因学派（例如琼·里维埃，他的第二任分析师）一直以来的批评，他认为，他们要承担阻碍了梅兰妮·克莱因进行更大的科学努力的责任［参见"攻击性的根源"（CW 7:1:18）］。然而，何处无矛盾性？他也对科学立场不看重历程和互动进行了深刻的批判，正如他对 Carl Ivar Sandström 的《儿童和青少年心理学》（The Psychology of Childhood and Adolescence）（CW 8:2:46）评论中所说的那样：

> 在我看来，问题在于，当缺失参与性（involvement）时，心理学家认为这就显得"科学"了，而这并没有涉及任何蕴含着冲突的内容，更不用说触及无意识的冲突、绝望或价值。这里没有提及这与你的感受——你的孩子是有内在的美还是有潜在的破坏性，或是孩子很独特因而很可能要么成为天才，要么成为疯子——之间的联系。书中没有任何内容将成长过程中必不可少的两难困境与患精神疾病的成年人的困境联系起来。难以测量的事物都被挡在"心理学"之外。

对温尼科特而言，这是毕生重要之事。这一点很清晰地展现在他关于在学校发现达尔文的《物种起源》的描述里：

> 当时我不知道它为什么对我如此重要，但是现在我明白了，最重要的是它表明生物可以以科学的方法来检验，因而知识和理解上的差距并不会吓到我。["对人类本性的客观研究（Towards an Objective Study of Human Nature）"（CW 2:7:11）]

发现弗洛伊德的过程也充满了同样的兴奋：

当我发现弗洛伊德以及他进行研究和治疗的方法时，我很赞同……这是一种客观的看待事物的方式，适合那些没有先入为主观念的人，从某种意义而言，这就是科学。["唐纳德·W. 温尼科特论唐纳德·W. 温尼科特"（CW 8:1:2）]

游戏和文化自体

温尼科特对游戏和玩游戏的关注可以追溯至他非常早期的作品。考德威尔和乔伊斯（2012，p. 231）让我们回想起温尼科特和儿童一起玩压舌板游戏["在设定的情境中观察婴儿"（CW 2:3:6）]，并将它和1942年的文章"儿童为什么游戏"（CW 2:4:4）作为"过渡性客体和过渡性现象"（CW 4:2:21）的前身。最后，关于中间区域的体验，我们有着最令人难忘的描述，即这个区域是在内部和外部之间、我和非我之间、"主观性客体和被客观感知到的客体之间"，这将我们带上了艺术、宗教和文化之路。（安娜·弗洛伊德在1968年10月30日写给他的信中说，过渡性客体这个概念"已经征服了精神分析世界"。）

这个舞台的扩展——从过渡性体验和过渡性现象扩展到游戏，从和客体游戏及信任客体扩展到在他人在场时独自游戏、共同游戏及文化的体验——是20世纪60年代后期温尼科特在准备《游戏和现实》的过程中多次探索的内容。在"健康个体的概念（The Concept of a Healthy Individual）"一文（CW 8:1:4）中，他概述了健康人的三种生活：

1. 处于世界之中的生活，人际关系是关键，即使是利用非人类的环境，人际关系也是关键。
2. 个人的（有时称为内在的）精神现实生活。这是指当一个人有创造性时，他会比另一个人更富足、更有深度也更有趣。它包括梦……

3. 文化体验的领域。

文化体验是从游戏开始，并扩展至人类遗产的整个领域，包括艺术、历史神话、缓慢演进的哲学思想、神秘的数学、团体管理和宗教……<u>当儿童体验到对母亲很有信心时</u>，即儿童相信，如果自己突然需要母亲，母亲会在，<u>儿童和母亲之间的潜在空间就产生了</u>，而文化体验始于这个潜在空间。

当然，精神分析就发生在这个重叠的部分，发生在中间领域的体验中："精神分析已经发展为一种高度专业化的游戏形式，为与自己和他人的交流服务"["游戏：理论陈述（Playing: A Theoretical Statement）"（CW 8:2:15）]。温尼科特继续说道："游戏是自然的事，而精神分析则是高度复杂的 20 世纪现象。应该不断提醒精神分析师，精神分析不仅要归功于弗洛伊德，也要归功于自然而普遍存在的游戏，这很重要。"

1968 年，"游戏：理论陈述"一文以"游戏：在临床情境中的理论地位（Playing: Its Theoretical Status in the Clinical Situation）"为标题发表在《国际精神分析杂志》上，在前一年，此文已在英国精神分析学会上宣读，但当时的标题是"走近一个心理治疗的理论：与游戏的联系（Towards a Theory of Psychotherapy: The Link with Playing）"。这个较早的命名更直接地表达了当时温尼科特心中最看重的内容，即母婴关系是分析师和病人的关系原型。对于英国独立学派来说，这个关于分析过程的观点已经成为共识；但是，满怀着将足够好的母婴体验作为分析模板的观点，温尼科特直到当年年底才将这种工作和思维方式带到纽约。

美国、疾病和"客体的使用"

1968年底，温尼科特在美国进行了最后一次演讲之旅。11月12日，他在纽约精神分析学会和研究所发表了关于他的论文"对客体的使用和通过认同进行联结"的演讲[1]，作为演讲之旅的结束。据他说，演讲后得到的回应对他而言很重要；讨论者是伊迪丝·雅各布森（Edith Jacobson）、塞缪尔·里特沃（Samuel Ritvo）和伯纳德·D. 范恩（Bernard D. Fine）。温尼科特和克莱尔当时已经患上了亚洲流感[2]，他可能在演讲期间已经感到不适；回到酒店的房间后，温尼科特严重的肺水肿症状对他的心脏造成了严重的影响，病情严重，他被紧急送往医院，他在那里待了大约5周。11月25日，他写给卡尔（Karl）和希拉·布里顿（Sheila Britton）的信（CW 8:2:33）很现实：

> 现在的问题是，我有严重的心脏并发症，克莱尔和我都必须面对我可能会死亡的事实。我们都能做到。你明白我的意思，对此我们没有胡思乱想。如果我能康复回家，我们还可以一起多享受几年时光。

12月4日（CW 8:2:37），他告诉他出色的秘书乔伊斯·科尔

---

[1] "火车上的笔记（Notes Made on the Train）"（CW 7:2:6）包含了这篇论文的开头。

[2] "郑重声明：如果不是因为我患有亚洲流感并传染给了克莱尔，我们本应在这里度过美好的时光，我们都患上了亚洲流感，这让人陷入低谷——因此，当我的心脏出现问题时，连克莱尔都无法照顾我。这点坏运气让我们的生活变得很不同"（11月25日给卡尔和希拉·布里顿信中的附言）（CW 8:2:33）。以及"我意识到我感到不舒服已经有一年了。我很惭愧，在不太舒服的时候去了美国，这很愚蠢"[1969年1月19日给雷纳塔·加迪尼教授的信（CW 9:1:5）——写于床榻]。他在1969年1月20日给安娜·弗洛伊德的信（CW 9:1:6）中也提到了这一点："实际上我已经病了，但我没有注意到这一点。"

(Joyce Cole):

哈特曼夫妇（the Hartmanns）、菲利斯·格林纳克、马莱弗博士夫妇（Dr & Mrs Malev）、泽泽尔夫妇（The Zetzels）、伯纳德·费恩博士夫妇（Dr & Mrs Bernard Fine）都来看过我了。也许明天我就能走出房间，沿着走廊走下去。很抱歉，这就是关于唐纳德·W. 温尼科特的所有内容。

他最终于 12 月 15 日出院，夫妇俩于 12 月 20 日飞回了家。

客体的使用

对美国的听众而言，是什么如此有争议——或者说如此难以理解，以及对温尼科特而言又如此重要呢？有人回忆，大约两年前他参加 1952 俱乐部活动时和这个时候有些相似：这两件事都关于温尼科特在晚年将自己的理论观点呈现在同行面前，也都让他感觉到自己失败了。鲁德尼茨基（Rudnytsky）认为，纽约研讨会的记录实际上说明"会议的基调是不带有任何个人恩怨的精神和知识层面的交流"（Rudnytsky, 1989, p. 340）。里弗斯"优雅地"补充了一个更激进的观点：

他选择了在大西洋彼岸的自我心理学大本营发表这篇论文，在这里，英国的"客体关系理论家"如果没被当作异端邪说，大多数也会被看成是古怪的理论家。（Reeves, 2007, pp. 366–367）

罗伯特·朗斯（Robert Langs）用了更实用的术语来描述这件事，他将温尼科特与病人那令人震惊的互动关系——在病人试图保持精神稳态时，治疗师可以被攻击但必须幸存下来——与更传统的诠释病人神经症投射的美式分析实践进行了对比（引用于 Kahr，1996，p. 120）。

在发表这篇论文的两周前，温尼科特向纽约精神分析学会发送了一份概述。其中包括了论文（发表于1969年）的概述，并附上了以下内容：

> 这次演讲的主题是，这种对客体的使用是如何通过和客体游戏而自然发展的。
>
> 如果大家都能阅读以下文章，将有助于我的阐述：
>
> 1. "文化体验的所在"
>
>   (1966) [actually 1967—eds.] The Location of Cultural Experience, *Int. J.Psa.* 48：3, 368-372
>
> 2. "儿童发展中的自我整合"
>
>   (1962) Hogarth Press, London, 1965. Ego Integration in Child Development (Chapter 4 in: *The Maturational Processes and the Facilitating Environment*) N.Y. I.U.P.— 1965, pp.56–63
>
> 3. "独处的能力"
>
>   The Capacity to be Alone. *Int. J. Psa.* 39：5, 416–20, 1958
>
> 4. "游戏：在临床情境中的理论地位"
>
>   Playing: Its Theoretical Status in the Clinical Situation. *Int. J.Psa.* V.49, 1968— still in press. [Appendix I, CW 8:2:28]

好一个要求，让听众掌握他的理论发展过程，并要做好功课，在做准备时阅读潜在的"异端邪说"！

这篇论文首先对做诠释这件事进行了评论：

> 只要我们能等待，病人就会带着极大的喜悦，创造性地达成理解……原则是，是病人拥有答案，也只有病人才拥有答案。我们也

许能，也许不能使他/她全然接受我们所知道或意识到的。

这将我们带回现实，带回"母亲和家庭在儿童发展中的镜映作用"（CW 8:1:38）中所描述的过程。文中谈到，分析师的任务是"将病人带来的东西返还给病人"——就像足够好的母亲会抱持（hold）、照料（handle）和呈现（present）客体。他劝告美国的听众们思考这个过程，思考分析师和病人之间发生了什么，特别在与边缘性病人工作的时候尤其如此。接下来，他调查了母亲和婴儿、客体和自体之间的互动过程，这个过程启动了婴儿发展上的飞跃——意识到客体是一个与自己有所区分的他者，而不是主观性的客体。结果是，通过积极的破坏性和（真实）客体的幸存，婴儿达成了"客体的使用"。温尼科特澄清道，"客体联结"是一种主观的体验：客体被赋予了主观的特性，主体吸收了客体的各个方面——两者都在以或大或小的方式发生着转化。然而，被使用的客体必须是真实的、外部的以及促进性的，能够在强势的攻击中幸存，并且能够被客观地感知到。亚当·菲利普斯（Adam Phillips）坚称，温尼科特对克莱因流派——以及弗洛伊德流派理论进行的最后修正，在于他对客体联结到客体使用变化过程的描述：

> 用温尼科特的话来说，如果自体最初是通过被识别（recognition）而变得真实，那么客体最初则是通过攻击性的破坏而变得真实；而这，当然会让自体感受到客体体验的真实。（Phillips, 1988, p. 131）

这个母亲-客体必须是有韧性的，必须幸存下来而不报复。

有人认为，温尼科特之所以容易因"客体的使用"遭到批评，是因为他不自量力，从病理学理论转向了他只是片面了解的人类发展的一般理论（Reeves, 2007）。当然，他对《人类本性》的工作还在继续，

1968年4月，他对数学教师协会说：

> 我认为我必须回到我最后的一点，很简单，就是对患有精神疾病的儿童进行治疗，并构建一个更好、更准确也更实用的关于人类个体情感发展的理论。["总的来说，我是（Sum, I Am）"（CW 8:2:10）]

然而，我认为"客体的使用"更直接地聚焦于历程，并努力地阐明"如何"的问题——即个体通过幻想中的破坏和客体真实的幸存，而开始重视真实的（也因而是独立的）客体，从而放弃全知全能的状态，使能力得以成长。这个"如何"也是分析师和病人之间的故事，他们的历程，他们的"如何"，就像母亲、环境和孩子之间的故事一样：对于那些"行动（do）"的分析师而言，他们给病人做诠释，将分析当作是一个人要对另一个人"完成"的事，而不是在两个人的空间中的一个过程，这是他们要学习的一课[1]。这一点现在是——过去也是——更难被听进去的建议。

克莱尔·温尼科特在1981年写给艾根的信中，概括了温尼科特理论的地位：

> 对唐纳德来说，这是他理论构想的巅峰……他最后的话、他的长眠之地。（Eigen，2012，p. 1453）

纽约的研讨会（当然，还有他的疾病）促使温尼科特在1969年发表这篇论文之前对其进行了修改。这篇文章会在1971年被收入《游戏与现实》。文章发表后，温尼科特在纽约戏剧般而又危机性的疾病发作，

---

[1] "要注意的是，我说的是进行诠释而不是诠释本身……一想到出于我个人的需要去诠释而阻止或延迟了某一类型的病人所要发生的深刻变化，我就感到恐惧不已。"当然，他在说的是"边缘的个案"。

使得一些评论家认为他的修订带着一种近乎绝望的感觉，在我看来，这种感觉一点也不准确。"对我的论文'客体的使用'的评论"（CW 8:2:38）是在他病倒大约3周后在纽约的医院里写的，表达了他对于自己立场的坚定，他写道："我坚信的新主张是，主体通过体验到客体的幸存从而获得使用客体的能力"，尽管他也承认，"我意识到，这种破坏性的最初冲动的想法是很难理解和把握的。正是这一点需要得到关注和讨论。"文章发表后，少了一些认为他错了的人，更多的人试图向仅从驱力理论出发进行争论的人解释，"这篇论文的主要观点，使得对精神分析理论中的一个重要领域的修改变得必要起来"，力比多驱力和攻击性驱力融合的理论"是对的，也是错的。我是试图在它错的那个部分做出一些贡献"。这种试图去澄清，但不否认精神分析传统的做法，可以在罗伯特·罗德曼［1969年1月10日（CW 9:1:2）］和安娜·弗洛伊德［1969年1月20日（CW 9:1:6）］之间的通信中找到，但那又是另一年的事了。

对分析过程和技术的总结思考

在刚开始的时候，我确实会去适应个体的期望。不这么做是不人道的。["精神分析性治疗的目标"（CW 6:3:2）]

当我们逐渐了解温尼科特生命的最后几年以及他最后发表的重要论文，我们可以看到1967年和1968年是理论巩固和最终确定的两年：婴儿如何能够形成对自己和他人有所区分的感觉；如何获得感知现实，并将客体视为真实的成就；青少年犯罪是在保存希望，即希望存在一种补救办法，可以补偿失去的好客体、稳定且有韧性的环境以及客体所带来的创造性；游戏、文化和精神分析。在他的作品——信件、评论、演讲和文章中——有两股暗流贯穿始终：一是如果观察到的内容挑战了理论，需要理论发生改变，那么理论必须改变；二是我们不必害怕（为了解释他在阅读达尔文作品时的评述），这是生命科学的一部分，需要带着好奇心迎接它；以及分析师和被分析者之间的任务类似于足够好的母亲和婴儿之间的任务。

大部分被认为是温尼科特对传统技术理论挑战的内容[1]，来自他对两者的结合——一边是他与边缘和精神病性病人的工作，另一边是他关于理解婴儿开始能够区分自己和客体的工作。他写道，这两者相互促进了他对另一边的思考。有一个争论点是，他正在提出的是关于技术的一般性理论（有人会这么理解），还是说，这些理论更适用于和病人身上精神病性的元素进行工作。然而，我发现，他提出的方法在与那些更接近原始伤害（original insult）的儿童工作时是至关重要的。再者，儿童精神分析和心理治疗本身就是传统技术的变形：

> 技术上的改变偏离了适用于神经症儿童的"正常"技术的范围。<u>与儿童进行工作，并没有明确的精神分析技术，而是遵循一系列分析性的原则，再根据具体案例进行修改。</u>技术上的变化代表的是对基本的分析性原则进行适当的、具体的调整，而不是对标准技术的背离。（Sandler, Kennedy, & Tyson, 1980, p. 199；重点已标注）

在与安娜·弗洛伊德的讨论中，桑德勒等人澄清，就像温尼科特一样，她很清楚，适应并不意味着背离或放弃分析性的原则；而且，在与儿童的工作中，这是必然的结果。

在一些关于温尼科特和技术的争论中，一个默认的假设是存在标准技术。在伦理的工作范围内，在潜意识以及移情-反移情的关系中，分析师和病人之间可能会有很多互动。在温尼科特的著作中，悖论的是，

---

[1] 参见 Blass（2012）以及随后在《国际精神分析杂志》上的通信。

通常被解释为谈话治愈的治疗方法往往是以非言语期的关系为模板。他并不是对每个病人都使用这种治疗方法，但他清楚地指出，对于遭受过严重创伤和有精神病性焦虑的病人而言，这种治疗方法非常有用，也非常容易理解〔"临床退行与防御组织的概念比较（The Concept of Clinical Regression Compared with that of Defence Organisation）"（CW 8:1:29）〕。温尼科特提出的"退行至依赖"的概念对于重新思考防御非常有用，而且他认为个体天生存在追求健康和发展的内驱力，这意味着，其实是病人在做分析的工作，而分析师/母亲只起到促进的作用。如今，对于无论是遵循安娜·弗洛伊德传统或是独立学派传统受训的儿童分析师来说，这都已经成为共识。他补充道：

> 我们现在发现，所有发生的一切都是为了唤醒和修正移情关系，这些发生的事与其说是为了诠释，不如说是为了体验。〔"《摩西与一神论》文本中的客体使用"，1969（CW 9:1:3）〕

对于一些病人来说，在某些时候，"在一起"（艾根说的"一起度过"）就足够了。

温尼科特并不认为全知全能的分析师是拙劣模仿的产物，他在1963年写道："有一些分析师害怕等待，于是便会向病人灌输他们的想法"〔"道德与教育"（CW 6:3:18）〕。他继续谈到这个主题：

> 当有的分析师处于诠释的角色时，会假设他们的诠释是不容置疑的，因此如果病人试图纠正，分析师往往会倾向于认为这是病人的阻抗，而不是考虑这可能是因为他们错误地或是不够充分地理解病人想要沟通交流的内容。〔"精神分析中的诠释（Interpretation in Psycho-analysis）"（CW 8:2:6）〕

对温尼科特，也是对我们所有人来说，心理的变化是贯穿一生的，分析的终结是掌握在病人的手中的；在最早期的婴儿期之后，全能感是要避免的。

正如格罗尔尼克（Grolnick, 1990）所提出的，一些关于意义和温尼科特方法的议题可能本身就有着非常不同的结构，但用了看似简单的词语表达了出来。他的公开演讲就是一个简单的范例：

> 在成功的精神分析中，我们所做的一切是去清除发展的障碍，促进病人个体的发展过程以及遗传倾向。["婴儿和母亲之间的交流（Communication Between Infant and Mother）"（CW 8:2:2）]

环境方面的设置仍然遵循着精神分析的传统，即提供可靠的、促进性的环境，虽然伴随着一种对检验、批评和改变保持开放的理论基础；而转变在于，就分析师的态度、可靠性、适应性和心理状态而言，设置是充满可能性的、是可以转化的，由分析师和病人一同创造，在这个设置中，病人——就像婴儿一样，可能会发现一些令自己惊喜的、新的、有关自己的内容。

参考文献

Blass, R. B. (2012). On Winnicott's clinical innovations in the analysis of adults: Introduction to a controversy. *International Journal of Psychoanalysis*, 93(6), 1439–1448.

Caldwell, L., & Joyce, A. (2012). *Reading Winnicott*. London/ New York: Routledge.

Eigen, M. (2012). On Winnicott's clinical innovations in the analysis of adults. *International Journal of Psychoanalysis*, 93(6), 1449–1459.

Gaddini, R. (2004). Thinking about Winnicott and the origins of the self. *Psychoanalysis* and History, 6, 225–235.

Grolnick, S. A. (1990). *The work and play of Winnicott*. Northvale, NJ/ London: Jason Aronson.

Hoffer, W. (1949). Mouth, hand, and ego-integration. *Psychoanalytic Study of the Child, 3–4*, 49–56.

Hoffer, W. (1950). Development of the body ego. *Psychoanalytic Study of the Child, 5*, 18–23.

Hood, J. (1996/ 2001). The young R. D. Laing: A personal memoir and some hypotheses. In R. Steiner & J. Johns (Eds.), *Within time and beyond time: A festschrift for Pearl King*. London/ New York: Karnac.

Kahr, B. (1996). *D. W. Winnicott: A biographical portrait*. London: Karnac.

Phillips, A. (1988). *Winnicott*. London: Fontana [reissued by Penguin in 2007].

Reeves, C. (2007). The mantle of Freud: Was "The use of an object" Winnicott's *Todestrieb? British Journal of Psychotherapy, 23*(3), 365–382.

Rudnytsky, P. (1989). Winnicott and Freud. *Psychoanalytic Study of the Child, 44*, 331–350.

Rycroft, C. (1993/ 2004). The last word. Reminiscences of a survivor: Psychoanalysis 1937–1993. In J. Pearson (Ed.), *Analyst of the imagination: The life and work of Charles Rycroft*. London/ New York: Karnac.

Sandler, J., Kennedy, H., & Tyson, R. L. (1980). *The technique of child psychoanalysis: Discussions with Anna Freud*. London: Hogarth.

Solnit, A. J. (1968). Child analysis and paediatrics: Collaborative interests. *International Journal of Psychoanalysis, 49*, 280–285.

Winnicott, C. (1972). Letter to the editor. *International Journal of Psychoanalysis, 53*, 559–560.

Winnicott, D. W. (1941). The observation of infants in a set situation. [CW 2:3:6]

Winnicott, D. W. (1942). Why children play. [CW 2:4:4]

Winnicott, D. W. (1945). Towards an objective study of human nature. [CW 2:7:11]

Winnicott, D. W. (1953). Transitional objects and transitional phenomena. [CW 4:2:21]

Winnicott, D. W. (1954). Mind and its relation to the psyche-soma [1949]. [CW 3:4:20]

Winnicott, D. W. (1958). The antisocial tendency [1956]. [CW 5:2:8]

Winnicott, D. W. (1958). The capacity to be alone [1957]. [CW 5:3:20]

Winnicott, D. W. (1963). Morals and education [1962]. [CW 6:3:18]

Winnicott, D. W. (1964). Roots of aggression. [CW 7:1:18]

Winnicott, D. W. (1965). The aims of psycho-analytical treatment [1962]. [CW 6:3:2]

Winnicott, D. W. (1965). Ego integration in child development [1962]. [CW 6:3:19]

Winnicott, D. W. (1965). *The family and individual development.* London: Tavistock, 1965. [Not reprinted in this form in the *Collected Works*]

Winnicott, D. W. (1967). The location of cultural experience [1966]. [CW 7:3:31]

Winnicott, D. W. (1967). Mirror-role of mother and family in child development. [CW 8:1:38]

Winnicott, D. W. (1967). A tribute on the occasion of Willi Hoffer's seventieth birthday. [CW 8:1:11]

Winnicott, D. W. (1968). Communication between infant and mother, and mother and infant, compared and contrasted. [CW 8:2:2]

Winnicott, D. W. (1968). The concept of clinical regression compared with that of defence organization [1967]. [CW 8:1:29]

Winnicott, D. W. (1968). Delinquency as a sign of hope [1967]. [CW 8:1:8]

Winnicott, D. W. (1968). Foreword. In R. J. N. Tod (Ed.), *Disturbed children.* London: Longman. [CW 8:2:8]

Winnicott, D. W. (1968). Playing: A theoretical statement [1967]. [CW 8:2:15]

Winnicott, D. W. (1968). Playing: Its theoretical status in the clinical situation. Published here as "Playing: A theoretical statement." [CW 8:2:15]

Winnicott, D. W. (1968). Review: Sandström, C. I., *The psychology of childhood and adolescence*. Harmondsworth, UK: Penguin. [CW 8:2:46]

Winnicott, D. W. (1969). Notes made on the train [1956]. [CW 7:2:6]

Winnicott, D. W. (1969). The use of an object and relating through identifications [1968]. [CW 8:2:28]

Winnicott, D. W. (1971). The concept of a healthy individual [1967]. [CW 8:1:4]

Winnicott, D. W. (1971). *Playing and reality*. London: Tavistock. [Not reprinted in this form in the *Collected Works*]

Winnicott, D. W. (1971). "Iiro" *aet* 9 years 9 months. [CW 10:1:1]

Winnicott, D. W. (1984). *Sum*, I am [1968]. [CW 8:2:10]

Winnicott, D. W. (1988). *Human Nature*. [CW 11:1]

Winnicott, D. W. (1989). Comments on my paper "The use of an object" [1968]. [CW 8:2:38]

Winnicott, D. W. (1989). D. W. W. on D. W. W. [1967]. [CW 8:1:2]

Winnicott, D. W. (1989). Interpretation in psycho-analysis [1968]. [CW 8:2:6]

Winnicott, D. W. (1989). Thinking and symbol-formation [1968]. [CW 8:2:48]

Winnicott, D. W. (1989). The squiggle game [1964, 1968]. [CW 8:2:47]

图 9.1 温尼科特在听美国精神病学家及精神分析师拉尔夫·R. 格林森（Ralph R. Greenson）（抽着雪茄）谈话，这大约是在 1969 年秋天格林森访问伦敦期间。

收录于唐纳德·伍兹·温尼科特档案室，由伦敦维康图书馆保管，温尼科特信托基金会无偿提供。

图9.2　1967年，温尼科特和莫里斯·范德波尔（Maurice Vanderpol）在波士顿的麦克莱恩医院（McLean Hospital）。题词写着："怀念莫里斯·范德波尔"。范德波尔与人合编了《精心设计治疗环境中的心理治疗》（*Psychotherapy in the Designed Therapeutic Milieu*, 1967），温尼科特在书中发表了"临床退行与防御组织的概念比较"一文（CW 8:1:29）。

收录于唐纳德·伍兹·温尼科特档案室，由伦敦维康图书馆保管，温尼科特信托基金会无偿提供。

阿恩·耶姆斯泰特

第10篇

存在、创造性和潜在空间，1969—1971

第 10 篇　　　　　　　　　　　　　　　　ARNE JEMSTEDT

1968 年 11 月，温尼科特受邀访问纽约精神分析学会，他在会议上报告了"对客体的使用和通过认同进行联结"一文（CW 8:2:28）。尽管这是他最重要，也是最复杂的论文之一，但当时这篇论文的观点并没有被他的美国自我心理学同道们所接受；他们很难理解他用的"使用"一词，也很难理解他强调破坏性（以及客体在破坏中幸存）对个体在主体全能感的范围之外发现外部现实的重要作用。

在访问期间，温尼科特患上了流感，这对心脏造成了极大的负担，他的病情因此变得岌岌可危，随后，他在纽约一家医院的重症监护室待了一个月。同年 12 月，他回到伦敦，在一段短暂的康复期后，尽管身体仍然很虚弱，他仍然又恢复了思考、交流和写作，继续生活了两年；1971 年 1 月 25 日，温尼科特在他和克莱尔的家中去世。在他生命的最后两年，他持续不断的创造力和生产力是惊人的。《全集》第 9 卷收录了他对精神分析做出的最后的、极有价值的贡献。

第 9 卷的文本涵盖了不同的领域，但主要的主题是创造性和创造性地生活，这也是本文的重点，本文将会梳理在这一领域温尼科特思想发展的各种轨迹。

温尼科特本人极富创造力，是自弗洛伊德以来精神分析历史上最具独创性的思想家之一。在他过世 40 多年后，他依然极具影响力，从 PEP* 精神分析文献搜索可见其一斑：目前阅读量最高的 3 篇期刊文章都是由温尼科特所写。

是什么让温尼科特的作品如此吸引读者呢？当我在 20 世纪 70 年代

---

* Psychoanalytic Electronic Publishing 的缩写，意为"精神分析电子出版"，是一个可搜索的精神分析在线数据库，收藏了多国语言的精神分析期刊、图书和影像资料。——译者注

末第一次读到他的作品时，我被他鲜活的写作方式触动。他的写作思想深邃，信息量大，文笔轻盈，对这些风格进行了极具个人特色的融合。并不是所有的精神分析写作者都有自己的个人风格。温尼科特的写作极具个人特色；在文本中，你能感受到他的存在和他的智慧。他的文风技巧娴熟、别具一格，而且他还有一种特别的能力，可以用平常的文字表达非凡的内容（本书系列文章中的第1篇讨论过温尼科特的写作风格）。

温尼科特，这位总是非常坚持自我的人，坚持认为每个人都是独特的，都有探索的权利，并认为个体以个人的、创造性的方式探索世界很重要。这当然也适用于精神分析师和精神分析理论。在1948年提交给英国精神分析学会的一篇论文中，他问道："大家是否已经充分意识到，每个独立的分析师都需要重新探索一切？"["修复母亲应对抑郁症的结构性防御"（CW 3:3:1）]。1952年，在学会的一次会议结束后，他给梅兰妮·克莱因写了一封信，信中指出，她的重要作品有被禁锢在一个教条的、宣教的体系中的风险："我个人认为，你的作品应该由人们以他们自己的方式进行探索，并用他们自己的语言重新表述并呈现出来，这是非常重要的。只有这样，语言才会保持活力"（CW 4:1:12）。

在温尼科特的作品中，他追求的不是去教育或指导读者。他与你沟通，你会感觉自己置身于一种创造性的、智慧的互动交流之中，并且就如同好的诗歌所起到的作用一样，它会在心智的不同层面激发共鸣。他经常给人一种体验：好像在看到他的文字之前，自己已经了解或者感受到了他所表达的内容，但尚未想清楚或表述出来；与此同时，他的写作会给人一种惊喜和新发现的感觉。

带来这种体验的一个原因是温尼科特对矛盾性的耐受，这意味着要欣赏潜意识的思维和梦境-生活。《游戏与现实》的一个核心主题便是婴儿的过渡性客体具有矛盾性的特点：它既是婴儿创造的，又是被婴儿找到的；它的特性既来自内部世界，也来自外部世界。在《游戏与现实》的导论（CW 9:3:4）中，他写道："我希望大家关注，婴儿在使用被我称作是过渡性客体的物体时所涉及的矛盾性。我撰文请求大家接受、耐受和尊重矛盾性，而不是要去消除它。通过逃避进分裂出的智力功能，有可能消除这一矛盾性，但其代价是矛盾性失去了它本来的价值。"

温尼科特的一些概念（"平凡而奉献的母亲"、"真自体"）可能会被用于感伤主义的项目（sentimental projects）中。温尼科特并不支持感伤主义。他提醒大家不要成为"激进的感伤主义者"，并指出"感伤比没有作用还糟糕"［他在1959年给斯科特的信中这样写道（CW 3:5:6）］，因为它"否认了恨"［"反移情中的恨"（CW 3:2:1）］和攻击性。攻击性和破坏性是贯穿温尼科特作品的主题：在描述原始爱之冲动的无情，以及他自己版本的克莱因的抑郁心位时，他都涉及了这个主题，尤其在"客体的使用"（CW 8:2:28）中，他指出，破坏性（以及客体在破坏中幸存）创造了现实。

日常生活的创造性

在"创造性与其起源（Creativity and Its Origins）"一文（CW 9:3:7）中，温尼科特谈到："我所关注的创造性是普遍存在的。它是一种有生命力地活着的状态……我们正在研究的创造性是一种个体与外部现实进行接触的方式。"在1970年一篇题为"创造性地活着（Living Creatively）"的演讲草稿中，他写道："我相信，如果一个人有创造性或者有创造的能力，那就没有什么事情是不能创造性地完成的"（CW 9:2:11）。进入他所谓的潜在空间（potential space）是形成这种能力的先决条件，潜在空间是内部现实和外部现实的中间区域，在其中，两种现实相互滋养，可以暂且不管什么来自外部，什么来自内部。

不是每个人都有这种能力。按照温尼科特的说法，这种创造的能力是在婴儿及儿童与其环境进行互动的微妙过程中达成的。但一旦具有这种能力，个体就可以创造性地体验这个世界，无论是风景、戏剧或音乐表演、一首诗还是另一个人。看戏剧就是一个明显的例子。在台上的演员与台下的观众之间的潜在空间中，戏剧的表演和观众意识、潜意识层面的内在世界彼此重叠，如果这是一部好的戏剧，就会产生丰富的情感体验。

玛丽昂·米尔纳影响了温尼科特，也受到了他的影响，她写了大量关于精神分析和艺术的文章。她强调，在创造性的体验中，内部现实和外部现实之间的边界是模糊的，她借用了贝伦森（Berenson）对"审美瞬间"的描述："在视觉艺术中，审美瞬间正是当观众与他正在观看的艺术作品融为一体时那转瞬即逝的时刻，它是如此短暂，以至于几乎是永恒的"（引自 Milner，1952，p. 97）。

在反思小说家和读者之间的关系时，萨尔曼·拉什迪（Salman Rushdie，1990）对他们之间的相互作用表述如下："通过文本这个媒介，读者和作者融合，成为一个共同体，两者都既是写作者也是读者，他们在共同创造着独特的作品：'他们的'小说。在这样的秘密阅读行为中，他们形成了一种不同的身份认同。作者和读者的这种'秘密身份认同'是小说这种形式最伟大、最具颠覆性的礼物。"

潜在空间是内部世界和外部世界之间的第三区域，但是显然，拥有这种体验的能力实际上是一种内在的资源。温尼科特对潜在空间的描述与威尔弗雷德·比昂（Wilfred Bion，1962）提出的双目体验（binocular experiencing）有相似之处。比昂将意识和潜意识之间的边界描述为一个半渗透的接触屏障（contact barrier），它将这两个区域彼此分开，也允许它们之间有流动。这使得一个情境（或者一种关系）有可能同时在意识层面和潜意识层面被体验到。在这两个区域之间存在着一种合作的、非侵入性的关系；这种体验可以在意识层面体验到，同时也可以被梦到，让它具有了一个"立体的"视角。这让体验有了深度和共鸣。在潜在空间的体验也具有类似的特性。

潜在空间中的活动，无论是简单的还是复杂的，都是非常个人化的。它来自内在，有时来自内心深处，是自发的、主动的，而不是被动反应的。它与外部现实客体的相遇，无论是有意识地相遇，还是更多凭直觉被选择或找到，都具有充满生机的创造性，其结果也许是"一幅画、一栋房子、一个花园……或是一首交响乐、一座雕塑"["创造性与其起源"（CW 9:3:7）]。创造性的行动（doing）需要时间和空间。创造力需要时间，而且取决于一个人让自己沉浸于一项任务或项目、专注于这件事，并在自己的想象力与自己可触及的完整客体或媒介之间的潜在空间中进行创造的能力。

　　温尼科特主要关注的是创造性地生活和体验的能力。但是同样的内在过程也是艺术创作力的基础，只不过诗人、画家、作曲家和科学家在创造性上比我们其他人更有天赋。他们会非常敏锐地倾听意识的、潜意识的联想和联系，而且具备将它们转化为艺术或科学的形式，或是发明的能力。

　　这种创造性的基础是一种对潜意识过程和感知的自由悬浮式的敏感性——Ehrenzweig（1967）称之为"潜意识扫描（unconscious scanning）"。当玛丽昂·米尔纳提出"什么是艺术？"的问题时，她回答道："我们是否可以说，有这样一种能力，即意识层面的心智尽力通过所选择的媒介去表达，从而拥有与潜意识深度合作的体验，（而艺术）正关乎这种能力？（1987，p. 215）"

　　正如弗洛伊德在谈论达·芬奇和陀思妥耶夫斯基的作品中所说，这种艺术天赋的来源仍然是晦涩不明的，而温尼科特在讨论创造性艺术时也同意："并不是每个人都能够解释创造性的冲动"["创造性与其起源"（CW 9:3:7）]。

　　弗洛伊德以及梅兰妮·克莱因（以及其他人）写过关于作家和艺术家作品的文章，他们会从精神分析的视角分析其创作的内容，并联系艺术家的生活史进行讨论。温尼科特并没有这么做；他主要关注的不是艺术创作作品，而是创作背后的过程和创作过程本身。他认为，人类普遍具有创造性成就和创造性生活的能力，而艺术创造力是这种能力更特殊和更复杂的体现。

创造性错觉

在1968年11月温尼科特前往纽约之前，安娜·弗洛伊德在给他的信中说道："我认为，你的过渡性客体的概念已经征服了精神分析世界"（Rodman，2003，p. 323）。温尼科特关于过渡性现象和潜在空间的理论在当时和现在都是创新的，并在精神分析界内外促发产生了大量的思想、文章和书籍。人们对于他主观性客体（subjective object）的概念思考较少，但是主观性客体先于过渡性客体出现，也是过渡性客体的先决条件。它是属于婴儿生命最早期阶段的体验，和创造性错觉（creative illusion）以及良性全能感（benign omnipotence）的体验有关。

温尼科特在"原始情绪发展"（CW 2:7:8）中首次阐述了他对这个主题的看法：

> 我将尽量用最简单的术语来描述我所看到的这种现象。关于婴儿和母亲的乳房……婴儿有本能的冲动以及掠夺性的想法。母亲有乳房、产奶的能力以及愿意被饥饿的婴儿攻击的想法。只有母亲和婴儿共同体验时，这两种现象才会相互联系……我认为这个过程就好像两条来自相反方向的线，很容易彼此靠近。如果它们重叠，就会有一瞬间产生错觉……

母亲让婴儿产生了错觉，让婴儿认为是自己创造了自己所发现的乳房。错觉（illusion）这个词通常会带来负性的联想，在自弗洛伊德以来的精神分析领域也是如此：即使不是妄想，它也会被视为一种误解、一厢情愿的想法，或者是一种应该以某种方式被纠正、摒弃或者可能应该被哀悼的虚幻信仰。温尼科特给生命最初的阶段赋予了深刻的积极含义。只要母亲的适应能力足够好——也就是说，如果母亲能够以一种"与婴儿创造的能力相符"的方式和时刻呈现自己［"过渡性客体和过渡性现象"（CW 9:3:5）］——婴儿就不仅创造了乳房（因此被婴儿视为主观性客体），还创造了世界。

温尼科特在"精神病与儿童护理（Psychoses and Child Care）"一文中写道：如果没有这种错觉，"心灵与环境之间就不可能产生联系"（CW 4:1:5）。这句话非常重要：全能感的体验是个人与世界创造性关系的基础。另一种可能性是，个人与世界的关系是反应性的，这种关系基于适应，缺乏个人的冲动和生命活力，是以假自体（false self）的姿态和世界建立关系。有过全能感的体验之后会出现全能感丧失的幻灭感，从而进入现实原则（见下文），但是如果没有这个原初的错觉，幻灭也会失去它的意义。

值得注意的是，温尼科特关于生命早期阶段的理论具有双轨（dual-track）的特点。在婴儿身上会交替出现两种状态或体验：一种是全能感的体验，与主观性客体有关；一种是开始感觉到有些东西属于非我（not-me）的状态，特别是由攻击性受阻的体验带来的非我的感觉。温尼科特写道："在这个方面，婴儿可以不时地在各处与现实原则相遇，但不是一下子在所有地方都遇到；也就是说，婴儿保留了主观性客体的区域，以及与客观感知的客体或者说'非我'客体相关的其他区域"［"儿童发展中的自我整合"（CW 6:3:19）］。婴儿在这两种状态之间摆荡，但重要的是，婴儿能有机会产生是自己创造了客体的错觉。

主观性客体的命运

在《人类本性》中，温尼科特写道："从理论上讲，婴儿创造了

[这个]客体是非常重要的"（CW 11:4:1）。在这里，"理论上"这个词很重要。温尼科特理论的关键部分正是基于原初的创造性错觉，即婴儿与主观性客体有联结的体验。我们可以跟随这种体验的发展和变化，来描绘主观性客体的命运。在温尼科特的思想中，可以看到三个相互关联的轨迹：

- 过渡性客体、中间区域以及潜在空间的理论；
- 从与客体联结转变为客体的使用，从而发现外部现实；
- 个体的内在核心不愿与外界交流，与主观性客体进行着无声的交流。

温尼科特写道："我所指的中间区域，是婴儿原初创造性和基于现实检验的客观感知之间的区域"（CW 9:3:5）。在中间区域中，婴儿凭直觉选择过渡性客体，并将力比多贯注其中，过渡性客体具有矛盾性的特点，既来自创造性错觉，也来自外部现实。潜在空间是婴儿和母亲之间的距离略有增加的结果，婴儿会体验到分离感，并开始体验到幻灭感。过渡性客体的诸多功能之一是"让个体可以应对丧失全能感带来的巨大冲击"。

对温尼科特来说，使用过渡性客体标志着婴儿开始具备象征的能力。儿童会在过渡性客体和母亲之间摆荡。儿童、过渡性客体和母亲，或者是主体、象征和被象征物之间的辩证关系（dialectics）创造了内在的心理空间，这也是有意义的象征过程的先决条件。

使用象征的能力取决于对距离的耐受，取决于区分象征和被象征物的能力，但同时又要保持它们之间的联结，否则象征就会失去它的意义。正是在这充满张力的过程中，过渡性现象开始起作用，个体也由此发展出游戏的能力，并最终发展出创造性地生活和体验的能力。

要维持婴儿、母亲和过渡性客体之间的三角空间，依赖于婴儿对和母亲或母性角色关系的信心和信任。如果潜在空间中的辩证关系崩溃了——例如，与母亲之间可靠的关系崩溃——过渡性客体的重要特性将会丧失，象征能力和游戏能力的发展也会受阻。在这种情况下，可能会发生的是，过渡性客体被转化为僵化的恋物对象，婴儿会防御性地、强迫地依附着它，以回避被抛弃和分离的灾难性焦虑。

"丧失全能感的巨大冲击"也与"客体的使用"（CW 8:2:28）有关。这篇深刻而复杂的论文的主要观点是：客体不再被体验为是主观性的，而是外部的、客观感知的，当客体被体验为是处于全能领域之外的那个时刻，客体就被破坏了。如果客体——外部的真实客体——在破坏中幸存了下来（幸存指的是保持完整并且不会报复），那么个体就会有新发现：客体是独立的，是在主体全能感掌控之外的，有自己权利的某些东西，"而不是一簇投射的集合"。

这是现实原则在起作用。这使得婴儿可以使用外部世界的真实客体、与之互动，并从中"受益无穷（gain immeasurably）"。关于现实原则和破坏性之间的关系，一般的观点认为现实原则意味着挫折，而挫折会引发攻击性。温尼科特则是反过来看待这两者之间的关系：破坏性通过客体从破坏中幸存而创造现实。当发现客体是真实的，并具有其自身的完整性时，婴儿会感到喜悦——不是内疚或是躁狂般的否认[1]。但与此同时，婴儿也在潜意识的幻想中不断地摧毁客体——这"是必须付出的代价"。

我认为，最后一句话的结尾与温尼科特在"沟通与不沟通引发的对特定对立面的研究"一文（CW 6:4:8）中所描述的内容有关，这篇文章内容极其丰富且发人深省。在内部世界中，在人格的核心部分，有一种无声的交流，温尼科特将这种交流描述为"直接"与主观性现象交流，

---

[1] 在温尼科特版对抑郁心位的看法中，客体的幸存也是至关重要的，但他是从不同的角度来看待这一点。在这里，它与婴儿从无情到关切的发展，以及对破坏了客体的抑郁性焦虑有关。这里的关键因素是：客体在婴儿的无情中存活了下来，并历经时间持续存活，以能够接收到婴儿因内疚感萌芽而生发的修复行为。

"永远不受现实原则的影响"。"这个核心永远不会与［外部］世界交流，个体也了解它永远不会和外部现实交流或者受到外部现实的影响。"这是一个"神圣的区域"，感觉是真实的、是"绝对个人化的"，也是永远不会被利用的。这是健康和"保持活力"的一个方面。是否能进入这个内在的、不沟通的区域实际上在于个体独处的能力。正是在这种重要的独处中，"交流自然而然地产生了"，这里的交流既包括潜在空间中的交流，也包括与客观感知到的外部客体的交流，这种交流是"外显的、间接的、令人愉快的"，并且"运用了非常有趣的技巧，包括语言的技巧"。

温尼科特关于人格核心中无声的内在交流的想法，引起了分析师们以及那些很了解他理论的人的担忧和误解。人们似乎很难忍受个体的核心与外部世界没有联系这个想法。有人试图用关系层面的术语来解释这个不沟通的部分，认为这是人格中分裂出来的一部分，例如，这是个体经历了与重要客体的沟通崩溃或者某种其他类型的创伤后的结果。这是对温尼科特深刻思想的误解。瑞典诗人、诺贝尔奖得主托马斯·特朗斯特罗姆（Tomas Tranströmer）理解温尼科特的想法，他在《真理屏障》(*The Truth Barrier*, 1978; 1984, p. 27) 中美妙地描述道："我们通过彼此变得更强大，但也通过……我们内心中别人看不到的部分变得更强大。这个部分只与我们自己相遇。内心最深处的矛盾性，车库的花朵、通向美好黑暗的通风口。一杯在空杯子中冒泡的饮品……一条在每一步后重新生长的路径。一本只能在黑暗中阅读的书。"

对温尼科特来说，侵入人格中的这个核心区域是最严重的创伤。它会引起无法思考的焦虑，并启用应对这种威胁的保护性的原始防御，从而导致自体核心被僵化地隔离。

客体的使用以及人格无声的核心中主观性客体和主观性现象的变迁，是维持潜在空间的必要条件。在温尼科特看来，个体可以从一个能被体验为真实的外部世界以及可进行创造性活动的世界中受益无穷。除此之外，接受和欣赏外部世界的外在性对于维持内部现实和外部现实重叠部分的平衡很重要,这种平衡正是潜在空间的特征。如果内部世界与外部世界的关系过于脆弱,那内部世界会坍塌至现实的水平,象征和被象征物之间丧失界限,幻想变成事实,疯狂会造成威胁[1]。在本文开头提到的1945年温尼科特的早期论文"原始情绪发展"(CW 2:7:8)中,温尼科特写下了重要的附文:"在幻想中,事物魔法般地运转着:幻想没有刹车,爱和恨会造成令人担忧的后果。外部现实有刹车……事实上,只有当个体充分理解客观现实的情况下,幻想才是可以被个体容忍的。"

要进入人格中心"绝对个人化的"无声的核心,本身与深层的潜意识过程有关,因而与梦境–生活的创造性以及初级过程的自由流动相关,在初级过程中,凝缩和置换会不断产生新的内在场景。温尼科特写过关于"处于人格核心的深层梦境"的内容["我们生活的地方(The Place Where We Live)"(CW 8:2:1)];进入潜在空间意味着要触及梦和梦境。温尼科特写道:"在游戏中,儿童在梦的驱使下操纵外部现象,并且给所选择的外部现象赋予梦的意义和感受"["游戏:理论陈述",1968(CW 8:2:15)]。在"游戏和文化(Playing and Culture)"一文(CW 8:2:9)中,他明确写道:

> 毫无疑问,过渡性客体和过渡性现象的概念让我想要研究中间领域,它与生活的体验有关,既不是梦也不是客体联结。同时,由于它既不是这两者中的一个或另一个,它也两者皆有。这是最本质的矛盾性,在我关于过渡性现象的文章中,(在我看来)其中最重要的部分是,我主张我们需要接受矛盾性,而非消除它。

---

[1] 用比昂的术语来说,这相当于是接触屏障的崩溃,导致无意识的元素渗透到有意识的心智中,并导致双目体验的崩溃。

驱力和创造力

对于弗洛伊德和克莱因来说，驱力是创造力的基本源泉。在"创造性作家和白日梦（Creative Writers and Day-dreaming，1908a）"中，弗洛伊德过于简化地将白日梦的幻想与创造性写作并为一谈。二者都起源于一种情欲的或雄心的天性愿望未被满足的状态，只是创造性作家有一种特别的天赋，能够将这些幻想塑造成文学和诗歌的形式，并唤起读者审美和愉悦的体验。尽管弗洛伊德几年前已经在"性学三论（Three Essays on the Theory of Sexuality）"中引入了"升华"的概念，在这篇文章中他并没有提出这个概念。升华的过程是弗洛伊德理解艺术创造力的主要理论工具，尽管他从未详细阐述过这个概念，但这个概念依然令人印象深刻，这在弗洛伊德1908年后的文章中不常见。弗洛伊德写道："性驱力天然具有一个显著的特征，即能够在不降低其强度的情况下置换目标。这种将最初的性目标置换为另一个跟性无关但精神上仍然与性相关的目标的能力，被称为升华的能力"（1908b，p. 187）。弗洛伊德将性驱力这种可转移至非性的目标和客体的特征视为所有文化成就的基础，无论是艺术的、科学的还是其他的类别。艺术家（和科学家）具备高度发展的、能够与其艺术天赋相结合的升华的能力。

温尼科特多次探讨了升华这个主题。在"文化体验的所在"（CW 7:3:31）中，他引用了自己在1966年《西格蒙德·弗洛伊德心理学著作标准版》完成庆典上的一段话（CW 7:3:23）："弗洛伊德用'升华'一词指出了一条通往有意义的文化体验的道路，但也许他还走得不够远，不足以告诉我们文化体验究竟在心智中的什么位置。"关于游戏，他谈到，"游戏需要作为一个专门的主题来研究，作为本能升华概念的补充"["游戏：理论陈述"（CW 8:2:15）]。

无论是力比多驱力还是攻击驱力，温尼科特都从未忽视过驱力的重要性。但是在早期，他在精神分析理论中加入了一些新的、非常重要的内容——他强调那些不由本能驱动的体验和与客体发生联结的部分，为此他使用了诸如自我需要（ego-needs）、自我覆盖（ego-coverage）、自我关联（ego-relatedness）等术语。这些术语捕捉到了婴儿和母亲之间身体和心理关系的微妙细节，尤其是母亲对婴儿内在状态直觉的敏感性。温尼科特将这种高度的敏感性称为在婴儿生命最初阶段"平凡而奉献的母亲"的原初母性贯注。

在"从真自体与假自体的角度看自我的扭曲"中，温尼科特写道：

> 必须强调的是，我所指的满足婴儿的需要并不是指本能的满足。在我所研究的领域，还没有明确将本能定义为来自婴儿的内在。本能可以是来自外界的，就像一阵雷声或一次击打。婴儿的自我正在加强力量，因而会逐渐进入一种状态，在这种状态下，本我的需求被视为自体中的一部分，而不是环境的一部分。（CW 6:1:22）

婴儿自我力量得到加强本质上取决于母亲对婴儿的敏感适应，以及她认同婴儿并满足婴儿需要的能力。在与母亲的互动中，婴儿会逐渐建立起一个富有想象力地呈现这些体验的内在世界。

随着时间的推移，这些早期的、富有想象力的内在世界会变得越来越复杂，影响婴儿与过渡性客体的关系，进而影响婴儿游戏的能力以及未来创造性的生活和体验。这个部分是丰富还是贫瘠，取决于婴儿和母亲或母性角色之间早期互动的品质。

回到驱力和游戏之间的关系，温尼科特提醒我们："玩游戏本身是令人兴奋和不确定的。这并不是因为玩游戏唤起了本能，而是源于儿童心中主观内容（近乎幻觉）与客观感知内容（实际的或共享的现实）之间相互作用的不确定性"（CW 8:2:15）。

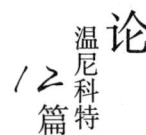

在某种意义上，如果一个人将力比多驱力理解为主要的生命动力，那么温尼科特关于创造力的理论就更接近弗洛伊德而不是克莱因。在克莱因学派的传统中（例如，Segal，1991），创造力的源头出现于抑郁心位自身发展的过程中，在抑郁心位，婴儿开始体验到母亲是独立的、完整的客体，这会引起婴儿强烈的抑郁性焦虑，认为是自己对她的破坏性攻击摧毁了母亲，并让自己失去了她，伴随而来的强烈的内疚感会让婴儿产生修复和恢复的冲动。在克莱因学派看来，创造力的深层来源是想要重新创造被攻击性冲动摧毁并失去的客体，其根源是死本能。因此，创造性冲动的目标是克服破坏性的影响，去修复和恢复。

因此，克莱因和温尼科特对创造性与其起源的看法很不一样。创造力的过程是复杂而多层次的，修复性和建设性的冲动当然会或多或少地影响这个过程，但是对于温尼科特来说，创造性火花有着更早期、更深入的来源，是一种原初的创造性冲动，而且环境的准备就绪为创造性的实现提供了机会。

存在和行动

1966 年 2 月，温尼科特在英国精神分析学会发表了一篇论文，题目为"在男性和女性身上发现的分裂出的男性和女性元素"（CW 7:3:2）。后来，他将这篇文章收录至"创造性与其起源"（CW 9:3:7）中。这可以看作是他对主观性客体以及客体联结是否受到本能驱使等问题的最终阐述。这是一篇复杂而难懂的文章。文章的临床背景是温尼科特和一位带有分裂的女性元素的男性进行分析。他在这篇文章中探讨的不是"男人"和"女人"，而是他所称的男人和女人身上都具有的男性和女性元素。他使用的术语令讨论者们很困惑，在文章的一个脚注中，他解释自己没有找到其他适合的术语来表达。在"对评论的回应（Answers to Comments）"一文（CW 9:1:30）中，他说：

254

> "主动的""被动的"这两个术语在这个领域是无效的。从更深层和更原始的角度来看……主动和被动是同一事物的两个方面。在试图阐明这一点时,我发现我是在比较<u>存在(being)</u>和<u>行动(doing)</u>……其基础……是根据<u>两个基本原则</u>来区分男孩和女孩、男人和女人,我称之为男性和女性元素。(强调了最后一行)

这与弗洛伊德关于每个个体、男人和女人都是双性的理论相呼应,也许也和荣格关于阿尼玛/阿尼姆斯(女性意象/男性意象)的理论相呼应。

温尼科特写道:"纯粹的女性元素与乳房(或者母亲)有关,在某种意义上,婴儿成了乳房(或者母亲),客体就是主体。我看不出这里面有什么本能驱力……除非婴儿在存在(BEING)的意义上有联结,否则就不会出现自体感……纯粹的女性元素塑造了可能是所有体验中最简单的体验,即存在的体验"["创造性与其起源"(CW 9:3:7)]。获得这种体验的前提是母亲非常微妙地适应着婴儿,让婴儿产生错觉,认为乳房和婴儿之间是没有区别的;也就是说,乳房是主观性客体。

与之相比,"纯粹的男性元素"(男孩和女孩身上都有)则基于伴随着本我满足与挫折的那些本能和驱力,它是客体联结的基础,其前提是主体和客体之间的分离,而它也促进了这两者间的分离。它遵循着更复杂的内部过程和心灵机制。男性元素和行动(doing)(以及被行动对待)有关。

温尼科特所描述的内容是一个理论上的开端。很快,男性和女性元素就混在了一起,但重要的是,存在必须先于行动。在这篇文章的结尾,他写道:"存在之后——是行动和被行动对待。但首先是,存在。"

温尼科特在此描述的是他一直关注的过程中关于男性元素和女性元素的发展和重组(reformulation):早期的、得到保护的持续存在感(going-on-being)是自体感的基础。婴儿与环境母亲的自我联结(ego-relatedness)、与客体母亲的本能关系（id-relationship）以及婴儿虚弱的自我，需要来自母亲的自我覆盖（ego coverage），以使婴儿拥有属于自己的而非创伤性冲击的本我体验。有了母亲对自我的支持，本能体验会加强婴儿的自我；没有母亲对自我的支持，本能体验则会破坏婴儿的自我［"原初母性贯注"（CW 5:2:16）］。因此，如上述所说：自我先于本我，存在先于行动。

温尼科特关于女性/男性元素以及存在/行动的思想很有深度，已经超越了性别认同和性别角色的问题，但是除了前文提到的简短的"对评论的回应"之外，他从未详细阐述过他的想法。然而，温尼科特在"创造性与其起源"这篇文章中加入了关于男性和女性元素，这并非巧合。创造性体验与创造性追求和工作的基础，是个体与处于人格内在核心和中心的主观性客体及主观性现象之间的关系，温尼科特在此将它与"存在"联系在一起，因此，创造性的"行动"也许是在内在现实和外在现实的过渡性区域中完成的。

结　语

1971年夏天，第二十七届国际精神分析协会大会在维也纳举行，温尼科特本来会在这次大会上报告一篇论文。温尼科特从1971年初开始准备这篇论文，他未完成的笔记收录在了第9卷［"临床材料：维也纳大会的笔记（Clinical Material: Notes for Vienna Congress）"（CW 9:3:12）］中。但温尼科特永远无法参加这次大会了，他已于1月25日去世。

他的笔记开头写道，"我呼吁对我们的工作进行变革"，接着他概述了几年前的一个分析案例，这个案例似乎一直存在于他的脑海中，并促使他撰写了"客体的使用"一文。之后他谈到，这篇论文"将我带到了我能到达的最远之处"。他继续说："它的新特征是意识到了客体的幸存——也就是说，世界是和自己有所区别的存在——这是个人情感成长的重要事实。它涉及了幻想起源的理论。"也就是说，幻想此时与外部世界相分离，这是之后形成潜在空间的前提。

他还简要提到了他与一位有着分裂出的女性元素的男性进行分析的经验，这是他"在男性和女性身上发现的分裂出的男性和女性元素"一文的临床背景。在对这篇论文的评论中，有一则以这样的描述结尾，"通过这个梯子（男性和女性元素），我爬到了可以欣赏到这样美景的地方"。

在弥留之际，尽管温尼科特身体虚弱，但直至生命尽头，他一直在不知疲倦地努力，在他智慧的直觉和体验的指引下，越来越深入地探索着人类复杂的心灵以及创造性生活的基础和阻碍，这是非同凡响且令人动容的。

参考文献

Bion, W. R. (1962). *Learning from experience* In W. R. Bion, *Seven servants*. New York: Aronson, 1977.

Ehrenzweig, A. (1967). *The hidden order of art*. Los Angeles: University of California Press.

Freud, S. (1908a). Creative writers and day-dreaming. *Standard edition*, 9. London: Hogarth.

Freud, S. (1908b). "Civilized" sexual morality and modern nervous illness. *Standard edition*, 9. London: Hogarth.

Milner, M. (1952). Aspects of symbolism in comprehension of the not-self. *International Journal of Psychoanalysis, 33*, 181–194.

Milner, M. (1987). *The suppressed madness of sane men: Forty-four years of exploring psychoanalysis*. London/ New York: Tavistock.

Rodman, F. R. (2003). *Winnicott: Life and work*. Cambridge, MA: Perseus.

Rushdie, S. (1990). *Is nothing sacred?* Herbert Read Memorial Lecture. New York: Granta

Books.

Segal, H. (1991). *Dream, phantasy and art*. London/ New York: Routledge.

Tranströmer, T. (1978). *The truth barrier*. London: Oasis, trans. 1984.

Winnicott, D. W. (1945). Primitive emotional development. [CW 2:7:8]

Winnicott. D. W. (1949). Hate in the countertransference [1947]. [CW 3:2:1]

Winnicott, D. W. (1953). Psychoses and child care [1952]. [CW 4:1:5]

Winnicott, D. W. (1953). Transitional objects and transitional phenomena [2017]. [CW 3:6:6]

Winnicott, D. W. (1958). Primary maternal preoccupation [1956]. [CW 5:2:16]

Winnicott, D. W. (1958). Reparation in respect of mother's organized defence against depression [1948]. [CW 3:3:1]

Winnicott, D. W. (1965). Communicating and not communicating leading to study of certain opposites [1963]. [CW 6:4:8]

Winnicott, D. W. (1965). Ego distortion in terms of true and false self [1960]. [CW 6:1:22]

Winnicott, D. W. (1965). Ego integration in child development [1962]. [CW 6:3:19]

Winnicott, D. W. (1967). The location of cultural experience [1966]. [CW 7:3:31]

Winnicott, D. W. (1968). Playing: A theoretical statement [1967]. [CW 8:2:15]

Winnicott, D. W. (1969). The use of an object and relating through identifications [1968]. [CW 8:2:28]

Winnicott, D. W. (1971). Creativity and its origins. [CW 9:3:7]

Winnicott, D. W. (1971). Introduction to *Playing and reality*. [CW 9:3:4]

Winnicott, D. W. (1971). The place where we live. [CW 8:2:1]

Winnicott, D. W. (1971). Transitional objects and transitional phenomena. [CW 9:3:5]

Winnicott, D. W. (1972) Answers to comments on "The split-off male and female elements to be found in men and women" [1968–1969]. [CW 9:1:30]

Winnicott, D. W. (1986). Living creatively [1970]. [CW 9:2:11]

Winnicott, D. W. (1988). *Human nature*. [CW 11:1]

Winnicott, D. W. (1989). Playing and culture [1968]. [CW 8:2:9]

Winnicott, D. W. (2013). Clinical material: Notes for Vienna Congress [1971]. [CW 9:3:12]

Winnicott, D. W. (2017). On the occasion of the publication of the *Standard edition* of Freud [1966]. [CW 7:3:23]

图 10.1　圣詹姆斯宫奥斯卡·尼蒙工作室（Studio of Oscar Nemon, St James' Palace），克莱尔告诉 F. R. 罗德曼 *（2003, p. 360），温尼科特过去经常在周六早上花时间待在尼蒙工作室玩黏土。

收录于唐纳德·伍兹·温尼科特档案室，由伦敦维康图书馆保管，温尼科特信托基金会无偿提供。

---

* 罗德曼是《温尼科特传》(*Winnicott*) 的作者。——译者注

图 10.2 温尼科特在奥斯卡·尼蒙工作室,与尼蒙和尼蒙的弗洛伊德雕像(右上)在一起,温尼科特费了很大的力气去铸造雕塑。这座雕像于 1970 年 10 月 2 日揭幕。

收录于唐纳德·伍兹·温尼科特档案室,由伦敦维康图书馆保管,温尼科特信托基金会无偿提供。

图 10.3

收录于唐纳德·伍兹·温尼科特档案室,由伦敦维康图书馆保管,温尼科特信托基金会无偿提供。

马尔科·阿尔梅利尼

期望与给予

温尼科特《治疗性咨询》中沟通的挑战

最早关于儿童与青少年治疗性（诊断性）咨询的雏形项目，可以追溯到写于1964年并于1989年发表在《精神分析探索》(*Psychoanalytic Explorations*)的"涂鸦游戏"笔记["涂鸦游戏（The Squiggle Game）"（CW 8:2:47）]。第10卷的作品是在温尼科特生命最后两年完成的，其过程与温尼科特和马苏德·M.汗对《游戏与现实》初稿的编辑工作很相似，是近乎疯狂的、不间断的。1968年11月在纽约生病之后，温尼科特强烈地意识到自己的健康状况很糟糕，死亡即将来临。这似乎促使了他去完成手上的项目，他在更早期和更近期的项目中选择了他认为最重要的内容，并放弃了其他内容。《游戏与现实》《儿童精神病学中的治疗性咨询》和《小猪猪的故事》这三部作品发表于他过世后，但它们却是温尼科特在1968年11月身患重病至1971年1月去世之间的26个月之中亲自完成并准备出版的。第四个项目，他的自传《一切皆有》(*Not Less Than Everything*)不得不被搁置在一旁。

　　这些项目的成就可以视为温尼科特通过交流进行个人整合过程中的一部分，每一个项目都代表了个体发展和成熟的复杂模式中的一部分。它们也是理论项目，每一部作品都在巩固温尼科特自身的成熟发展。一个人的努力是无法做出这些贡献的；温尼科特的创造力需要一个或更多个能够与他进行深刻对话的伙伴的激发。他对病人、学生和同事的感谢都不是徒有其表，而是他对自己在他人身上所汲取到东西的真诚认可。他与编辑马苏德·M.汗之间互惠互利的关系，以及他的学术和独立思考是最能体现这种态度的例子，此外，在编辑《小猪猪的故事》（CW 11:2:1–17）时，温尼科特也给伊沙克·拉姆齐（Ishak Ramzy）分配了任务。除了通过高质量的对话成为伙伴，这些友好的、非顺从伙伴的存在本身也许会被认为是"被发现的客体"[参见"被发现的客体和流浪者（Found Objects and Waifs）"（CW 9:4:7）]。对于温尼科特来说，与其他"自我"的相遇是至关重要的，尽管他几乎从未直接或间接引用他们的作品，但是他总是愿意承认其他作者对他的帮助["唐纳德·W. 温尼科特论唐纳德·W. 温尼科特"，参见1967年在1952俱乐部发表的讲话（CW 8:1:2）]。

《儿童精神病学中的治疗性咨询》的起源似乎不像《游戏与现实》那么复杂，更为平铺直叙，它的内容源于大量已发表和未发表的临床报告。但是，这本书不仅仅是临床片段的集锦；它具有很强的一致性和连贯性。就像《小猪猪的故事》，它不能单纯地被看作是温尼科特式技术的例证。但是，如果将这些作品视为在不同情景下运用温尼科特理论的指南，或是理论概念在临床上有效的示例，也完全是对读者的误导。它们不存在等级的划分，也不存在"次等神（lesser God）"：《儿童精神病学中的治疗性咨询》《小猪猪的故事》和《游戏与现实》应当被视为是从不同的角度交流以下概念的途径：整合和成熟的过程、过渡性客体和过渡性现象、文化体验的定位、环境供给、镜映、客体使用、客体寻找、认同，以及最重要的创造性和游戏。和《小猪猪的故事》一样，《治疗性咨询》代表了一种通过真实的叙事力量对理论建构进行的探索。其标题包含了两个概念——"治疗性咨询"和"儿童精神病学"——似乎不言自明，无须进一步解释，但事实恰恰相反。这两个概念都有各自的原创论述，值得密切关注。

儿童精神病学

在温尼科特获得医生资格的那个时候，还没有正式的专业培训：他通过在教学医院担任顾问来获取专业知识。在医学生涯的早期，温尼科特是帕丁顿格林儿童医院和皇后儿童医院的儿童内科医生——后来被称为儿科医生（pediatrician）；这两家医院都是教学医院，允许实习医生逐步承担照料生病儿童的责任。对精神分析的热爱、与其他同事的交流以及自己的学习和研究，促使温尼科特对婴儿以及儿童护理的心理学方面产生了兴趣。他渴望与持有不同观点的同事探讨他的发现和想法，儿童精神病学当时正处于蓬勃发展的时期，他如饥似渴地阅读任何关于这个学科的新书。通过英国皇家医学会的活动可以看出，温尼科特经常进行临床报告的讨论，并努力让同事们认识到早期情绪发展的重要性（参见第 1 卷）。他的第一本书《有关儿童疾患的临床笔记》（CW 1:3）在 1931 年出版，这本书反映了他在思考生理疾病的心理层面，以及心理疾病的生理表现方面所做的系统性努力。

20 世纪二三十年代，儿童精神病学在欧洲和美国兴起，当时这被当作不同文化和经历的产物。有关异常发展的研究根源可追溯至 18 世纪的学者杰·伊塔德（Jean Itard）等人的叙述，尽管如此，儿童精神病学最初是在 19 世纪末由德国的 Johannes Trüper、法国的 Marcel Manheimer、瑞士的 Moritz Tramer 以及意大利的 Sante de Sanctis 奠定的基础。在 20 世纪的前 30 年，他们的影响力很小，"困难"或"紧张"的儿童大多是通过教育或者医学的方式进行治疗。在美国和英国盛行的儿童指导运动（The child guidance movement）在当时导向了一种扭曲的观点，即将儿童障碍的所有责任都归咎于环境。在英国，玛格丽特·洛温费尔德发展了自己的儿童心理治疗方法（游戏治疗），并于 1931 年建立了一个心理治疗诊所和培训中心。她比温尼科特年长 6 岁，也曾在英国大奥蒙德街医院接受过儿科医生的培训。她的治疗方法更多是基于斯皮尔曼（Spearman）的当代发展认知心理学理论和英国哲学家 R. G. 科灵伍德（R. G. Collingwood）的理论，而非精神分析。她发现，相比弗洛伊德派的分析师，荣格派的分析师对这一领域更感兴趣〔卡尔·古斯塔夫·荣格（Carl Gustav Jung）亲自拜访过她，多拉·卡尔夫（Dora Kalff）借鉴了洛温费尔德的"世界技术"，发展出了沙盘游戏技术，1979〕。事实上，当洛温费尔德在 1937 年英国心理学会医学分会上大范围地呈现她的工作时，克莱因的追随者们猛烈地抨击了她，温尼科特是这群追随者中最坚定的之一。作为克莱因小组的发言代表，温尼科特指责洛温费尔德忽视了克莱因在拓宽大家对内在世界的认识上的贡献。洛温费尔德关于游戏和文化体验的概念与温尼科特的观点相差甚远。但是，30年后["唐纳德·W. 温尼科特论唐纳德·W. 温尼科特"（CW 8:1:2）]，温尼科特承认了洛温费尔德以及其他精神分析或非精神分析的思想家对他的帮助。用他的话来说，他们向他展示了"对俄狄浦斯三角中从本能的满足 – 挫败到普遍退行这部分内容的抗议"，因为，当时的精神分析理论与所有和婴儿、儿童及他们母亲进行工作的人所观察到的内容并不完全相符。

在同时期，利奥·坎纳对美国的儿童精神病学做出了重大贡献，他是一名加利西亚犹太裔的奥地利移民，曾在柏林学习并取得了医生资格。后来，坎纳因其关于孤独症的开创性论文（1943）而闻名，被另一位移民精神病学家、瑞士人阿道夫·迈耶（Adolf Meyer）邀请到约翰·霍普金斯医院（Johns Hopkins Hospital）来领导第一个学术性儿童精神病科。1935年，坎纳在美国出版了第一本儿童精神病学教科书，两年后，这本书在英国出版，温尼科特发表了评论（CW 1:4:14）。温尼科特肯定了坎纳在临床和科学方面的杰出成就，也肯定了他对疾病进行原创分类、将儿童整个人视为病人（"后者总被视为一个具有身体、智力和情感的人类"）的能力，也很欣赏他在非常年轻的时候就具有丰富的经验——这本书出版的时候他还不到40岁。尽管温尼科特也指出这本书缺乏对精神分析文献的参考，他最欣赏的一点是这本书成功地连接了儿科和精神病学。在接下来的几十年中，温尼科特在关于儿童精神病学的本质和功能的著作和反思中都强调了这一点。他的立场不会改变：儿童精神病学不是精神病学的附属专业；相反，它是对关于躯体的儿科学（所缺失的）心理学那一半内容的补充。事实上，它的价值不止一半，因为药物治疗和科学知识的进步让儿科学中的医学部分变得更加简单了。他一再指出,儿童精神病学没有什么要从成人精神病学中学习的,成人精神病学是一门日益简化、致力于通过药物原理进行治疗的学科。"此外,如今的成人精神病学越来越远离人类本性的问题,转而探索药物治疗、生物化学和各种休克疗法"[参见"心理的儿科(The Paediatric Department of Psychology)"(CW 6:2:19)]。对温尼科特而言,对儿童的心理研究应该始终与对儿童身体功能的研究相伴而行。就像情感成长一样,这里的关键词是整合[参见"儿童发展中的自我整合"(CW 6:3:19)和《人类本性》(CW 11:1)]。儿童病人需要能够把"疾病当回事"的医生,他们也需要这样的医生——能够倾听他们;了解他们的感受、心情和焦虑;理解经常通过症状表达的沟通和需要。理想状态下,这两种功能能够在同一个人(接受过动力心理学培训且能够了解儿童情绪需要的医生)身上实现,但是这两者应由儿科提供["论儿童的心脏神经症(On Cardiac Neurosis in Children)"(CW 7:3:16)]。因此,儿科会更类似于一个促进整合的环境。关于这一主题更多的著作和发展可以参见温尼科特20世纪60年代的作品["心理的儿科"(CW 6:2:19)、"作为团体现象而观察的儿童心理学和精神病学之间的联系(The Association for Child Psychology and Psychiatry Observed as a Group Phenomenon)"(CW 8:1:3)、"儿科和儿童心理学之间的联系:临床观察(A Link Between Paediatrics and Child Psychology: Clinical Observations)"(CW 8:2:14)]。

温尼科特投入了时间和精力,试图与"医学儿科医生(physical paediatricians)"沟通;除了给医学期刊写信和书评、参加英国皇家医学会的会议,他还经常受邀在儿科医生的科学会议上发言,在会议上他继续推广自己的观点,甚至提倡为医学儿科和儿童精神病学设立"联合学术主席"。在他自己的职业生涯中,即使当成年病人的精神分析成为他主要的工作时,他也从未放弃在帕丁顿格林儿童医院或私人执业中儿童精神病学的部分。对于他而言,儿童精神病学既是一种立场,也是一种态度。当谈到他自己的儿童精神病学工作时,他谈到了一种整合的能力,整合的两面中,一面是有关身体发展及其困难和疾病的知识,另一面则是应对儿童情感需求的能力,以及把诊断过程的进行放置在儿童与其所处的人类环境的关系背景下的能力。在他看来,医学的训练是基本的,因为儿童精神科医生应该是一名可被信任的医生,能够接纳生病的儿童是一个身心统一的整体,以及在特定情况下,只需要做一点恰如所需的事就能产生改变。

治疗性咨询

温尼科特在医学实践和心理治疗中专业承诺的特点是,尝试在尽可能少的时间和空间内提供帮助。除了开展漫长而"平常的"精神分析治疗之外,他总是花大量的时间在私人执业和在帕丁顿格林儿童医院进行短期的咨询,从1923年起,他在帕丁顿格林儿童医院工作已长达40年。对温尼科特而言,治疗性咨询最重要的两个特点是:时间短暂和空间有限(诊断和治疗的资源很稀缺)带来的经济挑战,以及意外带来的挑战。

后者是他在其他专业经历中所遇到的挑战,这些经历对于他的个人"教化(bildung)"至关重要。这些经历包括:他的专业受训;当他还是医学生时作为外科实习生在皇家海军工作的经历;在获得医生资格后,他在圣巴塞洛缪医院当了一年的急诊室工作人员;在帕丁顿格林儿童医院的门诊出诊以及在第二次世界大战期间和被疏散的儿童工作。除此之外,他还和詹姆斯·斯特雷奇进行了长期的分析。

克莱尔·温尼科特(1989)回忆说,帕丁顿格林儿童医院是一个非常特别的地方,来自世界各地的同行都来拜访他,观察他和不同年龄的儿童以及他们的母亲一起工作。在那里,他有机会见到成千上万带着婴儿和儿童的母亲,而多年来,这个诊所从严格意义上的儿科诊所转变为了儿童精神科诊所。在那里，他可以在短时间内为儿童和他们的母亲做些有用的事；其实，是在可用的最短时间内进行工作。当帕丁顿格林儿童医院面临关闭的威胁时，他给《英国医学杂志》写的信（CW 3:4:19）表明了他对这家诊所的深情和投入。

预期以外之事带来的挑战和温尼科特最显著的特质之一有关：他可以容忍自己的知识和理解上的空白，以保留生命完整的复杂性。他深信，生命不能被简化为简单的机制，而且为了了解生命而不扼杀或冻结生命，你必须放弃任何简化的方法。这种在空白上有所建树的能力也是查尔斯·达尔文对科学知识做出贡献的一个显著特征，温尼科特一直很钦佩这种模式。

治疗性咨询有非常独特的特征：这是第一次面谈——儿童、青少年或是成年人进入面谈时，总是期待着自己能得到满足，并且会在一定程度上利用治疗师所提供（或者"正在提供"）的内容。如果治疗师被当作主观性客体，那么就有机会提供必要的抱持性环境，并扭转病人的发展性僵局（impasse）。温尼科特在1948年提出主观性客体这个概念［参见"儿科与精神病学"（CW 3:3:2）、"外部现实的原初引入：早期阶段（Primary Introduction to External Reality: The Early Stages）"（CW 3:3:12）以及"环境需要、早期阶段、完全依赖和必要的独立（Environmental Needs; the Early Stages; Total Dependence and Essential Independence）"（CW 3:3:13）］来描述婴儿与环境相遇时最初时刻的事物状态，这种状态对于婴儿而言是"错觉"，对母亲而言是"现实"。在那个时候，"人格会转向外部寻求某物"（"环境需要"），这个某物是婴儿希望从外部找到，但尚未了解，也尚未客观感知到的事物。如果母亲在合适的时间带着乳房过来了，她就让婴儿把她自己创造成了一个主观性客体，在某种意义上，这个主观性客体存在于婴儿的错觉中，也存在于母亲在场且能认同婴儿需要的现实之中。过渡性现象、过渡性客体和象征形成都是在这些过程中产生的；它们是信任的坚实基础，这种信任可以在以后的生活中为治疗所用。"这种主观性客体的角色（极少会持续超过第一次或者前几次面谈）给了医生接触儿童的极好机会"[《儿童精神病学中的治疗性咨询》，第一部分导论（CW 10:1: 导论）]。

为了满足儿童对"足够好"的医生的期望，治疗师应该足够坦诚、足够灵活、足够开放、会犯错误，也能够容忍无法理解每一件事和不诠释的风险。治疗师一定要避免的是全知全能和理想化。理想化是互惠性（reciprocity）和对称性（symmetry）的阻碍。如果儿童生活在一个普通的、足够好的环境，那她就可以利用咨询。儿童可以将在咨询中能够沟通的体验带回家，使得沟通和整合也可以发生在家里。促成"改变"的不是诠释，而是能够沟通和游戏的体验。温尼科特自己与詹姆斯·斯特雷奇的分析体验就是这种方法的范例。温尼科特在给前分析师的讣告中回忆道["讣告：詹姆斯·斯特雷奇（Obituary: James Strachey）"（CW 8:1:14）]，斯特雷奇意识到"病人身上会有一个发展的过程，以及……发生的事无法被制造出来，但是可以被利用"。促成改变的是这个过程和发展，而不是诠释。"斯特雷奇逐渐意识到了他在精神分析方面的主要建树，在1933年发表了一系列的演讲（1934年发表在《国际精神分析杂志》上），他在演讲中阐述了促变性诠释（mutative interpretation）的概念，明确提出了经济型诠释（economic interpretation）的原则，即在紧急的时刻、精确的时间进行诠释，整合病人所提供的材料，并清晰地处理移情神经症的样本。"在治疗性咨询中，"这项工作不同于精神分析，因为它并不去处理移情神经症的样本"[评论"米尔顿（Milton）"（CW 10:2:12）]。在精神分析中，精神分析师有时间成为一个真实的客体，有时间从错觉过渡到幻灭。在治疗性访谈中，治疗师仍然是主观性客体。儿童体验到环境是可靠的，这让他对治疗师接受交流的能力有信心，因此令人感到恐惧的体验可以在咨询中活现，并被整合至儿童的人格中。

我们可以充分利用第一次治疗面谈，因为对于儿童和他们的父母而言，这是一个能够交流在别处正在发生或已经发生之事历程的特殊场合。温尼科特提醒道，早期的体验并不一定是深刻的体验，第一次会面本身具有相当大的潜力，因为——在与环境的早期关系中——儿童体验过被抱持，因此创伤性的体验或者可怕的情绪和感受可以在咨询中再现、讲述。第一部分（CW 10:1:3）中的案例3，"伊丽莎（Eliza）"这个例子，能够说明这是如何发生的：涂鸦引出了关于内部有什么、黑暗中有什么的主题；图画逐渐被赋予了情感的内容，尽管这些情感是可怕的、攻击性的，但却变得有形，可以被讲述和命名。咨询之后，如果家庭和学校（儿童的人类环境）可以为儿童所用，那么"疗愈"能得以延续；可怕的体验、无法思考和无法忍受的感受可以被整合到儿童将自己看作一个完整主体的表征之中。如果治疗体验所带来的变化能够在儿童的环境中恢复健康的发展进程，那么咨询是有帮助的。"诠释是最低程度的干预。诠释本身并不具有治疗性，但是它促进了治疗性的因素，也就是说，让儿童重新呈现可怕的体验。在治疗师的自我的支持下，儿童第一次能够将这些关键的体验整合到整个人格中"["米尔顿"（CW 10:2:12）]。这是与克莱因派发展模式和治疗过程的巨大区别，因为这里的治愈因素不是诠释。重要的是，在发现客体的过程中错觉和幻灭所起到的作用，以及客体在允许自己被发现、被客观感知到的过程中起到的作用——这个过程是通过客体忍受无情的攻击并在攻击中幸存而完成的。在精神分析中，这个过程主要发生在治疗设置内，但在咨询中，访谈里无法完成幻灭的过程。然而，如果治疗师可以作为主观性客体幸存下来，当父母随后被儿童发现是客观感知的客体时，治疗师曾经的幸存可以让父母幸存下来。

在阐述原始情绪发展的过程中，温尼科特进一步扩展了主观性客体的概念[参见《人类本性》（CW 11:1:4）]。本能张力的发展也意味着"一种预期，一种婴儿准备在某处寻找某物，但却不知道某物是什么的状态的发展。在婴儿安静或不兴奋的状态下，不存在类似的期望。在恰当的时候，母亲会喂奶"。反复体验到期望被满足可能会产生错觉，即客体是为了满足自己的需求而存在，是被"出于需求的冲动"创造的。"足够好"意味着母亲让自己适应婴儿的需要，并让婴儿产生是婴儿自己创造了她（母亲）的错觉；也就是说，她让婴儿把她当作一个主观性客体。只有渐渐地发展，她才会被发现为一个整合了安静的和兴奋的状态、被客观感知的客体（错觉幻灭）。

主观性客体是要被遇见、被憎恨、被使用、被破坏并会在破坏中幸存的，然后在全能感的范围内、在自发性姿态（spontaneous gesture）的范围内再次被发现［参见"被发现的客体和流浪者"（CW 9:4:7）］。

在第一次面谈中，如果儿童有过环境是可靠的这种体验，那治疗师就会处于一个主观性客体的位置。这就是为什么温尼科特坚持认为，儿童确实会在第一次面谈之前梦到医生，引自"第一部分引言"：

> 我很震惊于孩子们在出席治疗的前一天晚上梦到我的频率之高……我发现有意思的是，他们的梦与他们对我的预设有关。以这种方式做梦的儿童能够告诉我他们梦到的人是我。用我当下会使用但当时还没有使用的语言来说，我发现自己的角色是主观性客体。
>
> 我们可以将这种特殊的情况看作一种特别类型的移情，一种"期待"移情，它会促进创造性的过程、亲密、信任和过渡性的体验。［也可参见"创造性与其起源"（CW 9:3:7）］

第一次面谈的另一个重要特征是，治疗师没有可以让自己安心的立足点或支点，只能依靠自己以开放的心态去见儿童、接受惊讶以及让别人惊讶的能力。

治疗师必须要在场抱持着儿童病人，并关心她。治疗的框架必须是充足的、一致的，能体现对儿童发展过程及其与儿童情绪需要、环境供给之间关系的认识。儿童信任自身环境以及向前发展的能力需要得到加强。父母和老师也会从中受益，并进一步提高咨询的治疗效果。第一次面谈的另一个特征是，治疗师并不知道是否还会有第二次会面，因此必须尽可能多地利用"此时此地"，既不要让整节咨询充斥着诠释，也不要什么都不说，这可能会让病人认为自己是无所不知的。

涂鸦游戏

温尼科特自己有快速涂鸦（scribbling）、随意涂鸦（doodling）和画画的习惯，涂鸦游戏逐渐地、自然而然地成为温尼科特与儿童初始评估会谈中的一部分。对温尼科特来说，画画是一种乐趣；对他和他的朋友来说，画画是一种表达他自己内心最深处情感的方式，他经常让涂鸦来引领自己。与儿童病人共享这个过程并不是任何深思熟虑计划后的结果；相反，这是为交流和游戏提供中间空间的一种非常个人化的方式。温尼科特很清楚这种体验的特殊性，以至于他不愿意跟儿童讨论这种工作方式，因为他害怕这种和儿童互动的方式可能会被视为一种技术或诊断工具。尽管这种风险是不可避免的——任何试图机械重复这种方式的人都会遇到一个巨大的障碍：如果儿童感觉到治疗时并不享受这个游戏，或者治疗师并没有真正地在玩这个游戏，在最初的涂鸦之后，他们就不会继续玩下去。顺从并不能推动游戏的发展，而且如果没有真正发展出亲密感，儿童对游戏的兴趣也会很快消失。

在温尼科特1964年的笔记中，我们可以找到关于涂鸦游戏最详细的描述和讨论。1968年，温尼科特扩展了这个主题并发表了其中的部分内容：

> 对于咨询师必须做好准备所使用的任何技术，其基础是游戏。我已经在其他地方声明，在我看来，心理治疗要么是在两个游戏区域（病人的和治疗师的）的重叠之处进行，要么治疗的方向是让儿童能够去游戏——也就是说，能让儿童有理由去信任环境的供给。

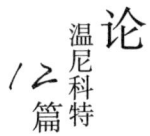

我们必须假设，治疗师可以游戏，也能够享受游戏。（CW 8:2:47）

在涂鸦游戏中，真正重要的不是画画，而是游戏以及简洁、自由和开放的设置。如果要让儿童病人游戏，那么治疗师要喜欢游戏；如果要开拓这个游戏中丰富的交流内容，治疗师不需要擅长画画，但是他必须喜欢画画。温尼科特提供给儿童的东西看上去似乎没什么价值——撕成两部分的一张纸、两支铅笔，给人的印象是我们在做的事"没那么重要"（出处同上），而且游戏没有规则，只需要互动，或者尝试互动和交替涂鸦。正是治疗师主动的姿态、治疗师将自己投入到游戏之中并接受不确定性和失败，赋予了儿童涂鸦意义，让游戏继续，让儿童持续保持兴趣。逐渐地，儿童对游戏的投入有了价值，因为治疗师会运用游戏中的涂鸦内容来增加他对"儿童想要交流什么"的了解（出处同上）。对儿童来说，他把治疗师当作一个完整的客体；也就是说，一个全新的、可以被探索也可以探索儿童的人，这样儿童就能感受到治疗师从一个新的角度看到自己。

咨询师将自己作为一个榜样：他自由地行动，他为冲动留出空间，与此同时他能在游戏的设置中涵容这些冲动。这里给疯狂、失控、意想不到的形式和意义，以及所有"属于所有婴儿和儿童的丰富性和复杂性"留出了空间["评论：《双胞胎：对三对同卵双胞胎的研究》(Review: *Twins: A Study of Three Pairs of Identical Twins*)"（CW 4:2:6）]。治疗师带着自己的知识、理论、游戏的能力，甚至是他对画画的精通来到治疗中，但最重要的是他自己的整合。换句话说，治疗师在治疗中是被使用的。在谈到发展中父亲的角色时，温尼科特谈到了完整客体作为发展蓝图的重要性："父亲也许是，也许不是母亲的替代品，但有时，人们会认为他起到了不同的作用，在这里，我想说的是，当婴儿偶尔成为统一体（unit）时，他/她很可能会将父亲作为自己整合的蓝图来使用"["《摩西与一神论》文本中的客体使用"（CW 9:1:4）]。治疗师提供的整合"我认为,不是典型的强迫性整合,即否认混乱"["涂鸦游戏"(CW 8:2:47)]。我们必须记住,对温尼科特来说,混乱是存在的连续性(continuity of being)中断的结果,是"连续存在(going-on-being)"中无法耐受的、无法思考的干扰和破坏[《人类本性》(CW 11:1:4);参见第6章]。儿童会在游戏中画虚线(混乱),并将治疗师作为一个完整客体来重新体验连续性。当游戏成功后,它会让儿童感到受到了重视,可以自由地游戏,不会觉得自己比医生低人一等。当游戏成功地促进了和儿童的接触、建立了交流,儿童就不会觉得被咨询师审查或测试。涂鸦游戏是治疗师和儿童之间建立过渡性空间的一种方式,而不是评估儿童能力的一种工具。

涂鸦画本身可能就是令人满意的,而这种满足感可以被分享,在对创作的分享中会让人体验到亲密感:"通常,涂鸦的结果本身就是令人满意的。然后,它就像一个'被发现的客体',就像一个雕刻家可能找到了一块石头或一块旧木头,不需要做什么就可以将其作为一种表达。这对懒惰/不愿动的男孩和女孩很有吸引力,也体现出了懒惰的意义"[参见"被发现的客体和流浪者"(CW 9:4:7)]。

简·亚伯拉罕强调了涂鸦游戏与梦屏(dream screen)的关系,这显然是对卢因(Lewin, 1949)的致敬。涂鸦游戏确实和梦的工作有很多共同之处。"关于'梦屏',温尼科特指的是梦的本质是潜意识的,是早期母婴关系的重复"(Abram, 1996, p. 309)。对于温尼科特来说,作为梦屏的涂鸦游戏是"一个可以让梦进入的地方/一个可以承接梦的地方"["涂鸦游戏"(CW 8:2:47)]。这意味着,就像精神分析治疗一样,涂鸦游戏不只是提供了移情的空间。如果遭受折磨的儿童无法做梦,涂鸦游戏也许可以修复他/她进入梦境体验的途径,或者使之更加便捷。不仅是这些"进入"涂鸦或者被涂鸦"承接"的梦境揭示了原初关系中潜意识方面的内容,而且,在抱持性环境的设置中,浮现出的潜意识过程也可以传达出,对身体功能进行富有想象力的详细描述的工作是强度很大的,而且通常是痛苦的。在《治疗性咨询》中报告的第一个案例["9岁9个月的'伊罗'('Iiro' aet 9 Years 9 Months)"(CW 10:1:1)]很好地说明了这一点。但是,正如亚伯拉罕所指出的,重要的并不只是单一的涂鸦(形式)和梦有很多共同之处,还包括"涂鸦之间是如何联结的"(p. 308),包括温尼科特是如何敏锐地适应儿童的需要以"使得游戏持续(keeps the ball in play)"以及让涂鸦之间彼此联结。涂鸦发展的顺序本身就是一种叙事,同样涂鸦的走向也取决于双方的贡献,由联想和不断新的联想建立起联系来。

整合的理论

尽管第10卷中的大多数案例过去都发表过,治疗性/诊断性咨询的概念和涂鸦游戏的"技术"也都在早些时候被阐述过,《儿童精神病学中的治疗性咨询》竭力通过一种让读者享受其中的方式,对温尼科特的临床经验、理论和技术进行了全面和系统的介绍。这本书被认为是给年轻一代临床工作者的非教条、非传统的教学工具。温尼科特心中的读者不一定接受过精神分析的训练,也不一定是儿童精神科医生或心理治疗师,而是一个——教师、社工、心理学家、精神科医生、儿科医生——专业地参与处理儿童和青少年的情绪痛苦和困难的工作,并强烈主张不要浪费"儿童经常表现出的巨大自信"的人(第一部分导论)。这本书并没有以说教的方式阐述个体的情绪发展理论以及心理治疗技术的理论;相反,它们在不经意间陪伴着温尼科特"探索新案例的未知领域"(出处同上):"这些理论总是伴随着我,它们已经成为我的一部分,我甚至不需要刻意地思考它们"。

对案例的认真研究提供了一个"通过经验学习"以及分享老师(即温尼科特)的经验的机会。其独特之处在于丰富的细节,因此读者(用温尼科特的话说,学生)经常能够"和老师一样了解"案例(出处同上),并能够跟得上治疗中发生的一切。温尼科特挑选的案例不会传递出一种"聪明"或者魔法的感觉,从而导致读者难以理解。这一卷中新增的案例进一步证实了这种态度。作者(温尼科特)不应该表现得像一个大师,而是一个经验丰富的临床医生,可以呈现出接触儿童以及和儿童交流中的复杂性和不容易(labor)。同样,重要的不是单一的诠释,而是建立起来的相互交流。这是无法模仿或复制的(这个场景就像一个人和另一个人之间的关系一样,是独一无二的),但我们可以学习到的是,在整个面谈过程中,每个儿童的情绪发展是如何影响两个人之间的游戏和交流的。

情绪发展理论以及环境供给或失败的贡献理论也明显地体现在这本书的结构中。书的三个部分间接地反映出一种分类——根据整合过程的质量和相应的防御性质,对情绪健康问题进行分类。第一部分处理这样的案例:成熟过程受到了创伤的阻碍,但是可以依靠足够好的早期经验以及足够好的环境。第二部分关注这样的案例:环境的失败给自体增加了负担,或者造成了自体发展的扭曲。在这里,早期环境的失败可以被描述为匮乏(privation)、冲击(impingement)和/或累积性创伤以及主要通过假自体和解离来表达的防御。第三部分的案例主要和反社会倾向以及早期剥夺有关。

书的第一部分描述了那些在咨询的帮助之下恢复的儿童——恢复了连续的存在、与原初客体的合一,也恢复了内化存在的连续性和承认依赖的能力。正如温尼科特所指出的,伊罗的案例[以及另外两个案例"马蒂(Matti)"(CW 6:2:15)和"萨卡里(Sakari)"(CW 6:2:16)]很重要,不仅仅是因为它表明了即使在出现语言障碍的情况下,交流如何得以发展,还因为这是一个典型案例,体现出如果儿童能接触到恰当的、专业的帮助,儿童就有可能表露出情绪的冲突、紧张或困难。这次咨询并不是伊罗的父母要求的,而是芬兰儿科的工作人员明确提出,希望将这次咨询作为一次教学的机会。尽管如此,通过对会谈敏锐地处理,我们可以深入了解这个儿童的复杂需求和脆弱性,也深入了解了他所处的环境。这个案例让我们有机会欣赏到，在面谈中温尼科特保持身体的临在，从而能够富有想象力地详细描述身体的感觉，甚至是描述这个男孩做过的手术的能力。尽管伊罗有身体的畸形，他需要的是被人看到，被人爱着，而不是去关注他的畸形。通过温尼科特提供的框架，儿童可以通过画画的顺序来呈现并发展他的叙事。与伊罗母亲会谈的内容提供了一个更完整的视角，她补充了自己身体畸形的经历、这如何影响了她和伊罗原初的关系，以及他们都有的畸形如何破坏了她的镜映功能。

第二部分描述了一些这样的儿童，他们在达到"我是（I AM）"阶段的过程中遇到障碍；或者，他们本来需要使用客体、在有关切他人的能力之前是无情的，这些是需要被容忍和接纳的，他们却被阻碍了。这种相对的环境失败会导致温尼科特情绪发展理论中的解离性防御［《人类本性》中的"各种类型的心理治疗材料（Various Types of Psycho-Therapy Material）"（CW 11:1:3），见第 3 章］。在他看来，解离与精神病性的功能无关，而是和部分自体的存在有关，这部分自体无法和其他部分交流，也不被其他部分接受。这部分描述的案例更复杂，可能需要更多的咨询。它们所处的环境也更复杂；环境的失败也许更明显、更持久，父母的情绪健康问题可能更严重、更持久，需要更复杂的社会工作（casework）。心理治疗性的面谈也许只是其中的一部分。

我想详细地谈一谈第二部分中查尔斯的案例，这是一个 9 岁的男孩，主诉为头痛和"各种各样的想法"，他曾在一家儿童指导诊所进行咨询，但在那的经历并不令人满意。"困扰他的正是他的心智，他开始对他的思考装置（thinking apparatus）有了一些想法。他曾说过，他的一部分大脑正在接管他的其他部分"["9 岁的查尔斯（Charles aet 9 Years）"（CW 10:2:8）]。他开始发出一些无法实现的、令人沮丧的誓言。我想重点谈一谈温尼科特是如何强调儿童对于"有效接触"的需要的。儿童需要的不是诠释性的工作，而只是接触。他没有给出强迫症的诊断；这个男孩的症状没有被解读为疾病的迹象，而是被视作儿童对他独特的发展史以及个人痛苦的表达和交流。我们被暗示不要去解释，而这个案例提醒我们，智力可以变得多么专横，以及心智又是如何会成为一个迫害性的客体。

　　随着涂鸦游戏的开始，我们看到耐受不确定性的能力是如何建立起了一个游戏的场，一个可以交叉认同（cross-identifications）的环境，在其中可以与这个孩子游戏，甚至可以把他想成是一个女孩。由于这个想法属于温尼科特，所以它可以被接受或被拒绝而不用害怕［"本能驱力之外，在交叉认同方面的相互关联（Interrelating Apart from Instinctual Drive and in Terms of Cross-identifications）"（CW 9:3:8）］。当查尔斯介绍了一个战场的细节图，图中的几个党派正在战斗和结盟时，温尼科特没有诠释；取而代之的是，他把查尔斯对游戏的描述以及涂鸦中好和坏元素之间过于僵化的区分这两者建立了联系。因为温尼科特提供了这样的抱持功能，男孩可以有意识地将这幅画作为"他心智的图解"。若认为这幅画是对儿童心智的描述，那这就是"教条式"的断言。关怀的成人和信任的儿童之间的不对称能够体现出抱持和整合的意义，这样一来，儿童的心智就会成为对身体功能进行富有想象力的详细描述过程中的一部分。温尼科特的"遐思（reverie）"让这个男孩有机会接受将温尼科特当作他的辅助性自我，这是一种只有当同伴能够做梦和创造联系时才会发生的整合性体验。男孩害怕的大脑的那"一小部分"，无论这象征的是什么，都是如此具体，以至于它具有近乎精神病性的性质。没有温尼科特就不可能有隐喻。但是，通过在场，他可以区分图解（diagram，对儿童来说是必要的）和涂鸦（squiggle）。接着，涂鸦画了数字，这样查尔斯就可以表达他作为一个9岁的男孩有多么不舒服，而这让查尔斯幻想自己成为一个有力量的年轻男子。之后，温尼科特可以问他关于做梦的问题，当查尔斯生动地描述他的梦时，他也能够描述出跟创伤记忆相关的一种严重的混乱状态。这是他心中具有迫害性的那

"一小部分"，既无法被记住，也无法被忘记。接下来，他们进行了更多的面谈，但是第一次面谈对于查尔斯从僵局中恢复至关重要。

《儿童精神病学中的治疗性咨询》的第三部分内容是最广泛的，呈现了9个案例（从21个月大的儿童到30岁的成年人），这些案例的发展性的表达方式多种多样，但都具有一个共同特点：使用反社会行为作为儿童（甚至是成年人）与其环境之间关系历史的表达。反社会行为以一种有组织的姿态出现，介于潜意识的冲动和个体发展史的复杂上演之间。在温尼科特看来，反社会行为和过渡性现象密切相关，"因此，对一种行为的研究涉及对另一种行为的研究"["5岁的莉莉（Lily aet 5 Years）"（CW 10:3:19）]。在这里，由于可以依靠过渡性客体和过渡性现象，经历过剥夺的儿童可以忍受创伤性的裂缝（traumatic gap），以及随之而来的挫折、恐惧、暴怒及其他情绪。如果这些都被禁止或被干扰，"这个儿童就只有一条出路，那就是，人格中出现分裂，其中一半与主观的世界有关，另一半对这个侵犯自己的世界顺从地做出反应"["遭到剥夺的儿童以及如何补偿他失去的家庭生活（The Deprived Child and How He Can Be Compensated for Loss of Family Life）"（CW 3:5:10）]。反社会行为（尿床、撒谎、盗窃）是一种希望的迹象，是一种恢复最初经历过但之后又失去的令人满意的状态的尝试。当反社会行为的次级获益变得非常强，以至于这个过程是不可逆转的，并且心理治疗性咨询甚至精神分析性治疗都不起作用时，就会发生青少年犯罪行为。

在温尼科特20世纪30年代的笔记中["青少年犯罪：未完待续（Delinquency: Continued）"（CW 2:1:9）]，我们可以找到他最早对偷窃意义的思考，在此之后，反社会倾向的理论在温尼科特的思想中慢慢发展了起来。之后，作为政府疏散计划精神科顾问的工作经历对温尼科特产生了巨大的影响，这让他接触到大量经历过环境供给中断的案例（Abram，1996，pp. 38–39）。早在他与约翰·鲍尔比和伊曼纽尔·米勒共同写给《英国医学杂志》[1939年12月16日（CW 2:1:6）]的信中，就可以看出他对这些主题的认识。在20世纪四五十年代，对过渡性客体和过渡性现象的研究，以及对攻击性的重新思考，丰富了温尼科特的思想，促使他转向去理解反社会倾向中发现的一系列发展问题。这个过程有好几个转折点，与其他作者（主要是约翰·鲍尔比、菲利斯·格林纳克，他在1962年爱丁堡国际精神分析协会大会上讨论了他们的论文）的交流，强有力地促进了他对"正常"反社会行为理论的改造，这在第三部分的导论中有明确的说明。这不仅是一个理论上的、智力层面理解的问题；温尼科特谈到，他发现自己能够帮助那些他原来只能为他们"向法庭提供记录"的儿童。他意识到，反社会行为是希望的象征，是一种对导致反社会行为的那些经历的修复的尝试；那些经历指的是由于相对的环境失败而导致的成熟过程的中断："从儿童的视角来看，这是儿童生命连续性的缺口"（第三部分导论）。"偷窃的儿童（在最初的阶段）只是简单地越过缺口回到过去，对重新发现失去的客体、失去的母性供给或失去的家庭结构充满希望，或并非完全绝望"（引用同上）。如果这样的交流成功，那希望就没有被浪费，重复的反社会行为就会停止。

　　本书的第三部分本身就是书中书，是可以作为独立作品来阅读的总结性文章。这个部分提供了多种多样的案例，针对不同阶段以及不同的父母照料、一致性和可得性的条件下反社会倾向的发展，提供了许多不同的视角。我们不应该忘记，温尼科特的理论是和约翰·鲍尔比、安娜·弗洛伊德的理论一起发展起来的，他与他们一直有交流。安娜·弗洛伊德和多萝西·伯林厄姆（Dorothy Burlingham）研究了创伤和剥夺的影响，并在战争期间和战后时期为汉普斯特德托儿所的儿童提供支持［这段经历被简缩在"战时的儿童：在伦敦一家居民战时托儿所一年的工作（Young Children in Wartime: A Year's Work in a Residential War Nursery）"一文中，收录于《家庭学校新时代》（New Era in Home and School），在伦敦出版，1942］，而鲍尔比1944年在《国际精神分析杂志》上发表了他的研究论文"四十四个未成年小偷：他们的性格和家庭生活（Forty-Four Juvenile Thieves: Their Character and Home Life）"，并从那时起开始关于丧失和分离的研究，并最终构建出依恋理论。约翰·鲍尔比在塔维斯托克研究所的工作环境也促成了詹姆斯·罗伯逊和乔伊斯·罗伯逊关于儿童在医院和寄宿的设置下与父母分离的研究和影片［《住院的儿童》（Young Children in Hospital），1958；《去医院的两岁儿童》（A Two-Year-Old Goes to Hospital），1953］。他们"抱有同样的主张"吗？［引用自"狩猎者（Hunter）"，Bowlby，1971］。当然，所有这些作者都强调了环境因素的作用，但温尼科特关注点始终集中在"儿童的视角"上。1959年10月，鲍尔比在英国精神分析学会的科学会议上报告了论文"婴儿期的哀伤和哀悼（Grief and Mourning in Infancy）"，在讨论这篇论文时，温尼科特陈述："我认为，鲍尔比忽略了儿童从与主观性客体的关系到与客观感知客体的关系之间的转变……鲍尔比对此置之不理，文中的含意是，这是非常简单的客体丧失现象，就像因缺乏刺激而导致的反射失败"［"对'婴儿期的哀伤和哀悼'的讨论"（CW 5:5:17）；同见 Reeves，2005］。

第三部分中的案例阐明了温尼科特的观点，同时也优雅地避免了宣教：其目的是让学习成为可能。我想请读者关注其中的三个案例：

> 塞西尔（Cecil）的案例（CW 10:3:14），从这个男孩21个月时开始进行，持续了14年，书中报告了6次咨询。我们可以看到反社会倾向的行为是如何发展的、这些症状是如何"绽放"的，以及温尼科特多年来对这些部分的谨慎处理。
>
> X夫人的案例（CW 10:3:18），她是一位30岁的女性，这个案例是一个例外，因为与父母的面谈不是儿童心理治疗管理中的一部分，它其实是诊断性和心理治疗性的咨询。它不仅展现了一个发展过程的结果，也展现了希望可以多么地持久。

5岁莉莉的案例（CW 10:3:19），在惊人的简短和简洁中，说明了一个足够好的家庭环境也会处于紧张的状态，因而导致家庭暂时失去了提供过渡性空间的能力，也会导致过渡性客体遭到实际的损害，孩子会通过偷窃来试图复原这个过渡性客体。在这个案例中，除了"让这个家庭意识到他们正处于紧张的状态，以及某人需要休假"之外，什么都不需要做。

最后这个案例中的一句评论可以被解读为唐纳德·温尼科特的某种临床思想的证据："不幸的是，我会回顾过去，当我曾是一个热忱的精神分析师时，我对于学到个体治疗的技术而感到满足，我当时会把这个孩子转介来进行分析性的治疗，这样也许就会错过了更重要的事，也就是整个家庭的康复。"这段话生动地表明，《治疗性咨询》是非常成熟的作品，它从不否认构成作者个人轨迹的那些经历：初期的儿科学和精神分析。

《儿童精神病学中的治疗性咨询》除了让读者有机会通过唐纳德·伍兹·温尼科特与病人生动的、关切的谈话与他相遇，也为当代读者提供了很多内容。这本书出版已经40多年，其丰富性和新颖性没有改变。事实上，如果读者了解通过在精神分析、婴儿发展或者依恋理论的临床应用方面的研究而新增的内容，他们一定会为这本书着迷，因为其中很多内容仍然可以在这本书中找到。不同学派的精神分析师们会发现这些叙述非常熟悉，我认为，任何对人类本性感兴趣的读者，只要带着足够的好奇心和谦逊——这正是唐纳德·温尼科特写作时所体现的品质——都能从这本书中获益匪浅。

致 谢

本文献给安德烈亚斯·詹纳库拉斯，他从未停止对我的教诲：倾听那些未被言说的。

参考文献

Abram, J. (1996). *The language of Winnicott: A dictionary of Winnicott's use of words.* London: Karnac.

Bowlby, J. (1944). Forty-four juvenile thieves; their character and home life. *International Journal of Psychoanalysis, 25,* 19–52.

Bowlby, J. (1960). Grief and mourning in infancy and early childhood. In *The Psycho-Analytic Study of the Child, 15.* London: Imago.

Freud, A., & Burlingham, D. (1942). *Young children in wartime: A year's work in a residential war nursery.* London: Allen and Unwin, for New Era in Home and School.

Hunter, V. (1971). John Bowlby: An interview. *Psychoanalytic Review, 78,* 159–175.

Issroff, J., with Reeves, C., & Hauptman, B. (2005). *Donald Winnicott and John Bowlby: Personal and professional perspectives.* London: Karnac.

Lewin, Bertram D. (1949). Sleep, the mouth and the dream screen. *Psychoanalytic Quarterly, 15*(4), 419–34.

Lowenfeld, M. (1979). *The world technique.* London/ Boston: Allen & Unwin/ .Institute of Child Psychology.

Kanner, L. (1935). *Child psychiatry.* Springfield, Charles C. Thomas. First British edition (1937), London: Bailliere, Tindall and Cox.

Kanner, L. (1943). Autistic disturbances of affective contact. *The Nervous Child, 2,* 217–250.

Reeves, C. (2005). Singing the same tune? Bowlby and Winnicott on deprivation and delinquency. In J. Issroff, *Donald Winnicott and John Bowlby: Personal and professional perspectives* (pp. 71–100). London, Karnac, 2005.

Robertson, J. (1953). *A two-year-old goes to hospital.* 16-mm film. London: Tavistock

Institute of Human Relations.

Robertson, J. (1958). *Young children in hospital.* London: Tavistock.

Strachey, J. (1934). The nature of the therapeutic action of psychoanalysis. *International Journal of Psychoanalysis, 15,* 127–159.

Winnicott, D. W. (1931). *Clinical notes on the disorders of childhood.* London: Heinnemann. [CW 1:3]

Winnicott, D. W. (1938). Review: *Child Psychiatry* by Leo Kanner. [CW 1:4:14]

Winnicott, D. W. (1939, December 16). Letter to *British Medical Journal,* "Evacuation of small children" (with J. Bowlby & E. Miller). [CW 2:1:6]

Winnicott, D. W. (1948). Paediatrics and psychiatry. [CW 3:3:2]

Winnicott, D. W. (1949, September 24). Letter to *British Medical Journal,* "Paddington Green Children's Hospital." [CW 3:4:19]

Winnicott, D. W. (1953). Review: *Twins: A study of three pairs of identical twins* by Dorothy Burlingham. [CW 4:2:6]

Winnicott, D. W. (1961). The paediatric department of psychology. [CW 6:2:19]

Winnicott, D. W. (1965). The deprived child and how he can be compensated for loss of family life [1950]. [CW 3:5:10]

Winnicott, D. W. (1965). Ego integration in child development [1962]. [CW 6:3:19]

Winnicott, D. W. (1968). "Eliza" *aet* 7½ years. [CW 10:1:3]

Winnicott, D. W. (1968). The squiggle game. [CW 8:2:47]

Winnicott, D. W. (1969). A link between paediatrics and child psychology: Clinical observations [1968]. [CW 8:2:14]

Winnicott, D. W. (1969). Obituary: Strachey, James. [CW 8:1:14]

Winnicott, D. W. (1971). "Bob" *aet* 6 years. [CW 10:1:4]

Winnicott, D. W. (1971). "Cecil" *aet* 21 months at first consultation. [CW 10:3:14]

Winnicott, D. W. (1971). "Charles" *aet* 9 years. [CW 10:2:8]

Winnicott, D. W. (1971). Creativity and its origins. [CW 9:3:7]

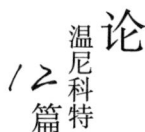

Winnicott, D. W. (1971). "Iiro" *aet* 9 years 9 months, Case 1. [CW 10:1:1]

Winnicott, D. W. (1971). Interrelating apart from instinctual drive and in terms of cross-identifications. [CW 9:3:8]

Winnicott, D. W. (1971). "Lily" aet 5 years. [CW 10:3:19]

Winnicott, D. W. (1971). "Milton" aet 8 years. [CW 10:2:12]

Winnicott, D. W. (1971). "Mrs X" aet 30 years. [CW 10:3:18]

Winnicott, D. W. (1971). *Playing and reality*. London: Tavistock.

Winnicott, D. W. (1971). *Therapeutic consultations in child psychiatry*. [CW 10:1]

Winnicott, D. W. (1988). *Human nature*. [CW 11:1]

Winnicott, D. W. (1989). Discussion of John Bowlby's "Grief and mourning in infancy" [1959]. [CW 5:5:17]

Winnicott, D. W. (1989). D. W. W. on D. W. W. [1967] [CW 8:1:2]

Winnicott, D. W. (1989). The use of an object in the context of *Moses and Monotheism* [1969]. [CW 9:1:4]

Winnicott, D. W. (1996). The Association for Child Psychology and Psychiatry observed as a group phenomenon [1967]. [CW 8:1:3]

Winnicott, D. W. (1996). Environmental needs; the early stages; total dependence and essential independence. [1948]. [CW 3:3:13]

Winnicott, D. W. (1996). On cardiac neurosis in children [1966]. [CW 7:3:16]

Winnicott, D. W. (1996). Primary introduction to external reality: The early stages [1948]. [CW 3:3:12]

Winnicott, D. W. (2017). Delinquency: Continued [ca. 1930s]. [CW 2:1:9]

Winnicott, D. W. (2017). Found objects and waifs. [CW 9:4:7]

Winnicott, D. W. (2017). "Matti," *aet* 12 years: A therapeutic consultation [1961]. [CW 6:2:15]

Winnicott, D. W. (2017). Not less than everything [extracts] [c. 1968–1971]. [CW 9:3:11]

Winnicott, D. W. (2017). Sakari: A therapeutic consultation [1961]. [CW 6:2:16]

史蒂文·格罗尔克

第12篇

温尼科特与生命为首

1971年，唐纳德·温尼科特去世时，组成了第12卷的《小猪猪的故事》和《人类本性》都尚未完成，尽管如此，这两部作品却都是体现温尼科特对精神分析所做出的独创贡献的典型作品。1977年，Hogarth出版社出版了他对加布里埃尔（"小猪猪"）分析过程的叙述；1980年，企鹅出版社出版了平装本。书的内容包括所有16节分析的打字稿、会谈内容的逐字摘录、来自父母的信和给父母的信，以及温尼科特偶尔记录的工作笔记、评论和旁注。温尼科特在前言中谈到，他会最少限度地在书中评论，以使读者形成他们自己的观点，并将此作为有益的讨论的基础。这似乎是个明智的建议，在介绍性地评论《小猪猪的故事》时，我们也会坚持同样的原则。

《小猪猪的故事》用温尼科特自己的语言详细描述了分析师和被分析者之间的故事，尽管如此，温尼科特并没有准备出版这本书。在温尼科特出版委员会的赞助下，伊沙克·拉姆齐对这个案例的打字稿记录进行了编辑。同样，《人类本性》的非完整版打字稿，以及这本书的两篇概要，由克里斯托弗·博拉斯、马德琳·戴维斯和雷·谢博德编辑，也在温尼科特过世后，于1988年由Free Association出版社出版。严格来说，这两本书都非温尼科特所写，但这丝毫不影响这两本书的重要性。

促使温尼科特写下《人类本性》的环境本身很重要。从20世纪30年代中期到他去世，温尼科特在近40年的时间里定期在大学演讲，这些打字稿是基于这些演讲的笔记。在此，也许得特别提及他对苏珊·艾萨克斯的感激之情。艾萨克斯曾邀请他在教育学院进行关于"人类成长与发展"的主题演讲。从20世纪40年代末开始，他持续给社会工作专业的学生、幼师、护士、地方法官和父母们讲课。在温尼科特与非分析师人群的相处中，教室似乎成了又一个使用他极具独到性、创造性交流方式的场合。在阅读《人类本性》时，我们要记住，温尼科特的这段授课经历是这本书的大背景。尽管从很多方面而言，温尼科特是最不爱说教的思想家，但是在这本书中，温尼科特还是试图谈到了一些"教训"。

然而，《人类本性》是一本未完成的文章合集。如果比较一下这本书的两篇概要（详见第12卷附录），这一点就显而易见了。概要 I（分为五个部分）标注的日期是1954年8月，我们知道，这本书的初稿是在那年夏天开始并完成的。概要 II（分为三个部分）标注的日期约为1967年，它与概要 I 的内容在程度上有所差别，这表明温尼科特一直在不断修订原稿，直至他过世。现有的打字稿可粗略对应概要 I 的前三个部分：首先，从发展的角度对人性的研究进行了初步陈述（第 I 部分）。心身系统的框架进一步支持了这一发展的观点，而正如我们所见，这一想法贯穿温尼科特的思想，并将其与经典的弗洛伊德理论区分开来。原稿中，这之后是概要 I 中的三个内容：人际关系（第 II 部分，§A）、自体的形成（第 II 部分，§B）以及原始情绪发展（第 II 部分，§C）。第 III 部分的一部分内容并没有放在同一个标题下进行阐述，而是在书中的其他地方出现，其中最著名的是"序列研究（study of sequences）"。尽管如此，这本书和概要 I 仍然有明显的差异。例如，这本书并没有在一个单独的标题下谈到过渡性客体和过渡性现象（第 III 部分）；也没有包含关于剥夺和青少年犯罪（第 IV 部分）或是后俄狄浦斯成熟（第 V 部分）的任何讨论。对于《人类本性》中蕴含上述思想之处，我们都会在本文中把它们抓取出来，尽力加以强调。有关过渡性现象和潜在空间的内容尤其重要，这是温尼科特思想的核心。

我们也许有理由认为，概要 II 是对概要 I 的修订。尽管这仅停留于我们的推测（1988年版的编辑们也持有同样的观点），但在思考温尼科特的思想轨迹时，这很有用。如果我们假设，这两篇概要的特别之处在于其学说性，那么以下几点就变得尤其重要：第一，温尼科特认为，心身系统是他理解人类生活的基础；第二，心身系统被认为比弗洛伊德的本能理论更重要；错觉（illusion）先于驱力；第三，温尼科特强调环境因素的重要性，同时假定个体的创造性是与生俱来的。我们将在后文详述这些观点的理论含义。

心身参照系

尽管在温尼科特去世时，《人类本性》仍未完成，他在近20年的时间里一直在修改这本书的稿子，这是对他的思想进行理论概述的唯一一本书。尽管这仍是一部在创作过程中的作品，但要了解温尼科特从哪里开始、在他前进的方向上走到了哪里，这本书仍然是我们能获得的最完整的陈述。也许可以借用霍普金斯（Hopkins，2013，p. 795）的一个矛盾的说法来形容这部作品，一部"因中断而未完成，因而最终完成的作品"，想必温尼科特一定会欣赏这样的描述。尽管这本书采用了论文合集的形式，正式而系统地探讨了人类本性和情绪发展中的核心主题，但它的叙述仍然独具个人特点。当温尼科特以自由联想和自发的方式进行临床思考时，他是最具创造性的。作为读者，我们喜欢他的自得其乐，也对此感到惊讶，他似乎对自己要说的话也感到惊讶。尽管如此，温尼科特意识到了他给自己定下的雄心壮志的任务，并力图将人类本性的研究放置于他自己设定的严格框架之中。他的研究结果既是慎重的，也极具原创性。他以细致入微的方法，将童年早期的心理追溯至最原始的人类体验，并在这个过程中，提出了一种以成熟为标准的健康新概念。

我们将回到他的主要观点，即健康并不仅仅是相较而言没有疾病。就基本参照系而言，温尼科特不是一个思辨的思考者；也就是说，他不是一个哲学家。这一点和英国精神分析的临床现实主义传统是一致的，他承认，理解只能在个人经验允许的范围内进行扩展。作为一个经验主义思想家而非经验主义者，他的著作都是基于他在儿科和精神分析的专业工作。尽管在描述自己的专业经历时，他强调了从儿科到精神分析的发展轨迹，表明他从一个专业转变到另一种专业，但事实是，他同时投身于这两个专业。在这个过程中，他始终坚持"生理"和"心理"不是对立现象的基本假设。心灵和身体的必要统一在他的思想中处于核心地位。

在温尼科特的职业生涯中，他自始至终都在行医，他在帕丁顿格林儿童医院门诊诊所的工作对于他的思想发展至关重要。尽管他专攻儿童精神病学，但在《人类本性》的前言中他提到，自己从未离开过普通儿科。这一点极为重要。作为儿科医生时，温尼科特开始学做精神分析。他转向专攻"心理学方向"是源自在儿科的工作；因此，他提出了避免将生理医学和心理医学划分开的心身参考系理论。在这个背景下，儿童分析成为他临床实践中不可或缺的一部分，尽管最初对温尼科特最有影响力的精神分析人物（除了弗洛伊德外）是梅兰妮·克莱因，但是，安娜·弗洛伊德对他工作的欣赏对他而言也越来越重要。温尼科特在整个20世纪30年代一直对克莱因的工作充满热情，他承认，如果没有克莱因对"内在世界"的理解，他就不可能开始自己的儿童精神分析工作。

温尼科特与克莱因学派主要成员之间的争论越来越多，尽管如此，《人类本性》中的第Ⅲ部分尤其体现了克莱因对温尼科特思想的持久影响，这个部分包括了他们各自对内在心灵变化想法的探讨。克莱因从客体的角度对弗洛伊德的理论进行了修正，温尼科特真切地对此感到感激，反过来，克莱因也感激温尼科特。然而，与克莱因不同的是，温尼科特试图强调来自外部的因素，即婴儿对真实母亲的依赖（先于内摄－投射）对其健康发展的重要性。对温尼科特而言，心灵空间本身需要一个框架结构，他所坚持认为的不可还原的早期环境是移情的发源地这一观点告示出了两种无法相比的临床思路。这一点所导致的理论和实践上的根本分歧，至今仍是英国精神分析学派的遗留问题。

1935年，温尼科特被选为英国精神分析学会的成员，并在第二年获得了儿童分析师的资格。大约在同一时期，他开始与克莱因学派的分析师琼·里维埃进行为期4年的个人分析，并于1941年结束。现在看来，这段分析经历巩固了他的思想基础。温尼科特也谈到，他是如何在门诊诊所的大量案例、无数的短程心理治疗以及治疗管理中发展了他的实践。在治疗管理方面，温尼科特［"唐纳德·W. 温尼科特论唐纳德·W. 温尼科特"（CW 8:1:2）］指出，最初他曾避免在诊所接待"反社会儿童"，因为他们会造成破坏性的影响。

然而，基于与第二次世界大战期间牛津郡被疏散儿童的工作，温尼科特详细阐述了剥夺和青少年犯罪之间的决定性联系，并最终形成了他的"反社会倾向"理论。他的工作使得治疗犯罪儿童成为精神分析新领域中一个重要的组成部分。从弗洛伊德派的视角出发，他开始理解犯罪儿童（从母亲的钱包里偷东西或到学校图书馆偷书）的"反社会行为"，他称之为"希望的时刻"。沿着精神分析的思路，这引入了一种全新理解"困难儿童"问题的方式。这种对无助感（Hilflosigkeit）的理解本身是温尼科特身上的一个转折，这样做是否有效尚待认真讨论。为什么我们要把反社会行为看作是希望的表达？这种说法有充分的理由吗？对温尼科特来说，希望存在于一种潜意识的交流之中，在潜意识中，儿童超越了被剥夺的感受，试图找回他认为已经失去但自己有权得到的东西。这种建构造成了深远的影响。事实上，《人类本性》并没有对这种潜意识交流的新理解进行描述——反社会行为、环境失败，以及剥夺与青少年犯罪之间的联系仅在概要 I（第Ⅳ部分）中被提及——体现了这本书是未完成和不完整的。

除了治疗困难儿童之外，温尼科特还通过对成年病人非神经症性结构（包括边缘状态、妄想性移情以及躁狂抑郁状态）的分析，补充了弗洛伊德派的观点。在应对严重心理障碍病人的情感接触（emotional contact）问题时，温尼科特认可了玛格丽特·利特尔的方法学上的进展。他继承并发展了她的思想：在与精神病性成年人的分析工作中，只有当现实"不可否认、不可避免地呈现出来，因而无法拒绝与它接触"（Little, 1986, p. 85）时，移情诠释才能触及自我。温尼科特认为，用这种方法治疗那些面临生活失败威胁的病人（而不是那些内心有神经症性冲突的病人）的工作，比其他任何治疗性工作都教会了他更多东西。这个评价很能说明问题。对婴儿直接的临床观察仍然是温尼科特的基础工作，然而，他很清楚，对年幼儿童的分析比婴儿观察更能让我们了解婴儿。此外，他坚持认为，与婴儿观察或与年幼儿童的精神分析相比，在分析性治疗过程中深度退行的成年人身上，我们会了解到更多关于人类生命最早期的现象。尽管儿童性欲至少在原则上是一种可观察到的现象，但婴儿的心理功能是一种分析性退行的结构，一种无法追忆的过去现象，而不是心理现实。这也就是说，发展心理学是一种基于临床精神分析的内容阐述。

温尼科特在第二次世界大战后发表的一系列论文，明显体现出与更具精神病性倾向的成年病人的临床工作对他的思想所产生的决定性影响。最值得注意的是，"原始情绪发展"（CW 2:7:8）中本体论（ontological）与治疗性的结合在他的整个作品之中都有所延伸。他对健康问题的投注思考在《人类本性》一书中达到巅峰，但是问题的答案从一开始就很明显：在一个情感成熟、可靠的、身体上可触及的母亲的照顾下，一个生机勃勃的婴儿体验到"全能的错觉"。与此同时，这篇1945年的论文预示了温尼科特对分析情境中的强迫性重复的创新方法，即将其作为环境失败后出现的一种现象。在"由于本质上缺乏与外部现实的真实联结而导致的移情困难"方面，他发现，在与精神病性和边缘状态病人的分析中会明显表现出退行的解离过程。在这方面，这篇文章重新定位了针对这些困难所做的治疗，将其看作是空白的、未解决痛苦的潜意识再度活现。文章还提到了一个基本主张：只要还在疾病的状态下，原始情绪状态就可以被视为最早期关系中真正缺陷部分的退行性重复。

分析性相遇

温尼科特对加布里埃尔（"小猪猪"）的治疗是他的临床实践创新

中不可或缺的一个部分。他们的分析从1964年到1966年，持续了两年半；治疗开始时，病人2岁5个月，在第16次也是最后一次治疗时，她5岁2个月。1964年1月，当加布里埃尔2岁4个月大时，她的母亲联系了温尼科特，并描述了女儿毫无生机的状态，她白天不愿意玩耍，晚上很焦虑（"担心"）、无法入睡。在最初的信件中，这位母亲提到，在加布里埃尔21个月时，妹妹出生，她暗示女儿进入了一种去人格化（depersonalization）的状态（"她甚至几乎无法接纳作为她自己"），并描述了最困扰加布里埃尔的幻想。她会幻想在小猪猪的肚子里有一个"黑妈妈"，在晚上会来索要她的"山药"（乳房），有时候她会把小猪猪放进厕所里。在幻想中，她可以通过电话联系到"黑妈妈"，但"黑妈妈"经常生病，很难好转。在病人早期的幻想中，"黑妈妈"和"黑爸爸"一起被绑在了一辆"巴巴车（babacar）"里，这辆车里平时只有一个孤独男人的身影。她似乎将"巴巴车"体验为一种空间而非一个物体，体现出特定内部环境的轮廓。这位母亲还谈到，女儿的幻想中偶尔会出现"黑猪猪"。

在此不再详细重述这个案例的治疗过程，以让读者们相对不受干扰地接触书中的临床材料。不过，在关于分析任务以及治疗目的方面，这个案例确实给温尼科特提供了宝贵的深刻见解。在与加布里埃尔开始分析的两年前，他向英国精神分析学会提交了一篇论文"精神分析性治疗的目标"（CW 6:3:2），并在文中澄清了一些重要的技术问题。最值得注意的是，这篇论文表达了对所谓标准分析的改良意见，温尼科特声称他总是朝着这个方向进行实践。简而言之，他所说的"标准分析"是指"我是站在被移情神经症（或精神病）所放置的立场上来与病人进行交流的……我在分析中所做的大部分工作，本质上是将病人当天带来供我使用的那些材料言语化"（CW 6:3:2）。

温尼科特自己的习惯用语常常体现了"标准分析"本身，但重要的是，不要忽略温尼科特对分析情境中言语化和言语功能的强调。他认为，他去进行移情诠释，首先是让病人知道他不是无所不知的，他所说的可能是不准确的或是完全错误的；其次是为了促进病人的成长和整合——这是通过连接次级和初级过程，以调动联想的力量的方式来将情感转化为表征形式，从而实现成长和整合的。第一点确认了一个重要内容，即分析师并不理解那些病人尚未将其变得可理解的内容。这并非分析师向病人展现他们知道了什么。相反，在加布里埃尔的案例中，温尼科特在第3节咨询的末尾补充了以下评论："只有她知道答案，当她可以理解这些恐惧的含义时，她也会让我有机会去理解。""无法认识的"和"无法思考的"之间的区别对于温尼科特的治疗模型而言至关重要，这代表了他关于移情的一种成熟的看法，这在"客体的使用"一文（CW 8:2:28）中也有所表达，文中谈到了分析师等待的能力，即在等待中允许病人创造性地达成理解。圣经劝告世人耐心等待（Ps. 37:7）、静心等待（Lam. 3:26）、积极地利用沉默，这支持了一种治疗的观点，即理解本身被认为是一种信仰行为。与此相辅相成的是，第二点强调了在分析性相遇之中，分析性言语中的象征化的重要性。温尼科特认为，我们有充分的理由基于临床基础对表征进行工作，在这个过程中，诠释本身也起到了为心灵空间提供框架的作用。

与此同时，他认为当诊断图中表现出一些特定模式的失调时，就需要"改良的分析"。这些特定模式是指一些特殊的情况，诸如对崩溃的恐惧、根深蒂固的假自体、反社会倾向、内在心理现实与文化生活解离、存在压倒性的精神病性父母意象等。在这些情况下需要做些什么？实际上，温尼科特总结道："我会转变为一位能够满足，或者努力尝试满足这位特定病人需要的精神分析师"["精神分析性治疗的目标"（CW 6:3:2）]。相应地，设置被当作一个潜在的空间，在这个空间中，内化的过程比分析内化现象更重要。在最后的建议中，温尼科特简洁地阐述了这个问题："如果我们的工作目的依然是将移情中刚进入意识的内容言语化，那么我们正在做的就是精神分析；如果我们没有这样做，那也是做了我们认为在那个时刻更适合的其他工作"（CW 6:3:2）。看起来，在必要的时候，温尼科特是愿意做"其他工作"的，让技术适应病人而不是病人适应技术。

他认同这一观点的前提是，即使是治疗非神经症功能水平以及退行的病人，分析师也总是要权衡是将诠释还是抱持作为精神分析的主要治疗手段。换言之，他并没有建议用抱持来取代诠释，这是温尼科特的批评者和支持者之间可能存在的一个基本误解。分析性客体形成的前提是早期客体关系的交流，它意味着通过各种象征化的方式来获得意义。安德烈·格林（1975）沿着这个方向对温尼科特进行了开创性的解读。精神分析允许设置的更改，其治疗行为依赖于表征的功能，温尼科特非常清楚，他"一直在调整到一个适合标准分析的位置"["精神分析性治疗的目标"（CW 6:3:2）]。这挑战了把他作为一个特立独行或革命性思想家的看法，并把他在临床上的创新和技术上的改良带入（标准分析的）视角当中。

在临床方面，温尼科特是一个真正的独立思想家，他的思想根植于英国精神分析弗洛伊德-克莱因派的传统。再一次说明，他所说的标准分析是指在移情中与病人交流，而这并不是说他提倡要不断地对移情进行诠释。他的创新之举在于，在分析师用这种方式与病人交流时，要允许自己为了病人而呈现出一个主观性分析客体的某种形象，或者通过分析性相遇来活现过渡性的体验。积极使用游戏并将其作为象征化的一种方式，也许体现了温尼科特所说的抱持，这让病人有时间为主体内和主体间的体验找到可以用来表达的言语。当事情无法用言语表达，或者当我们说不出话时，游戏能让我们在一种非相互指责的氛围下保持沉默。分析师不会自动将沉默诠释为病人对分析师或者对分析的攻击。使用游戏这样一种假扮的方式——例如《小猪猪的故事》中"贪婪的温尼科特宝宝"的活现[参考"第2次咨询"（CW 11:2:3）]——是以关于客体关系的成熟过程的理念为基础的，也就是说，从主观感知的客体到过渡性客体，再到存在于主观世界或全能领域之外的客体。当转向他的发展的原始阶段理论时，我们可以看出，在温尼科特看来，这种从主观到客观的知觉转变，相应地会伴随从绝对依赖到不断成熟的转变。

在阅读《小猪猪的故事》时，我们很欣赏温尼科特把愉快感和游戏作为分析性治疗的条件。在治疗过程中，他认为，在加布里埃尔赋予他的各种角色中，"扮演角色"是最有价值的。他认为这是一个原则的问题，"在游戏内容被用作诠释之前，分析师总要先创造愉快的体验"[参考"第13次咨询"（CW 11:2:14）]。这并不是只看重游戏而不重视诠释；重要的是，游戏提供了一种关系环境，在这种环境中，诠释可以以有意义的方式被使用。在阅读《小猪猪的故事》时，这个原则在两个方面引导着我们。首先，温尼科特["游戏：理论陈述"（CW 8:2:15）] 将游戏视为"普遍"现象，并将精神分析视为一种特殊形式的游戏。其次，他设想，分析师会促进病人使用游戏，并将其作为分析的框架，在必要时"会把病人从无法游戏的状态，带入能够游戏的状态"（CW 8:2:15）。

在这两方面，两人一起游戏的原则是一种母亲和婴儿共同生活的体验的模仿，这个原则保护了精神分析中必要的自由联想过程，不强迫病人接受外来的或不必要的诠释。只有当儿童玩起游戏并享受其中时，儿童才会自发地从自己的生活中寻找意义。这既适用于最早期的环境，由此类推，也同样适用于分析性设置；既适用于原初母性框架，也适用于移情的过渡性领域。温尼科特致力于说明，是生活赋予了生命意义，与此同时，游戏不是真实事物的序曲，而是一种让事物不断地保持活力和真实的方式。在这种情况下，游戏成为维持移情活力的框架（Parsons, 2000, p. 136）。温尼科特结合设置（包括分析师心智中的内部设置）、移情和反移情建立了三重图式，作为他的技术基础。

生命本身

接下来，让我们看看《人类本性》的主要理论贡献。温尼科特对自己可以在精神分析的基本实践方面做些什么进行了探索，并通过探索而对其有所改良。这意味着，精神分析师不能总是做标准分析，同时还要去促进病人朝着健康发展的先天倾向。他最开始关注、也是最主要关注的是生命成为它自己的发展，也即健康，感受生命（felt life）在自我成长中显现。但是，他是如何描述健康个体的呢？对温尼科特来说，与生活维持良好的关系意味着什么？他认为一个健康的人有能力过上怎样的生活？以及在需要治疗之处，我们如何才能过上更充实、更有意义的生活？他既没有依靠生物学，也没有依靠医学来回答这些问题。他认为，尽管健康、生命和身体之间有着不可分割的联系，但仅靠医学儿科来理解这个问题是不足够的。在和病人工作时，他既不把病人的问题当作是需要解决的生理问题，也不把他们单纯作为要了解的客体。取而代之的是，他考虑的不仅仅是生理学和科学，他将身体的意义视为人类体验的基础。因此，在对人类本性的精神分析研究中，他认为成长的生物性方面的价值很有限，他更关注通过身体和心理的表达来体验人类的情感状态。

温尼科特依据的是成熟度而非没有疾病，来重新制定了健康的标准。因此，《人类本性》可以被看作是一本关于人类健康的论著。温尼科特在给皇家医学心理学协会、心理治疗及社会精神病学部门进行的一次讲话（与概要Ⅱ同时期）中，对这本书的基本观点进行了总结："也许，精神分析师们一度倾向于认为，健康就是没有心理神经症性障碍，但现在已不再是这样"["健康个体的概念"（CW 8:1:4），原文对此进行了强调]。在这方面，温尼科特对20世纪的思想转变做出了关键贡献，他坚持认为，成熟就是健康，健康就是成熟，这意味着健康取决于"符合个体年龄的成熟"（CW 8:1:4）。尽管心灵的发展无法简化为一般的时间顺序，成熟过程也无法用我们能在诸如心理学和历史学等学科中找到的标准化发展的术语来描述，这个成熟的标准还是将温尼科特式关于健康的思考中最核心的部分置于一个时间框架中。

温尼科特对这种关于人类本性的激进观点提出了三点看法。第一，我们具有成为我们内在将要成为的人的先天倾向，遵照它使得我们健康苗壮地成长；第二，健康是一个成熟的过程，成熟在个体朝着独立和客观感知发展的双重过程中得以实现；第三，成熟促进健康，这是不同于驱力现象的一系列自我的过程。他扩展了成熟的标准，比如，实现心-身功能的和谐一致、体现出个体健康的社会层面的健康（民主），以及作为一种原初创造性现象的健康生活。后者包含了跟健康体验相关的领域，包括生活、世界、内在生活以及文化体验生活。由此看来，社会场域（socius）、梦的范式以及文化的偶然性（作为一种游戏）都与健康有所关联。

至关重要的是，温尼科特认为健康是对不健康的耐受：《人类本性》探讨了疾病和健康的模式，它们是心身领域的体验联合形成的。这并不等同于将正常的和病理的状态合并在一起。相反，它代表了一种真正的精神分析对疾病概念的理解，不同于生理学和心理学对病理的看法。我们还尚未充分意识到，温尼科特对将精神分析简化为一门区域科学的抵触有多么深。这对于我们理解人类体验的生命力有着深远影响。最重要的是，在温尼科特的心-身参考系中，异常状态是指向正常状态的，而且实际上，异常状态和正常状态一样正常。健康也包括"难以应对的窘境"，在这种情况下，人会自然启用防御，并因而产生症状。温尼科特把疾病视为"难以应对"的那一类灾难。在这种情况下，正常状态仍源自心灵生活的本质；由因及果（priori）在生命中是与生俱来的；健康包括了那些冲破万难的个体。简而言之，他没有误解生命的结构，与此同时，他也坚持将真自体视作一种难免会犯错误的人。

从正常的视角去探索异常，不仅具有理论和历史意义，也直接影响了精神分析实践。一个明显的例子是，在所谓的论战之后，各种应对负性治疗反应的不同方法在英国精神分析学会盛行。将论战描述为克莱因派的争论也许更准确，他们试图巩固里库尔（Ricour，1970）所说的"怀疑诠释学（hermeneutics of suspicion）"。从克莱因到汉娜·西格尔、贝蒂·约瑟夫（Betty Joseph）等人，他们认为心灵的变化与对怀疑的积极评价有关，尤其在治疗高度自恋的结构时更是如此。相比之下，温尼科特［"过渡性客体和过渡性现象"（CW 4:2:21）］考虑到了负性反应的双重决定因素，即潜在的创造性的部分，以及"关系中负性的一面"中消除性的部分。他看重缺席的游戏、无法思考的空虚感、错觉以及虚无主义。这扩大了负性治疗反应的范围和功能，因此，呈现出一种前所未有的临床上的好奇和关注。

温尼科特通过与米尔纳、莱克罗夫特等人协作，甚至也包括经典的弗洛伊德派诠释（这种诠释那特殊的、不可比拟的严谨是还原性的，而非构建性的）的贡献在内，塑造出一种基于错觉部分的倾听，并确证了它对心灵的必要作用，这与解谜是截然不同的。从根本上来说，温尼科特派的主体就是格林（1983，p. 119）所说的"游戏主体（a playing subject / un sujet joueur）"，这既没有被简化为医学的科学抱负，也没有被简化为心理学教条的经验主义。因此，错觉的能力，就算不是劳伦斯所说的生命的感官之火中不可或缺的一部分，也会被视为病人生活体验的主观性的一部分。在所谓的难以理解（unreachability）或不理解（non-understanding）机制的推动下，温尼科特强调"丧失感本身在多大程度上可以成为一种整合个体自身体验的方式"（CW 4:2:21）。在此，"希望之时（the moment of hope）"是一个范例，这不同于神经症模型中的"怀有愿望（something wishful）"。

温尼科特的整个论证都围绕着这样一个观点，即追寻意义主要是去追寻生命。然而，痛苦是无法避免的。他的基本假设是，常态（the norm）总是从生活自身出发，以痛苦的形式存在，将痛苦作为一种"有效的解决方案"、一种持续存在的方式。创造性的生活的行为准则包括对症状的价值的彻底重新评估，但是，温尼科特并没有试图拿他从关于意识的哲学中借来的构成自我（constituting ego）的概念，去取代心理主体的概念。相反，他选择的关于人类本性的概念，是基于生命可以影响自身这样一种想法；因此，他选择的概念是感受生命（felt life）。

人类茁壮成长的潜力是以纯粹内在（pure immanence）的方式来表现的，或是他所说的对生活"准备就绪"，基于上述的两种观点，温尼科特得出了下列结论：成熟意味着要承受最大的痛苦，而且，一个人越健康，承受痛苦的能力就越强。真自体的真实并不会简单地消除错觉，也不会减轻痛苦。这个结论的遗传基础（潜意识的起源）是《人类本性》主要关注的内容，书中主要通过追溯人类体验的躯体起源来展开探索。正如格林（1996，p. 73）所指出的那样，虽然对人类本性的研究看起来是沿着发展的路线进行的，但是它仍然是基于身体的"初步假设"。

生命力和现实

温尼科特思想的核心辩证关系包括了创造性的重要性（"内在的成长要素"）以及外在的成长要素，他从三个相关方面对此进行了描述：第一，建立与外部现实的联系；第二，从"原初未整合"状态到"统一自体（unit self）"的领悟和整合；第三，安住于躯体的心灵。温尼科特认为，俄狄浦斯情结以及更早期的心理场景的基础正是这种真实的、自恋的、心身体验的原始构造。在这种构造上的重构，则体现出生命是居于首位的。

在概要Ⅱ以及现存的文本中，温尼科特将他对情绪发展的论述分成了三个部分，并以幼儿时期和"最早的成熟期"开篇。他对人际关系，即"本能受掌控"的完整的人（whole person）相互之间关系的描述，概括了俄狄浦斯术语所要表达的真相（"事实"）。温尼科特保留了弗洛伊德的俄狄浦斯情结，认为这是婴儿期之后、潜伏期之前的一种心理结构，在这种结构中，俄狄浦斯三角中的每个人都是一个完整的人。他认为，将俄狄浦斯图式及其驱力的戏剧化（dramatization）应用于早期的心理场景——早期的心理场景意味着三人关系中的一个或多个人是所谓的部分客体（part-object）——并没有什么实际价值。父母功能的效力是毋庸置疑的，但是在最早期的关系中，俄狄浦斯图式还没有占据主导，不足以用"前俄狄浦斯"这个术语来描述，我们很快就会看到，这种最早期的关系是按照它自身的逻辑来运作的。

正如《人类本性》第Ⅱ部分所述，人际关系的一系列核心结构包括身体功能、富有想象力的详尽阐述以及驱力导向的幻想。因此，温尼科特依据弗洛伊德的本能理论、心灵内部的神经症冲突、被压抑的潜意识和神经症移情的理论，对持续发展的心灵过程进行了重构。然而，并不能将此视为温尼科特派的心智母体（matrix of the mind）。《人类本性》的第Ⅲ部分谈到，健康与正常情绪发展之间的联系在更早期就已经存在，出现于人类三角关系出现之前。在心身生命的早期阶段，婴儿的主要发展任务是意识到"环境母亲"和"客体母亲"是同一个人。前者是由婴儿依赖的母性框架构成［也即弗洛伊德所说的依附关系（anaclitic relationship）］，环境母亲就是婴儿安静时刻会发现/创造的母亲。与之形成对照的是，客体母亲则是聚焦了婴儿本能之爱的母亲，婴儿会吞食并破坏客体母亲哺乳的乳房。温尼科特的描述中，婴儿面对那个自己生命力量中本能的攻击性、"无情的爱"所指向的母亲，会开始感受到对她的关切，这种描述是对克莱因抑郁心位的再加工。这包含了温尼科特工作中很重要的一个面向，即攻击性的根源、无意识的内疚感、相信世界的能力以及超我的形成。

情绪发展是心灵生活基本过程的一部分，尽管受到了克莱因的影响，在这种情绪发展方面，温尼科特还是做出了独到的理论贡献。他认为整合的成果是形成"统一体"，他也将"关切的能力"作为婴儿达到时空上"统一体状态"的标志。当心灵能够安住于躯体中时，婴儿可以区分"我"和"非我"；他不仅能将母亲看作一个完整的人（这有一个人），也能够将母亲看作一个不同于他的人（这有另一个人）。如果从这个思路来看待整合，就为我们提出了一些关于理解健康的根本性问题。当婴儿回溯过去，更大程度地意识到自己的冲动在本质上是无情的，以及生命本身的困难时，他会产生关切的感受。温尼科特假定，真正的认识感（genuine sense of recognition）是生命的核心，即使它仅仅在人们回溯过去时，作为一种成熟的关切而呈现。这体现了一个事实，即最早关于认识和爱的感官及身体体验，以及被了解和被理解的早期感受，会在未来（也即当新的体验和更高的成熟度可以放大或增强它们的意义时）被重新建构。因此，温尼科特也阐述了我们所治疗的病人的困境：他们的早期经历让他们相信没有人真正想要了解或理解他们。

这就将我们带到了《人类本性》最后一部分的内容，也是温尼科特的核心成就。他在《人类本性》第Ⅳ部分中对原始情绪发展的描述，是对他晚期作品"沟通与不沟通引发的对特定对立面的研究"（CW 6:4:8）、"对客体的使用和通过认同进行联结"（CW 8:2:28）、"创造性与其起源"（CW 9:3:7）中最深刻共鸣内容的延伸。在关于生命力的概念中，温尼科特最关注的是人类生命所具有的前所未有的本质及其独特性，他对创造进行了详尽的阐述，以体现这其中的必要性。对于温尼科特来说，生命不仅是创造性的生活，还是创造性的自我设定（self-positing）。这就是他所说的原初创造性，即创造力让世界得以存在。

创造的必要性的根本含义是，世界是由每一个人重新创造的。在《创世纪》1:2 中，世界在被创造之前是处于无形（tōhūwabōhū）和空虚的状态的，温尼科特在此基础上展开了他的论述。另一方面，他认为，生命设定好了本身的条件，能让婴儿在该条件下"准备好"去创造性地生活。在得出这个结论时，温尼科特认为人性是矛盾的：他坚持认为"人性不会改变"["道德与教育"（CW 6:3:18）]。对于生命本身及生命基础的关注只会引起对本质主义的争论。温尼科特认为，人性的本质决定了其概念的一致性。然而，他假设人性几乎是我们所拥有的一切，在此基础上，他表明，重要的是我们如何去利用已经拥有的东西。

温尼科特对创造进行叙述的重点在于，生命如何成为自己。这不仅是一个关于存在的理论（尽管这是精神分析中影响最深远的本体论），而且更重要的是，这是一个具有无限可能性的理论，其原型是主观性客体（"我-的延伸"）与客观感知的客体（"非我"）——原初自恋和客体关系——之间的潜在空间。温尼科特将这个空间界定为是"过渡性的"，他认为这个空间对于婴儿来说是自然的，同时也让婴儿能够依赖于母亲对于婴儿需要的适应性照顾。他并没有在《人类本性》中明确阐述过渡性空间的概念，这是概要 II 中遗漏的最重要的内容。尽管如此，这个概念隐含在了他关于创造性生命力的核心论述中。作为一个经验性的框架，过渡性空间的观点本身就强调创造性地生活。

重要的是，我们不能忽视这种说法的本质是辩证的。在强调原初创造性的同时，"外部因素"也很重要。我们如何理解自己，与我们如何理解眼前的世界是密不可分的。温尼科特让我们思考，我们所说的"世界"——我们体验生活时在大部分时间所处的地方——是指什么。生命具有"自发的姿态"，可以超越世界范围的限制，到达它自己之所在。换句话说，在母亲给婴儿呈现的生命"细节"之外，还存在更多内容。温尼科特所描述的世界不完全是客观的，而是必须以任何有意义的方式被创造和感知，才会变得宜居。因此，人性的矛盾性已经铭刻于出生的矛盾性之中，是一种"伟大觉醒"的体验。后者取决于母亲能否将世界带到婴儿面前，婴儿虽然尚未觉醒，这种方式却允许其以一种自发的、富于创造性的原始方式觉醒。

如果没有世界，这种自发的姿态就无法被人感知到；心身的体验必然从一开始就包含其中。然而，是创造性选择了生命。对婴儿而言，世界是凭空出现的。至关重要的是，温尼科特 ["崩溃的恐惧"（CW 6:4:21）] 总结道："唯有基于不存在，存在才能开始"，"空虚是渴望融入的前提"。生命原本是一种冲击，一种原初空虚的体验，它并不会简单地结束，而是必须变得与环境相宜，以免它一直处于无法思考的状态。原初的自恋错觉让生命进入了一种与自身的关系，为被抛入世界的体验赋予意义，并形成无定形的沉默。因此，世界既不是对已有部分的清除，也不是对先前已被内摄部分的投射，而是有其意义。仅仅靠世界的现实本身，并不能解释温尼科特在健康与生命力模型中所设想的那种具体的普遍性——人类所拥有的人性。他认为，生命既是生机勃勃的，也是受到外在情境影响的；是前所未有的，也是具有连续性的。自发性和连续性之间的区别很关键："存在的连续性"可能与存在于世界之中有关，但创造的必要性却是独立于世界而产生的。

温尼科特对存在即生命的解释是基于人类体验最早期出现的现象的。他对所谓的"前-原始阶段"进行了临床研究，并提出了一系列基本问题。人性是如何出现的？当存在从不存在中显现时，我们处于什么状态？现实是否可以被体验到？他专注于研究这些问题，并重新阐述了弗洛伊德基于死亡驱力提出的想法。在回顾这个决定性的举动时，我们发现，温尼科特指出我们在个体层面的存在具有基本的矛盾性，这意味着，我们只有通过体验到人性，人性才会显现出来。这并不是说人性被简化为主观性客体，或者说，自体最终成为其他客体中的一个。温尼科特既不是唯我论者，也不是教条式的现实主义者。再一次，基于过渡性功能的逻辑，主体性被雕刻进客体现实的核心。人性自身需要个人的体验作为它显现的方式，温尼科特用一种基本的、固有的"孤独感"来具体描述这种矛盾性——这种孤独感只能通过绝对依赖表现出来。他将这种矛盾性命名为"环境-个体设置"。

在这种表述中，世界敞开并被赋予了形式，温尼科特认为这是生命最基本的结构，而从温尼科特20世纪40年代的第一阶段的成熟作品开始，我们就可以明显从中看到这一点。为了健康，就必须存在环境-个体设置；然而，除了"依赖前的孤独感"之外，他还指出了一种更早的"无生机"的状态，这不仅是一种依赖之前的状态，还是一种缺失存在的、创造之前的虚无状态，活力正是从这种状态中觉醒的。此外，只有接受了依赖的事实，驱力才会拥有可感知和有意义的特性。温尼科特对存在即生命的解释，是基于一种在活着之前甚至在本能之前就有的一种状态。他接受弗洛伊德的本能理论是精神分析中不可或缺的一部分，但与此同时，他认为躯体是原始的，错觉是先于本能的。

这意味着，温尼科特对弗洛伊德派的精神分析进行了彻底的修订。在弗洛伊德看来，驱力解释了事物是如何产生的，而温尼科特则认为，创造的必要性代表了生命的纯粹内在性。相应地，温尼科特将俄狄浦斯情结放置于他自己的发展框架中，确认了外部性或"第三方（tiercéisation）"具有的边界功能，以及成熟过程伴随着的持续的幻灭（Reeves, 2012）。通过把分离和孤独结合在一起，温尼科特实际上重新阐述了象征性阉割的概念，这相当于修改了琼斯（1927）"性欲丧失（aphanisis）"的概念。他让我们注意这样一个事实，即在三角关系出现之前，就已经存在着对（我/非我）的区分；言语之前，原初的沉默就被打破；阴茎的能指，即父名法则，概括了儿童较早期的幻灭体验。因此，只有在回顾时，前依赖期的孤独感所产生的焦虑才会被体验为分离/入侵焦虑。虽然父亲将分离视为丧失了乱伦欲望的客体，从而使儿子从与母亲的性结合中解脱出来，但与此同时，在象征结构中，他把前依赖期的孤独当作分离。

只有分离时，孤独才会进入自体，因为只有在分离的情况下，自体才出现，能够体验到孤独和所有原始的恐惧。这时，婴儿很容易在世界上感受到孤独，而在此之前，无人让孤独降临。因此，孤独的前－主观性（pre-subjective）状态，在回顾过去时会被体验为"我是孤独的"。婴儿对世界的关心开始涉及生命的现实，而对被抛弃和被入侵的恐惧则存于它们原始的脆弱之处，例如，害怕坠入虚空或回到一种未分化的状态。阉割焦虑又反过来使得生命痛苦地进行下去，完全超越了我们可能称为空白痛苦（blank pain）的原始痛苦。通过从前－象征的孤独发展到（客体的）缺席和分离，它让俄狄浦斯期的儿童得到了"心理的释放"，使他们从抛弃性或入侵性环境的无处不在的威胁中解脱出来。温尼科特主要关注的是活着的感觉，他从俄狄浦斯神话得出了自己的结论。俄狄浦斯最终渡过难关，面对着一个他不得不去体验其中痛苦的现实的世界，确认了去受苦是持续存在（going on being）的"有效解决方案"。这种有效解决方案的确认基于下列观点：孤独的结构性需要和与湮灭相关的焦虑一同作为先导，象征性阉割作为后续，一起成为人类情境普遍性的入口。

总 结

第12卷中的两部作品代表了温尼科特临床思想中相互补充的两个方面：一方面，他是一个有着无情的生命力的理论家；另一方面，他是一个主要关注潜能，致力于调整技术，以满足病人需求的治疗师。温尼科特在这两方面重新塑造了弗洛伊德的思想，同时也保留了精神分析的基本方法、精神分析情境的内在逻辑以及意义框架。至于他自己的理论，他对自体和主体性提出了重要而新颖的见解，尤其是他把我们的注意力集中在了心灵的潜能及心灵功能的过渡性模式上。潜在空间被认为是展开心灵内容的条件。温尼科特描述的不仅是一个客体，还是"一个将自身出借，从而创造客体的空间"（Green，1978，p. 285）。这是以基于缺席的游戏的象征化理论为前提，但是又与修复的视角有所区别。

然而，生命是他永恒不变的主题。从20世纪40年代后期，他的作品的成熟之初开始，他所有的作品都充满了对生命所需的生命力的关注。在温尼科特看来，生命力是精神分析这个职业的基础，也让它极具魅力。最重要的是，他从生命的纯粹内在中提出了成熟的标准，这是一个关于成熟过程的概念，为他提供了一个可以探寻意义的环境。因此，他沿着真和假两条线追溯着生命之初创造的意义：负性的双重决定因素划分出真自体和假自体结构。相应地，生命本身也伴随着"人际关系的负性面"。要在单独某个精神分析学派或传统中，彻底调和临床现实主义及其对立面的想法或许并不可行，但是温尼科特的工作使我们离将这些认识论和本体论的术语联系在一起的前景更近了一步。

在临床实践方面,《小猪猪的故事》让我们看到,温尼科特的工作是将错觉(delusion)转化为游戏,让孩子在区分梦境和她内心体验为"真实"的内在现实之前,先享受游戏的体验。在"第13次咨询"(CW 11:2:14)中,温尼科特描述了他在这一节咨询中是如何兴高采烈地玩游戏,以便给病人"她需要的满足感",就很明确地说明了这一点。这种将设置作为一个潜在空间来使用的做法,体现了温尼科特应对假自体结构、崩溃的恐惧、反社会倾向等众多"特殊案例"的治疗方法。这些案例对分析性情境提出了新的要求。弗洛伊德在"从婴儿期开始的重复反应(repetitions of reactions dating from infancy)"一文(1937b, p. 259)中,用"无穷无尽"的标题来总结他对于负性力量的解释,温尼科特对此进行了补充。温尼科特认为后者是"无法思考的"。他明确地将需要忍受的问题与体验本身联系起来,总结道,"原始痛苦的原初体验不能进入过去式",而是需要错觉的中间区域(过渡性空间)来"将它聚合到当下的体验中"["崩溃的恐惧"(CW 6:4:21)]。空虚感被聚合的现象,体现了三重图式——设置-移情-反移情。

最后,温尼科特总结道,即使在最灾难性的情况下,如果对灾难的恐惧可以通过"重现"被体验——相当于经典精神分析治疗中的回忆(remembering)——那么,希望犹存。因此,无法思考的-能够思考之间的辩证关系让体验既有负性的部分,也有正性的部分。用词至关重要。从历史上看,否定式是先于肯定式的:否定的前缀"un-"先于后缀"-able"["无法思考的(unthinkable)"c. 1430;"能够思考的(thinkable)"1805]。因此,先前对负性的看法根植于词汇的选择,这表明精神分析和文学两者之间是相互联系的。对于温尼科特的评价中需要认可他对于英国散文传统的贡献,尤其是他使用通俗的语言,让文意易于理解。T. S. 艾略特(T. S. Eliot)——《四首四重奏》(Four Quartets)的韵律——"过去之事第一次出现在了现在"(CW 6:4:21),体现了对时间和体验的追求。但是,若要寻找温尼科特核心发展轨迹

（从"无穷无尽的"到"无法思考的"，从"对本我的阻抗"到早期创伤）中描述负性和正性冲动的词汇，我们也许要去了解杰弗里·希尔（Geoffrey Hill），而不是艾略特。我提到了"空白的痛苦（blank pain）"；无论在哪种情况下，用语言来表达原始痛苦的那种无形的沉默，是我们永远要面对的一个任务：无法言说的孤寂、无法理解的缺失、无法解释的黑暗，几乎是难以识别的。这项任务始终不变地指向着一个事实：我们是被生活推动着进入生命的。

参考文献

Freud, S. (1937a). Analysis terminable and interminable. In J. Strachey (Ed.), *The standard edition of the complete psychological works of Sigmund Freud* (vol. 23, pp. 209–253). London: Hogarth.

Freud, S. (1937b). Constructions in analysis. In James Strachey (Ed.), *The standard edition of the complete psychological works of Sigmund Freud* (vol. 23, pp. 255–269). London: Hogarth.

Green, A. (1975/ 1986). The analyst, symbolization and absence in the analytic setting. In C. Yorke (Ed.), *On private madness* (pp. 30–59). London: Hogarth.

Green, A. (1978/ 1986). Potential space in psychoanalysis. In C. Yorke (Ed.), *On private madness* (pp. 277–296). London: Hogarth.

Green, A. (1983/ 1984). Le langage dans la psychanalyse (deuxièmes recontres psychanalytiques d'Aix-en-Provence). In *Langage* (pp. 20–250). Paris: Les Belles Lettres.

Green, A. (1996/ 2009). The posthumous Winnicott: On *Human Nature*. In J. Abram (Ed.), *André Green at the Squiggle Foundation* (pp. 69–83). London: Karnac.

Hopkins, G. M. (2013). *The collected works of Gerard Manley Hopkins,* vol. II, *Correspondence 1882–1889,* R. K. R. Thornton & C. Phillips (Eds.). Oxford: Oxford

University Press.

Jones, E. (1927). The early development of female sexuality. *International Journal of Psychoanalysis, 8,* 459–472.

Little, M. I. (1986). *Toward basic unity: Transference neurosis and transference psychosis.* London: Free Association Books.

Parsons, M. (2000). The logic of play. In E. B. Spillius (Ed.), *The dove that returns, the dove that vanishes: Paradox and creativity in psychoanalysis* (pp. 128–145). London: Routledge.

Reeves, C. (2012/ 2013). On the margins: The role of the father in Winnicott's writings. In J. Abram (Ed.), *Donald Winnicott today* (pp. 358–385). London/ New York: Routledge.

Ricoeur, P. (1970). *Freud and philosophy: An essay on interpretation.* D. Savage, trans. New Haven, CT/ London: Yale University Press.

Winnicott, D. W. (1945). Primitive emotional development. [CW 2:7:8]

Winnicott, D. W. (1953). Transitional objects and transitional phenomena. [CW 4:2:21]

Winnicott, D. W. (1963). Morals and education [1962]. [CW 6:3:18]

Winnicott, D. W. (1965). The aims of psycho-analytical treatment [1962]. [CW 6:3:2]

Winnicott, D. W. (1965). Communicating and not communicating leading to a study of certain opposites [1963]. [CW 6:4:8]

Winnicott, D. W. (1968). Playing: A theoretical statement [1967]. [CW 8:2:15]

Winnicott, D. W. (1969). The use of an object and relating through identifications [1968]. [CW 8:2:28]

Winnicott, D. W. (1971). The concept of a healthy individual [1967]. [CW 8:1:4]

Winnicott, D. W. (1971). Creativity and its origins. [CW 9:3:7]Winnicott, D. W. (1974). Fear of breakdown [c. 1963–1964]. [CW 6:4:21]

Winnicott, D. W. (1977). *The Piggle: An account of the psychoanalytic treatment of a little girl.* London: Hogarth. [CW 11:2]

Winnicott, D. W. (1988). *Human nature.* London: Free Association Books. [CW 11:1]

Winnicott, D. W. (1989). D. W. W. on D. W. W. [1967] [CW 8:1:2]